谨以此书献给所有新入职…

职场新人

五年 32律

冯培丽◎编著

山西出版集团
山西经济出版社

序

在人力资源管理界,特别流行一个说法,即"骑马,牵牛,赶猪,打狗"理论:人品很好,能力又很强的,是千里马,我们要骑着他;人品很好但能力普通的,是老黄牛,我们要牵着他;人品、能力皆普通的,就是"猪",我们要赶走他;人品很差能力很强的,那是"狗",我们要打击他。

新人在未踏入职场之前,对未来充满憧憬,胸怀大志,无一不想成为一匹被人赏识、驰骋沙场的千里马,但由于社会经验储备不足以及工作经验的空白,在按照自己的过高目标接触现实环境时,许多所谓的"现实所迫"让他们在初入职场时就走了弯路,以至于碰了壁还莫名其妙、不知所措,会产生一种失落感,感到处处不如意、事事不顺心。面对困境,一定要正确视之,没有经验,可以通过实践操作去总结;没有阅历,可以一步一步去积累;没有社会经验,可以一点一点去编织,但是,一定不要丢了自己的梦想和斗志,人的命,三分天注定,七分靠打拼,有梦就"会红",爱拼才会赢。

雨后,一只蜘蛛艰难地向墙上已经支离破碎的网爬去,由于墙壁潮湿,它爬到一定的高度,就会掉下来,它一次次地向上爬,一次次地又掉下来……

第一个人看到了，他叹了一口气，自言自语："我的一生不正如这只蜘蛛吗？忙忙碌碌而无所得。"于是，他日渐消沉。

第二个人看到了，他说：这只蜘蛛真愚蠢，为什么不从旁边干燥的地方绕一下爬上去？我以后可不能像它那样愚蠢。于是，他变得聪明起来。

第三个人看到了，他立刻被蜘蛛屡败屡战的精神感动了。于是，他变得坚强起来。

所以，成功心态者定能发出成功的能量，灰心和丧气这种消极心理只会拖着你向着失败的方向越行越远。

职场新人，可以是一纸空白，但不要忘了我们有最大的资本和最大的背景，那就是年轻。美国作家杰克·凯鲁亚克说："我还年轻，我渴望上路。"年轻人有的是青春与激情，任何困难都无需惧怕，年轻为我们提供了无限可能。"打工皇帝"唐骏说："我觉得有两种人不要跟别人争利益和价值回报。第一种人就是刚刚进入企业的人，头5年千万不要说你能不能多给我一点儿工资，最重要的是能在企业里学到什么，对发展是不是有利……"所以，我们完全可以将工作头5年作为自己的沉淀期，练好内功，努力增加自我价值，在这5年培养起来的行为习惯，将决定你一生的高度。

所以，即使现在的工作差强人意，也不必心忧，从这里出发，好好地沉淀自己，从这份工作中汲取到有价值的营养，增长才干，厚积薄发，这样，你的青春、智慧和汗水都将开花结果，职业生涯才会顺风顺水，节节高升！

　　基于上述认识，我们精心挑选出这5年中有可能遇到的问题，立足实用，并列出相应的解决之道，无论你是将要经历或正在经历，都希望能给你提供些微的帮助。

　　年轻的人生没有绝路，困境在前方，希望在拐角。只要我们有了正确的思路，就一定能少走弯路，找到出路！

目 录

第一律 忘记过去,从"新"开始 /1
到底是谁眷顾了你 /1
心理上的"首因",成就职场上的"晕轮" /3
成功需要"十商" /5

第二律 唯有埋头,才能出头 /10
过滤你自己 /10
要当主角,先演好配角 /12
保持心态平衡,成功贵久不在速 /14

第三律 保持清醒,不要在"忙"中变"盲" /17
你到底有多忙 /17
校正一下方向再跑 /19
感谢身边的懒人 /23

第四律 认识自己,择"擅"而从 /27
你属于哪种性格 /27
奔向自己的点 /29
性格与职业错位后的补救 /31

第五律 行走职场,微笑是最好的名片 /34
你微笑,全世界也微笑 /34
笑可笑,非常笑 /37

第六律　进退自如，与"老鸟"过招
　　　　斗智不斗力 /41
菜鸟入林，见招拆招 /41
就当交学费好了 /44
说"不"其实很容易 /45

第七律　门面是需要装饰的：飙升你的魅力值 /50
佛靠金装，人靠衣装 /50
形象之其他篇 /52

第八律　不断学习，在"升值"中升职 /55
淘汰你自己 /55
三人行必有我师——拿来主义 /57
三人行必有我师——偷与被偷 /60
你离目标有多远 /62
充电不可盲目 /65

第九律　没有人不可替代：你的价值决定
　　　　你的位置 /67
没有了你，地球照样转 /67
至少有一点比别人强 /70

第十律　保持独立思考：没有自我意识的人永远只
　　　　是小跟班 /74
不要让别人左右你的思想 /74
当思考的脑，不当等令的手 /77
不要埋没了自己的思考能力 /78

目录

第十一律 把握分寸：别让办公室恋情阻碍你的前程 /81
感情来了，谁也没错 /81
在雷区前止步 /86

第十二律 内外通吃：做自己该做的，做自己能做的 /89
将做好分内事作为一种生活态度 /89
思出其位：现在一小步，人生一大步 /91

第十三律 应对得宜：打赢职场嫉妒战 /97
遭遇嫉妒 /97
应对嫉妒 /103

第十四律 不贴派系标签，拒做"夹心派" /107
夹心派的苦恼 /107
逃不开的劫 /110

第十五律 防意如城：远离"龙门阵" /116
管好你的嘴 /116
不能说的秘密 /124

第十六律 你想成为什么样的人，就能成为什么样的人 /128
尽力而为还不够 /128
激发你的潜能 /130
要有决心，更要有行动 /133

第十七律 在正确的时机做最正确的选择 /136
给自己准确定位 /136
深入思考，看是否还有更大的骨头 /143
选你所爱，爱你所选 /145
放弃是一种智慧 /147

第十八律 懂得换位，切忌一个方向走到黑 /149
媳妇也有熬成婆的时候 /149
换位思考，能出奇制胜 /157
换个角度看问题 /158

第十九律 机遇无处不在，关键在于发现和
　　　　 把握 /161
思维盲点中的机遇 /161
破除思维定势 /167
绝地重生：失败中暗藏机遇 /168
机遇稍纵即逝 /170

第二十律 细节决定成败 /173
魔鬼和天使都在细节中 /173
简单有效的职场细节 /178

第二十一律 打破性别定势：向能者学习 /182
职场男女大不同 /182
向男人学习 /188

目录

第二十二律 语言也需要化妆 /201
善听弦外之音 /201
化妆进行时 /208
不可忽视的身体语言 /214

第二十三律 和上司关系的好坏，直接决定你在职场的前途 /220
和上司相处的艺术 /220
不要爬到上司的头上 /225
得罪不起的上司 /230
坏上司是所好学校 /231

第二十四律 慧眼聪耳：识破老板的骗术 /237
老板的"糖衣炮弹" /237
老板的"捕猎陷阱" /242

第二十五律 人在屋檐下，要适时低头 /247
人生何处不挨刀 /247
乌龟的哲学 /252
给自尊心弹性 /259

第二十六律 装傻，是一种精明的处世方式 /262
聪明反被聪明误 /262
以退为进，得到更多 /264
装傻，是你的保护色 /266
低调做人 /271

第二十七律 职场有风险，跳槽须谨慎 /277
跳槽无罪，定位在先 /277
想清楚再跳 /287
看清楚再跳 /290
辞职哲学 /291

第二十八律 启动你的马太福音：像滚雪球一样创
造价值 /299
人脉就是钱脉 /299
备份你的人生 /303
借鸡生蛋，借船出海 /307

第二十九律 职场友情：以刺猬的方式
相亲相爱 /311
易碎的职场友谊 /311
刺猬法则 /318
五大纪律八项注意 /319

第三十律 没有永远的对手，只有永远的
利益 /323
选对对手 /323
感谢对手 /325
永远的利益——双赢 /327
给对手留条后路 /330

第三十一律 个人心中有杆秤：学会计算自己的升

目录

值潜力 /336
做二还是做八 /336
环境对价值的影响 /341
你到底值多少钱 /342
不做"杨白劳" /347

第三十二律 职场风雨路,请保持直立的姿态前行 /350

雕刻的人生 /350
失败不是句号 /352
最后一次站起来,会勾销以往所有的失败 /354
成功会在下一个路口等你 /356
向钱看,向前看 /358

附 霍兰德职业倾向测验量表 /360

第一律　忘记过去，从"新"开始

> 首先，欢迎进入职场！
> 从现在开始，你再不是无忧无虑的小孩子，再不是无拘无束的独行侠，我们要让过去归零，才不会成为职场上那只背着重壳爬行的蜗牛，才能像天空中的鸟儿那样轻盈地飞翔。请好好品味一下杰克·韦尔奇说过的一句话："纠正自己的行为，认清自己，从零开始，你将重新走上职场坦途。"从今天起，做一个职业人。

到底是谁眷顾了你

都说婚姻是座城堡，职场何尝不是呢！来到城堡前，我们要怎样才能让城门打开？是念"芝麻开门"，还是运用自己的智慧和品质，或是……当个空降兵？

四年的大学生涯，还来不及挥手说再见，就从生命中溜走了。安卉站在熙熙攘攘的人才市场，看着求职者望向招聘人员的渴求目光，就像饿了十天半月后看见了一个香馍馍一样，突然觉得有点难过，僧多粥少，就是这样子吧！在大学期间学的是商务英语，成绩优异，是年年拿奖学金的主，文笔也不错，陆陆续续在校报上发表过几十篇文章，备受老师和同学的好评，想到这些，安卉心里有了底气。

接下来的事情，如流水一般自然，选单位、投简历。意外的是，刚到中午安卉就接到莘德公司的电话，让她下午两点半前去面试。等到了公司才发现一起来面试的还有七个人，安卉一眼就看见了子骞——跟安卉同系不同专业的男生，据说考试成绩平平，但是做了很多社会实践，跟子骞简单打过招呼后，八人走进了面试室。安卉记得莘德公司的招聘简章上写的只招两人，意味着今天将有六人被淘汰出去，四分之一的概率，不知今天幸运神眷顾谁？

主考官开门见山："你们四位是从上百份简历名单中挑选出来的，公司对你们都很满意，也不做另外的测试了。在这里，你们只需要说说对本公司的看法或认识即可。"八个人面面相觑，没想到面试会是如此"简单"的一道题，可是，这家公司并不出名，除了知道它是做进出口贸易之外一无所知，从上午投简历到中午面试，才短短的几个小时，哪有时间去做了解和认识呢？第一个人东一句西一句地扯，几乎有点语无伦次了。说实在的，简历只是随便投递的，哪知道这么急促，要知道在学校的时候都是要准备的，由于紧张，安卉不自觉地握紧了拳头，接下来的几个人说了些什么安卉几乎没听进去。"安卉，你呢？"主考官望向她，安卉知道自己这一关是过不去了，心中倒有了一种壮士断腕的决然，与之而来的是豁然，于是定定神，镇静地说："对不起。不瞒您说，我对贵公司并不了解，但我了解我所要应聘的职位，我了解这个职位的需求，我知道我很适合它！我也相信我能做好！"主考官显然对这个答案并不满意。剩下的是子骞，惊奇的是，子骞居然能用很简洁的语言概括出公司的基本情况，引得主考官连连颔首："你做了很多准备嘛！"子骞不好意思地笑笑："这些都是贵公司招聘简章上的描述。"

面试结果出来了，入选的有子骞，情理之中意料之外，毕竟，子骞在校成绩不及中人。更没想到的是，安卉也入选了。主考官

第一律 忘记过去，从"新"开始

给出了入选理由是：在同等优秀的人当中，子骞多了份认真细致，安卉则多了坦诚与自信。安卉有种劫后重生之感，在心里默默地念到：职场，我来了！

从找到工作进入职场那一刻起，你的人生也就开始了新的旅程，但是，不管现在的你旅行到了何处，都请你驻足回想一下：当初，你能得到这份工作靠的是什么？你身上有哪些优点打动了用人单位？我们，我们这本书，就从初涉职场开始说起，也必须从这里开始，才能完完全全一步一步地了解自己，了解职场！

这个世界存在运气，但只存在于赌场；这个世界存在机遇，在职场随处可见。记住：眷顾你的，不是什么幸运之神，而是你自己！

心理上的"首因"，成就职场上的"晕轮"

首先解释一下什么叫"首因效应"和"晕轮效应"。

首因效应，是指个体在社会认知过程中，通过"第一印象"最先输入的信息对客体以后的认知产生的影响作用。第一印象效应是一个妇孺皆知的道理，为官者总是很注意烧好上任之初的"三把火"，平民百姓也深知"下马威"的妙用，每个人都力图给别人留下良好的"第一印象"。晕轮效应，又称"光环效应"，指人们对他人的认知判断首先是根据个人的好恶得出的，然后再从这个判断推论出认知对象的其他品质的现象。

今天是上班第一天，领导通知九点到。为了能在第一天留下好印象，安卉早早地起床洗漱，理云鬓、贴花黄，穿上新买的职业套装，镜中的自己已经在形象上有一百八十度的大转变，不过眉宇间仍是掩不住的学生气。到公司才八点半，正要进门迎头便碰见面试的那位主考官，安卉彬彬有礼地打招呼："您好，我是安卉，昨天面试时我们见过。"主考官微微点头："对，我记得你，一起进去吧。"事实上，"主考官"这个身份已经是过去式，他现在的身份可是外事部经理，也就是安卉的顶头上司。

陆陆续续地，办公室人多了起来，只是靠窗边一个位置仍是空的，安卉看了看表，九点差一分，再不来就迟到了！安卉暗暗替那人着急，更令人着急的是，子骞到现在都没来，不会出什么事了吧？忽然，一个女人推门而入，其他同事纷纷抬起头笑着打招呼："张姐来啦！"女人轻笑不语，径直走向窗边坐下。好大的排场，安卉想。又是推门声，子骞睡眼惺忪地进来了，穿着更像是风尘仆仆的旅人。

上班第一天的主要工作就是熟悉业务，主管指定张姐做安卉和子骞的指导，后来才知道，张姐是公司成立时招的第一批员工，不知道什么原因到现在仍只是普通职员，不过，不仅同事们对她尊敬，连主管也对她礼让三分。"张姐，请问这个怎么做？""张姐，请问这个为什么是这样子呀？"……一遇到问题，安卉就向张姐请教，嘴甜的安卉还时不时地夸："张姐，你真了不起，我怎么就想不到呢！""张姐，你简直是神人！"说得张姐乐开了花，很热心地帮安卉答疑解惑，还将自己的部分工作交给安卉让她练手，尽管在操作中出现了一些小错误，张姐也只是指正而不是指责。而子骞一上午都强撑着眼皮，对着手头的资料发呆。

午餐时，安卉听见张姐对经理说："安卉呀，一点就透，可聪明了，是个好苗子。"听得安卉心里美滋滋的。"子骞怎么样？"经理问道。"他呀，还行吧。"张姐轻描淡写地回答，子骞的脸一下子就红了。

尽管后来在闲聊中，子骞告诉安卉，那天之所以迟到，是因为头天晚回家路上发生了交通事故，他帮忙将伤者送往医院又作为目击者被叫去做笔录，折腾到半夜才睡觉。不过，解释是没有用的。因为再不可能有第二次机会树立第一印象。

在社会生活中，首因效应是如此重要，以至于很长时间内，人们都保持着对你的第一印象，很难做出改变。如果第一印象是"好"，且这种"好"一直持续存在，他就会被"好"的光圈笼罩着，并被赋予一切好的品质。当然，如果他被标明是"坏"的，他就会被"坏"的光圈笼罩着，他所有的品质都会被认为是坏的。

无论你是第一次上班，第一次谈生意，还是第一次见对象，都要把握好"首因效应"的积极作用，让事情朝着有利于你的方向发展，这种美化不仅影响到他人对你的认知，也切实影响着你的生活，你将有可能成为一种"光环"人物，即使你偶尔有点小错，也很容易取得别人的谅解。

当然，"路遥知马力"是亘古不变的真理，如果你的第一步没扎稳，那么，以后你必须得付出巨大努力来改变别人对你的印象，让人认识到真正的你。

成功需要"十商"

推开职场大门，为的就是走向成功，这是每一个人的梦想，可成功不是从天上掉下来的，而是要通过不断的修炼、积累才能获得。只要努力提高"十商"智慧和能力，追求全面、均衡发展，您就一定能够构建成功而幸福的大厦。

◎ **智商（IQ）**

智商（Intelligence Quotient，缩写成 IQ）是一种表示人的智力高低的数量指标，但也可以表现为一个人对知识的掌握程度，反映人的观察力、记忆力、想象力、创造力以及分析问题和解决问题的能力。确实，智商不是固定不变的，通过学习和训练是可以开发增长的。我们要走向成功,就必须不断学习,积累智商。

我们不仅要从书本、从社会学习,还要从我们的上司那里学习。因为你的上司今天能有资格当你的上司,肯定有比你厉害的地方,有很多地方值得你去学习。很多人都想超越他的上司,这是非常可贵的精神,但要超越你的上司,你不学习他成功的地方,何谈超越?不断地学习,提高智商,这是成功的基本条件。

情商(EQ)

情商(Emotional Intelligence Quotient,简写成 EQ),就是管理自己的情绪和处理人际关系的能力。如今,人们面对的是快节奏的生活,高负荷的工作和复杂的人际关系,没有较高的 EQ 是难以获得成功的。EQ 高的人,总是能得到众多人的拥护和支持。同时,人际关系也是人生重要资源,良好的人际关系往往能获得更多的成功机会。权变理论代表人物之一弗雷德·卢森斯对成功的管理者(晋升速度快)与有效的管理者(管理绩效高)做过调查,发现两者显著不同之处在于:维护人际网络关系对成功的管理者贡献最大,占 48%,而对有效的管理者只占 11%。可见,在职场中,要获得较快的成长,仅仅埋头工作是不够的,良好的人际关系是获得成功的重要因素。

逆商(AQ)

逆商(Adversity Intelligence Quotient,简写成 AQ),是指面对逆境承受压力的能力,或承受失败和挫折的能力。当今和平年代,应付逆境的能力更能使你立于不败之地。"苦难对于天才是一块垫脚石,对于能干的人是一笔财富,而对于弱者则是一个万丈深渊。""苦难是人生最好的教育。"名人告诉我们:伟大的人格只有经历熔炼和磨难,潜力才会激发,视野才会开阔,灵魂才会升华,才会走向成功,正所谓吃得苦中苦,方为人上人。

任何国家和地区的富豪,约八成出身贫寒或学历较低,他们白手起家创大业，赢得了令人羡慕的财富和名誉。他们不仅不是一帆风顺，甚至大起大落，几经沉浮，没有一个是不经失败和挫折就获得成功的。

逆境不会长久，强者必然胜利。因为人有着惊人的潜力，只要立志发挥它，就一定能渡过难关，成就生命的辉煌。

德商（MQ）

德商（Moral Intelligence Quotient，缩写成 MQ），是指一个人的德性水平或道德人格品质。德商的内容包括体贴、尊重、容忍、宽恕、诚实、负责、平和、忠心、礼貌、幽默等各种美德。我们常说的"德智体"中是把德放在首位的；科尔斯说，品格胜于知识。可见，德是最重要的。一个有高德商的人，一定会受到信任和尊敬，自然会有更多成功的机会。

古人云："得道多助，失道寡助"、"道之以德，德者得也"，就是告诉我们要以道德来规范自己的行为，不断修炼自己，才能获得人生的成功。古今中外，一切真正的成功者，在道德上大都达到了很高的水平。

现实中的大量事实说明，很多人的失败，不是能力的失败，而是做人的失败、道德的失败。

胆商（DQ）

胆商（Daring Intelligence Quotient，缩写成 DQ）是一个人胆量、胆识、胆略的度量，体现了一种冒险精神。胆商高的人能够把握机会，该出手时就出手。无论是什么时代，没有敢于承担风险的胆略，任何时候都成不了气候。而大凡成功的商人、政客，都是具有非凡胆略和魄力的。

财商（FQ）

财商（Financial Intelligence Quotient，简写成 FQ），是指理财能力，特别是投资收益能力。没有理财的本领，你有多少钱也会慢慢花光，所谓"富不过三代"就是指有财商的老子辛辛苦苦积攒下来的钱，最后败在无财商的子孙手中。财商是一个人最需要的能力，也是最被人们忽略的能力。

我们的父辈都是"穷爸爸"，只教我们好好读书，找好工作，多存钱，少花钱。赚得少一点没关系，关键是稳定。他们从没教过我们要有财商，要考虑怎么理财。所以，财商对我们来说是迫切需要培养的一种能力。会理财的人越来越富有，一个关键的原因就是财商区别。特别是富人，何以能在一生中积累如此巨大的财富？答案是：具有投资理财的能力。

心商（MQ）

心商（Mental Intelligence Quotient，简写成MQ），就是维持心理健康，调适心理压力，保持良好心理状况和活力的能力。21世纪是"抑郁时代"，人类面临更大的心理压力，提高心商，保持心理健康已成为时代的迫切需要。现代人渴望成功，而成功越来越取决于一个人的心理状态，取决于一个人的心理健康。从某种意义上来讲，心商的高低，直接决定了人生过程的苦乐，主宰人生命运的成败。

世上有很多人，取得了很大的成功，可因承受着生活的各种压力，郁郁寡欢，因不堪重压或经不起生命的一次挫折患上心理障碍，甚至走上不归路，演绎一幕幕人间悲剧。

志商（WQ）

"志商"就是意志智商（Will Intelligence Quotient，简写成WQ），指一个人的意志品质水平，包括坚韧性、目的性、果断性、自制力等方面。如能为学习和工作具有不怕苦和累的顽强拼搏精神，就是高志商。

"志不强者智不达，言不信者行不果"、"勤能补拙是良训，一分辛劳一分才"。均说明一个道理：志商对一个人的智慧具有重要的影响。人生是小志小成，大志大成。许多人一生平淡，不是因为没有才干，而是缺乏志向和清晰的发展目标。在商界尤其如此，要成就出色的事业，就要有远大的志向。

◎ 灵商（SQ）

灵商（Spiritual Intelligence Quotient，简写成 SQ），就是对事物本质的灵感、顿悟能力和直觉思维能力。量子力学之父普朗克认为，富有创造性的科学家必须具有鲜明的直觉想象力。无论是阿基米得从洗澡中获得灵感最终发现了浮力定律，牛顿从掉下的苹果中得到启发发现了万有引力定律，还是凯库勒关于蛇首尾相连的梦而导致苯环结构的发现，都是科学史上灵商飞跃的不朽例证。

成功的人生没有定式，单靠成文的理论是解决不了实际问题的，还需要悟性，需要灵商的闪现。修炼灵商，关键在于不断学习、观察、思考，要敢于大胆地假设，敢于突破传统思维。

◎ 健商（HQ）

健商（Health Intelligence Quotient，简写成 HQ）是指个人所具有的健康意识、健康知识和健康能力的反映。健康是人生最大的财富，就好像健康是 1，事业、爱情、金钱、家庭、友谊、权力等等均是 1 后面的零，所以光有 1 的人生是远远不够的，但是失去了 1（健康），后面的 0 再多对你也没有任何意义，正所谓平安是福。所以幸福的前提是关爱、珍惜自己的生命，并努力地去创造和分享事业、爱情、财富、权力等等人生价值。

结语：

对自身有一个清醒的认识，知道自己强在哪里，知道自己为什么会胜出，这既是自我反省的一个过程，也是自我激励的过程。同时，身在职场，一定要把握自己关键的"第一次"。

第二律　唯有埋头，才能出头

> 没有人生来就是大人物，也没有人生来就是胜利者。成功或者机遇绝不是转眼之间可以来到的，在未付出辛劳之前，空望遥远的目标着急没有用，只有从基础做起，按部就班地朝着目标前进，才会慢慢地接近它、达到它。正如爬山，你只需低着头，耐心地一步步攀登。当你付出了足够多的辛劳和努力后，不知不觉，你就会发现，山顶已在咫尺了。

过滤你自己

职场鱼龙混杂，是一个充满是非与机遇的地方。要想在职场中吃得开，就得先自我过滤一下，将那些不适宜带进职场的脾气秉性剔除在职场大门之外。

来公司几天，安卉已经跟张姐处得很熟了，跟同事维尼、阿珍也能有说有笑，安卉做梦也没想到能这么快就融入公司的生活中。

安卉从和张姐的闲谈中，得知在她和子骞进公司前，公司也招了几个年轻女孩子，不过试用期还没结束，就被解聘了，一下空出好几个缺，尽管每个人都加班加点，但人手仍明显不够用，公司又匆忙地到人才市场设下招聘展位，也就难怪在招聘时没有经过什么层层笔试面试之类的。

"那她们怎么会被解聘了呢？"安卉关心地问，倒不是有多关心别人，而是想从中吸取教训，免得重蹈覆辙。原来那几个女孩子都是20世纪80年代出生的,也就是所谓的"80后",在家中是独生子、娇娇女,平时聚在一起喜欢"唧唧喳喳",对领导也很会讨好,但对布置的工作却没有时间概念,经常拖拉。结果有两次被经理训斥,几个女孩子当场就委屈得大掉眼泪,怎么劝也打不住。连张姐给她们布置工作,也只能连哄带骗:"小李,你乖一点,今天下班前一定要完成任务,完成了可以早点下班。""小徐,你不要再和小李说话啦,让她快点做。"更可气的是,有一次公司的事情特别多,要求本周完成的东西结果到了礼拜五下班时还没交上,经理就在礼拜六赶到公司亲自加班了,却发现那几个女孩子没一个过来,赶紧打电话:"小李,你在哪呢?让这个礼拜做完的事情,怎么也不过来赶工呀?""今天不是礼拜六吗?为什么要加班?我上学时对老师的作业都没这么认真过。我们正在商场里买鞋呢,礼拜一再做吧。"当时没把经理气死。

张姐说完事情的来龙去脉,又加了一句:"还好,你没有那些毛病。"安卉在内心吐了个舌头,幸好没有露出本来面目,看来,职场还真是个锻炼人的地方!在这里,自己再不是什么真命天女,不是什么掌上明珠了。

职场有一个新词叫"格格党",一方面,"格格"即自视为贵族,娇生惯养,傲气十足,不肯服从领导,当然,这里的"格格"可男可女,只是没有另立一个"阿哥党"而已;另一方面,也隐含"格格不入"的意思,因为"格格党"的行为和思维方式,确实与传统职场规则人相径庭。这些被捧在手心、养在蜜罐中长大的瓷娃娃,唯我独尊,进入社会后,发现自己再也不是中心,地球也不再围着自己转,心里很容易产生不平衡。社会就是这么现实,它不会为你一个人作出改变,能改变的只有自己,适应它才能征服它驾驭它,负得起责任,放得下架子,这样才能赢得更多人的帮助,也才有广阔的发展空间。所以,在家里你是"格格"、"阿哥",出了家门,你就会是"丫头"、"小二",你可以张扬个性,但不可以嚣张;你可以我行我素,但不可以飞扬跋扈。

你,要么出局,要么过滤。

要当主角,先演好配角

电影《特洛伊》中奥德修斯说:"要做主角就要先当好配角",很精辟的一句话,以至于多年后回想起那部电影首先记起的就是它。常言说得好,"合抱之木,生于毫末"。在即将开始的基层第一任职实践中,你只要立足本职,从点滴学起、做起、干起,在实践中不断提高自己的综合能力,胜任本职工作只是时间长短而已。

安卉一边对着镜子细心地往脸上涂面膜,一边哼着抒情小调,实习期已过去半个月了,在公司游刃有余的她心情大好,此刻完全沉浸在自己的快乐中,突然传来的手机铃声吓了她一跳,一看,原来是忆茹打来的。忆茹是她大学时的宿舍好友,属于好得没边儿的那种,除了上厕所时不往同一个蹲位里钻,其他时候都在一起,而两人在大学期间爱慕者众多,却没一个入了法眼。后来一个屡遭忆茹拒绝的男生心生嫉恨,造出谣言说安卉和忆茹是"蕾丝边"(英文lesbian的音译,即女同性恋者),但两人照样我行我素,丝毫不把流言放在眼里。

"亲爱的,这么晚打电话,有什么重要指示吗?姐姐我正在美容呢!"安卉拿起电话开始贫。可是电话那头并没有像往常那样传来愉快的应和,而是隐隐有抽泣声,安卉一听就不对劲,忆茹是中文系高材生,成绩好文笔好人漂亮,所以从来都是乐观自信,到哪儿也是笑容满面,哭对她来说简直是不可想象的事情,连忆茹自己都说："我可能会流泪，但我决不会哭。"

"到底出什么事了？你说话呀，急死我了！"安卉顾不得涂面膜了，坐直了身子干着急。

"安卉，他们欺负人！"忆茹一边哭一边叙述自己的悲惨遭遇。原来毕业后，她也顺利地找到了工作，可让她接受不了的是：公司让她从最底层开始干起，美其名曰"锻炼"，实际上就是跑腿打杂，接个电话，收发传真等，得不到任何展示自己的机会，还得在人前装出一副谦虚状，一个礼拜下来，她实在是装不下去了，又下不了辞职的决心，毕竟刚干了一个礼拜，现在抬脚丫子走人只会让人觉得她太脆弱，何况金融危机后，工作不好找。

"你还记得咱俩到新疆游玩第一次坐骆驼的情景吗？"安卉听完忆茹的哭诉，徐徐问道。

"记得呀，怎么了？"

"那你有没有注意，咱们骑的骆驼旁总是跟着一匹并不驮人的骆驼？当时我觉得奇怪，特意咨询了骆驼的主人，主人说那叫'跟班'，因为它还在'实习'，它得跟着'师傅'学习一段时间后才有资格上路驮游客，没跟过班的骆驼是会出事故的。"

忆茹听完这个故事，久久没有吭声，"我懂了"，半晌，电话那头的忆茹如释重负地呼了一口气。

放下电话，安卉也陷入沉思，完全没注意到还有半张脸没涂面膜，而涂面膜的半张脸，因为长时间没喷水，面膜已经裂开，像极了久旱的大地。

一般来讲，进入公司的1~3年内，是一个学习的过程，学习的目的主要是迅速掌握业务技能，使自己快速成长起来，除此之外，还要学习职场规则、学习如何处理与同事之间的关系，只有通过学习，才能把自己锤炼成具有竞争力的职场人。不要总认为自己是人才,而进入公司做做事务性的工作就认为屈才了,认为自己的学历与"小儿科"的事情不匹配。事实上,能否做好那些自己不愿意做的事情是一个人是否成熟的标志,也是一个人能否取得人生成功的主要因素。这世界不是为你准备的,这职位也不是为你设立的。为了一种对自己、对别人、对集体、对事业的责任,你必须认真地对待那些你不愿意做的事情,而且你要想方设法把它们做好,是你要去适应环境和社会,而不是要求环境和社会适应你。需要逐步提炼自己的职业含金量和竞争优势,如果能化被动为主动,那么工作与成长的意义就真正体现出来了。"硬着头皮、咬着牙"把你不愿意做的事情做得像样,将会比你做好你擅长的事情有大得多的收获。

在职场中,不妨把自己定位为配角,没有靠山没有背景,也忘记过去所获得的成堆的奖状,脚踏实地、放低心态,不能好高骛远,因为刚开始工作会显得枯燥乏味,可是这份经历是工作中不可或缺的一部分。自视过高,妄图一口吃成大胖子,那只会让自己陷入被动境地,最终卷铺盖走人。

保持心态平衡,成功贵久不在速

在"时间就是金钱"的现代社会里,一切讲求快速;放眼望去,吃的是"速食面",读的是"速成班",走的是"捷径",渴望的是"瞬间发财",以至于造成社会追逐功利、普遍短视的现象。成功,是一个循序渐进的过程,只有不急不躁、按部就班走下去,才能到达。如果想要一步登天,不要根基便筑起空中楼阁,无异于痴心妄想。老祖宗告诉我们,鸡肉要用小火慢慢地炖,才会好吃;拜师学艺至少3年4个月才会有成;任何工匠,讲究的是慢工出细活。

彼得工作一些日子了,却得不到上司的赏识也没有加薪,生活竟是老样子,一点点意外的惊喜都没有。他常常幻想哪一天幸运能突然降临:买彩票中了大奖或者某位遥远国度的富贵亲友急急招他去认亲。在这样的幻想中,他的工作就更是没精打采,常常出错,朋友推荐他去看心理医生。

心理医生的诊所是一间独立的两层小楼,诊室开在一楼。彼得进了诊室,看到心理医生诊室的一侧有直通楼上的圆弧形楼梯,楼梯十分精致,可圆弧似乎多了一点,与普通简洁便利的楼梯不同。彼得盯着那可疑的楼梯,好奇地问医生:"楼上是什么?你怎么不把诊所开在二楼?"心理医生平静地说:"你可以上去看一看。"彼得就沿着那个楼梯走了上去,只是普通的阁楼,采光很好,有明亮的阳光照进来。他失望地下楼。

"楼上怎么样?"心理医生问。

"很好,地方宽敞,又明亮。"

"那,你是怎样上的二楼?"心理医生又问。

"走上去的啊。"彼得被问得莫名其妙。

"怎么走上去的?"心理医生不动声色地继续问。

"沿楼梯一步步走上去啊。"彼得被问得有些不耐烦了。

"是啊,上到二层是要沿楼梯一步步走上去的。尽管那楼梯有点陡,但只要一个台阶一个台阶走,最终还是会走上去的。我们的生活也是要一个台阶一个台阶走的啊!"

说得多好,"欲速则不达"。等待是人生的必修课,再期待风景的游客也必须经历漫长的旅程。人的成功之路就是一条漫长的旅游线路,终点是你期待已久的风景,你恨不得插翅能飞,一步抵达。可是在出发前,你总要做充分的准备,这就是你的努力了。最实用的地图、救急用的药品、简单的帐篷、合脚耐磨的运动鞋、食物饮水,这些必需品,你是否一一打进了背包。而等你装束齐备,坐上了旅游专线车,你无暇欣赏路边的风景,心中仍被对目的地的期待塞得满满的，但这路上的时间你仍要耐心地等待。即便心急如焚，难以按捺自己的兴奋，甚至要唱起来，也仍要等待。努力和等待之后，你抵达终点，终于看到梦寐以求的风景。

所以，我们要有耐心，首先从最容易、最有把握的地方做起。然后逐渐向前。这是一个行之有效的工作方法。先从容易的事情做起，并不是意味着投机取巧，避重就轻；这是一种行之有效的策略，它可以使我们在事情开始的时候，形成一种良好的心态。此时取得的一系列成功，自然会树立起一种信心，会对实现自己的目标有一种牢固的信念。只有这样，才能在未来的工作中，担负起重任，鼓起克服困难的勇气。从行为心理学的角度说，循序渐进，由易到难，这是最适合我们人类工作的一种方法，我们这样由易到难地做事，从一开始就建立起足够的信心，即使未来困难再大，我们也可以沉着应付，而不会失去信心和理性。在体育运动中，练习之初，通常都是从个人最能够支持的量开始的。等到逐渐适应一种运动量之后，再逐渐增加运动量。这种原则实际上可以在任何一个地方适用。

作家周宁说："慢慢地走，稳稳地走，总有一天，你会发现自己是那走得最远的人。"

结语：

有一条不变的规则叫做"如果这个社会不能适应你，那么你就要学着适应这个社会"。放下身段，路就越走越宽。每个职场人士要克服以"自我为中心"，尽早把"眼光向外"，及时调整定位，以适应变化了的市场与变化着的社会，适应社会中不同的声音。放低姿态不是示弱，而是一种尊重，尊重自己、尊重他人，也尊重自己的工作，果实在脚下，只有弯腰，才能捡到。

第三律　保持清醒，不要在"忙"中变"盲"

> 忙，是职场中人常有的一种工作和生存状态，相当一部分是"穷忙"忙而无果。而那些方向明确，以"结果"为最终导向的人，虽然肩负着巨大的工作量和工作压力，却能统筹协调，将公事私事安排得井然有序，忙得有效率、有结果，事业在"忙"中稳健上升。

你到底有多忙

忙，是一种工作状态，原本它是中性的，但职场中的人却发现，倘若自己表现得不忙，那么随之而来的麻烦可能比忙还要多，于是只好"装"，谓之"装忙"。

"你是装忙族吗？"在某网站的调查中，75%的人认为要看情况，有必要时会装一下，还有18%的人认为，不需要装，本身就很忙。对于"哪项装忙技巧最好呢"？大多数人选择"同时开着QQ跟写字板，灵活切换窗口"。调查显示，42%的装忙族是为了"不被老板骂，老板肯定讨厌上班没事干的员工"。也有部分人是为了面子，"人家都在忙，我如果闲的话显得我没用"。

这是一个金融危机的季节，不忙的人仿佛是可耻的，是没有上进心的，或者是沦落为职场边缘人的。电话里问近况，谁都说自己忙。真有这么多忙不完的事吗？

　　真忙的人，通常是自己安排的。能力到了一定程度，职位有了一定高度，需要他亲自过问并最后定夺的事情就多了起来。这类人要想忙而不乱，就得充分利用时间，把工作安排得井井有条，以便随时知道自己在干吗，要干吗。所以找他们，总是需要提前预约，临时上门，很难遇到他们有空的时候。不由得人不感叹"真忙"！但这样的忙肯定很有条理：事情有条不紊，方能稳步前进；时间安排紧凑，方能留有生活的余暇；也许有些累，但是充实；目标明确，身心愉快。

　　还有一种人的忙，那是看起来真忙，实际也真忙，但本质上是一种"盲目的忙"，是"瞎忙"。办公室工作往往繁琐，而且经常需要多个任务同时处理。如果你没有甄别出工作优先次序的能力，很容易这个做一点、那个进行一半，一天下来事情做了不少，似乎忙得不可开交，却没有一件有结果，迫使你以加班来赶工。这种身心疲惫的忙，主要在于工作方法不对。往往多见于初来乍到的新人。他们最需要的是主动地请教资深同事，尽快了解情况，弄明白工作的轻重缓急，保证最重要的工作被最优先地完成。

　　忙碌的原因都是类似的，而装忙的理由可就复杂多了。职场中人，恐怕有意无意都装过忙。虽然原因不同，但从本质上分析，则都是为了自己在别人眼中的形象。

　　有一种是明明工作不忙，但为了使得自己在同事、领导、客户甚至家人眼中看起来很重要，要装得很忙。还有一种则是职场的生存哲学，首先大多数老板都不喜欢看到下属在上班时间很悠闲，至少不能比自己悠闲。如果老板喜欢员工忙忙碌碌，那么能力强的人就只得装忙。其次与工作环境有关，有句俗语叫"鞭打快牛"，如果一个单位的制度是：工作效率越高，分配的工作越多，而薪水不变，多数人都会在一定程度上装忙。

第三律 保持清醒，不要在"忙"中变"盲"

真忙的人很聪明，瞎忙的人很郁闷，装忙的人很无奈。

当你是员工，尽量努力不要让老板以工作时间的长短来评估你的表现，但也不要以为你的偷懒老板看不出。只不过老板的底线是你先完成自己的工作，后面的装忙时间，他才会睁一眼闭一眼。毕竟，领导更关注的是效果。

如果有一天你也成了领导，也别忘记这些招数。记住：一个开明的领导，不会把人逼得太紧。就像弹簧一样，保持一个姿势太久，就容易失去活性。看起来忙的人，不一定是工作做得最多最出色的，工作成绩也不是用忙碌程度来衡量的。反而能够忙里偷闲的人，他们有计划有条理，能够给自己的工作和生活一个可持续发展的计划，倒很有可能拥有长久而骄人的职业生涯。

校正一下方向再跑

如果问一个上班的人："你最近在忙什么？"大部分人会说，"瞎忙。"或者"不知道每天在忙什么，一天就过去了。"这两个问题的答案有一定的矛盾，一方面是因为大部分人都比较含蓄和谦虚，说忙是怕别人说自己上班没事干；说不知道忙什么或者瞎忙是表示自己谦虚。似乎都是为了表现一种美德。另一方面也是因为大部分人感觉很忙但回想起来又不知道忙了些什么。

对于第二种情况，原因有很多，这里结合实际观察到的职场情况作一个简单的分析。

- **对工作的目标不清晰**

这个情况尤其容易发生在刚工作不久的人身上，他们对很多情况不熟悉，工作的方法还没有完全掌握，在接受主管交代的任务时不一定弄清楚了，又往往不去问，照自己的理解来做，做了一半，时间过去很多发现做得方向不对，很忙却没有成果。对于这样的情况，分配任务的一方最好让对方重复一下任务，并简述使用的方法，确认无误后再让其开始，并且对工作的过程进行了解。对于接受任务的一方最好跟对方确认一下任务，确保自己的理解与对方的需求一致。

◎ 工作方法或能力存在问题

同样一个任务，不同的人做差异很大。一般对工作比较熟练、勤于思考的人工作效率更高一些。效率高的人往往在开始一个工作前，对工作的目标、所采用的方法、需要的资源进行规划，确认后开始实施，这样会大大提高效率。具备快速学习、快速找到关键点、沟通能力强等特点的人工作效率自然就提高了。

◎ 时间管理有问题

很多人觉得忙而无成果，是因为时间管理出了问题。曾见到这样一种情况，一个员工在和主管谈周工作计划的时候，自己座位上的电话一响就会跑回自己的座位接听电话；一个员工在和总部召开视频会议的时候被其他部门一个人临时要求提供资料就离开会场帮忙整理资料了；一个管福利的员工一个月要到市公积金中心去 3 次……当然，偶尔这样是没有问题的，因为总有一些特殊情况或更紧急的事情要处理。但经常这样，恐怕时间管理有问题。如果确定在做一件事情，最好将这件事情一口气做完，尤其是不适合中断的事情。和主管谈周工作计划应该是比较重要的事情，而电话响未必重要，两件事情同时出现的时候可以做一个选择；与总部开视频会议应该比较重要，除非认为这个会议很无聊，不参加也罢。如果其他人有工作要帮忙，是否可以告诉对方自己现在在开会，大概几点结束，在结束后帮忙如何。对于到公积金中心办理缴纳、停止或代员工领取业务，如果每月集中到 1 天去办理，可以节约很多时间，对于零散的工作可以集中 1 个时间段处理，比方说，每月的几号办理什么事情，每周的什么时间处理什么，每天的几点集中处理邮件等。这样也可以节约时间。最可怕的情况是，没有规划，一会儿接电话，一个事情处理一半，又看到新的邮件，又去处理邮件，这个时候又有人要求做其他事情……好像千头万绪，一天过去了，发现没有完成几件事情。

忙有很多原因，不管对别人说自己有多忙，但千万不要自己耽误了自己的时间，提高效率总是一件有益的事情。

安卉正式上班后的工作状态只有一个字能形容——忙！晕头转向天昏地暗，因为是新人，所以安卉想好好表现，广告策划、信息收集、翻译文案……同事完不成的活不客气地交给安卉，安卉也不客气地接下，其间还陪同经理拜访客户，每天早早上班，迟迟下班，忙得像个陀螺，仍觉得活还没做完。

不过，虽然忙碌，却感到充实，安卉有自慰自解的哲学：因为忙碌才需要你。所以，进单位以来，安卉忙的感觉特别好，尤其是老板来办公室的几趟，安卉都定在座位上，两只手不停地忙乎着……

一个上午，老板让安卉去趟办公室。落座后，老板很关切地问："进来工作情况怎么样？"安卉也不谦虚，把进单位后的忙碌、所做的事务详尽地作了汇报，末了，还即兴发挥地表达了"我忙碌，我快乐"的感想。看着老板的神情，安卉做好了接受表扬的准备，老板一定会想：公司招到一个好员工！安卉在心底咯咯地乐开了花。

不想，老板听完安卉的汇报之后，沉默半晌，问："安卉，你这样忙碌，是不是需要休息几天，调整一下？""那感情好。"话一出口，安卉就觉得有些不妥，刚正式上班，哪有休假的道理，赶忙说："啊，不，不必了，我年轻，精力旺盛，能扛得住的，不需要休息……"

老板燃起一根香烟，娴熟地弹了弹烟灰，才开口说："你没来之前,部门是急缺一名人手。但是我观察了些日子,你来之后,我发现你比之前的部门员工还要忙!"

多了个人却比之前还要忙,这话什么意思?是说我工作能力不强,办事效率不高吗?是说招我进来反而添乱吗?想到这里,安卉后背开始冒冷汗,之前的自信和得意飞得无影无踪。

老板继续说下去:"经常加班是四种'无能'的表现:大领导无能导致人员编制欠缺;大领导无能导致分工无序;小领导无能导致指令无序;员工无能导致工作做不完。"

安卉羞得无地自容,老板的意思是暗示自己无能吗?

看出安卉的紧张,老板换了轻松的语气问:"你这般忙碌,是因为你们部门同事把事情都推给你是不是?"安卉忙摇头:"不是不是,是我自己要做的。"老板点点头说:"既然这样,你认为是不是需要给些时间思考,校正一下方向再跑?这样吧,给你两天时间休息和调整,把电话摘了手机关了,天塌下来也不要管,两天后再来上班。"

安卉忐忑不安地退了出来,依照老板的指示,把自己关在屋子里,断绝了一切与外界的联系,专心思考如何进行自己的工作。第一天下来,安卉已经悟出自己被别人支配着跑的症结来,第二天,安卉已经想出自己做主宰,支配别人的工作方案。到了晚上,害怕有什么不妥,专门打电话与忆茹商讨了各种细节。

上班后,安卉把近期手头的工作列了个清单,然后排了个时序,制定出进程表,然后将别人的工作"完璧归赵"……两天的调整,安卉终于有空站起来泡杯茶,跟同事们说说话了……

俗话说"埋头拉车,抬头看天","埋头拉车"固然可敬,但"抬头看天"却更重要,因为这是前进的方向,事关用力的效果。朋友,你是否也在紧张的忙碌中呢?如果是,请你稍稍停顿一下,思考一下为什么这般忙碌,然后再找出轻松些的办法来。磨刀不

第三律 保持清醒，不要在"忙"中变"盲"

误砍柴工，花点时间校正一下方向再跑，你会跑得更快、更轻松。

感谢身边的懒人

在职场中，与"忙人"相对的人不是闲人，而是懒人，通常我们对这种人嗤之以鼻横眉冷对，但凡事换个角度想，你应该学会感谢别人的懒惰，因为正是他们的懒惰，才使我们拥有了更多做事的机会，为我们搭起了展示才华的舞台与通向成功之路的台阶。

忆茹打电话抱怨说同事太懒，自己跟个小蜜蜂似的，只是，没见过哪个蜂房只有一只工蜂、一大群蜂王，安卉被忆茹形象的比喻逗得哈哈大笑，想起自己也曾大包大揽过同事们的事情，于是就劝忆茹说："别人的事情你别做不就行了吗？"忆茹嗷嗷地嚎了两声："个个资历比我深，都是大爷，奴婢哪里得罪得起！"安卉嘻嘻一笑，说："别想了。小师妹打电话说让我回去参加个就业指导会，说是要分享一下我的就业心得。我呀，心得没有，牢骚一堆，所以就拒绝了。但她还是邀请我去，说是请了好几个很有出息的师兄师姐去，我看，咱俩过去凑凑热闹吧。咱们没什么经验传授给那帮小屁孩，但可以就目前遇到的问题请教一下那些个高人嘛。小娘子意下如何？"忆茹凄凄惨惨地应道："奴家答应便是。"

九月学校刚开学，那些不考研的大四学生已经急着找工作了，辅导员高瞻远瞩，组织了一次小小的系友见面会，邀请工作了的"老生"回校现身说法，希望能给大四学生做个就业方面的指引。

安卉和忆茹挤在一帮闹哄哄的学弟学妹中间觉得老大不自在，因为从进来开始就有人不断问她俩问题，很显然她俩的回答不能让学弟学妹满意，安卉指着门口说："哎哎，'高人'来了，你们一会儿问高人吧。"两人这才脱了身，相视一笑，不约而同地抹了抹额头,汗!

  到场的"高人"安卉一个也不认识,但并不影响学生提问的积极性。不过,学生问的问题大多限于求职面试一级,或是公务员报考方向等等,至于工作中会遇到的问题,还不在学生们思考范围之内,会议在一派祥和的气氛中进行,安卉却是兴致缺缺。忆茹终于忍不住了,抢过话筒站起来:"我想问一下,如果在工作中,有些同事特别懒,把活都推到你身上,而作为一个新人又无法拒绝,这种情况该怎么办?"台上一位西装革履的"高人"问:"这位同学,你已经工作了吧?!"忆茹撒谎道:"没有,我就是想请教一下。""高人"赞许说:"那你这个问题问得很有预见性!有些同事一则欺生,二则懒,的确会将工作推给别人特别是新人做,也许大家脑海里想的都是该怎么拒绝,那我要告诉大家我的故事,希望能给大家带来启示。"

  "我大学毕业到一家集团公司的办公室当文员。办公室主任有一特长,即文章写得好,很有思想,公司董事长很器重他,董事长的讲话稿和企业的年终总结等一系列重大文章都出自他的手。

  "我到办公室后,只是个打杂的,脏活、累活、没名没利的活全归我干了。后来,主任变得越来越懒,一些本来该由他亲自做的工作,也往往推给我去做。

  "由于企业名气大,经常要参加省市组织的诸如长跑、登山、演出等活动,要现场采访、拍照。这样的工作时间长,又不算加班,主任便安排我去。

  "公司会议常常利用晚上的业余时间,董事长一开会常常忘记时间,一直开到凌晨。而开会需要录音、做记录。这么辛苦,主任就总让我去。这样一来,我很多晚上的时间参加会议,第二天还要整理记录,写报道,工作量增加很多。

  "我们一些新来的大学生在一起时,常常数落那些老同志,如

第三律 保持清醒，不要在"忙"中变"盲"

何的懒和刁，剥削我们的劳动，占用我们的时间，把我们的智慧与劳动成果占为己有，为此愤愤不平，而且有的人还为此一走了之。

"一次省电视台的记者要采访董事长，董事长时间比较紧，于是安排在星期天的晚上8点钟。

"董事长让主任陪同。可是主任家离公司较远，骑自行车要40分钟。于是他叫我去陪同。我一听就来气了，平时晚上总让加班，我就已经满肚子意见了，星期天还让我来，太那个了吧。更何况这件事董事长就是让他参加的，我和女朋友还有个约会。我很想顶他，但后来想想还是不情愿地参加了。

"那天在接受电视台记者采访时，董事长兴致非常好，冒出了好几个火花，即企业发展到现在已经是十年了，要'十年归零'，进行第二次创业，并且准备在十周年大庆时有大的动作。

"本来这次采访只谈半小时，但由于董事长与记者们非常谈得来，他们一谈就是两个多小时，后来还一起去喝茶。当一切都结束时已经是凌晨一点了。送走记者后，我已经非常困了，没有洗漱倒头就睡。

"第二天我把采访纪要整理好，交给董事长。后来又采写了一篇企业报刊发表的文章，文章标题是《十年归零从头越——董事长发出第二次创业动员令》。董事长感到我非常敏锐地捕捉到了他的灵感，并且文章的重点突出，主题新颖。董事长非常高兴，顺便问了昨天晚上主任为什么没有来。我说：'他家离得比较远。'董事长接着说：'要感谢身边的懒人，要多为自己创造机会！'

"从那以后，董事长便常叫我到办公室去，他有些什么思想、感悟都让我整理。再后来年终总结报告也让我写。还给我的工资翻了一倍。我渐渐成了公司的红人，也得到了更多、更大的锻炼。

"而现在，我已经是公司的经理了。我想要告诉大家的是，很多时候，有不少人们不愿做的额外的繁琐工作摆在我们面前，我们常常不是积极地接受并努力地做好，而是畏难发愁、设法躲避，总是沉溺于抱怨和牢骚，以一种消极、悲观的心态等待、观望或者被动应付。如果从另一个角度来看，有更多的工作做，应当是一件非常幸运的事情。因为，通过做更多的工作，可以提高自己的能力，增加处世的经验，提高自己做事的品质。所以，当额外的工作降临到面前时，我们要珍惜这个难得的机会，紧紧地抓住它，不要让它白白地从眼前溜走。

"天上掉馅饼，总有它凭空而降的原因。所以，我们要学会感谢别人的懒惰，因为正是他们的懒惰，才使我们拥有了更多做事的机会，为我们搭起了展示才华的舞台与通向成功之路的台阶。"

台下第一次响起经久不息的掌声。

结语：

"装忙"提升不了竞争力固然不可取，"真忙"的人也需要看清自己的方向。静下心来分析自己的工作性质，理出轻重，排好条理，积累经验，迅速提高技能，这样才能"忙而不乱"，忙得有条不紊，你的忙才能显出它应有的价值。忙，不是给别人看的；忙，是在为自己的未来负责。

第四律 认识自己，择"擅"而从

> 不同的职业需要不同的性格，不同的性格对应着不同的职业，上苍是公平的，也是智慧的，他赋予任何人的任何性格都是有用的。任何一种性格，一旦找准了位置，就会大放光芒。

你属于哪种性格

美国著名心理学家和职业理论专家约翰·霍兰德经过十几年的跨国研究，提出了职业人格理论（参见附1）。他认为人的性格大致可以划分为六种类型，这六种类型分别与六类职业相对应，如果一个人具有某一种性格类型，便易于对这一类职业发生兴趣，从而也适合于从事这种职业。这六种性格分别是：

◎ 现实型

现实型的人喜欢有规则的具体劳动和需要基本技能的工作。这类职业一般是指熟练的手工业行业和技术工作，通常要运用手工工具或机器进行劳动。这类人往往缺乏社交能力。现实型的人适于做工匠、农民、技师、工程师、机械师、鱼类和野生动物专家，车工、钳工、电工、报务员、火车司机、机械制图员、电器师、机器修理工、长途公共汽车司机。

◎ 研究型

研究型的人喜欢智力的、抽象的、分析的、推理的、独立的任务。这类职业主要指科学研究和实验方面的工作。这类人往往缺乏领导能力。

◎艺术型

艺术型的人喜欢通过艺术作品来达到自我表现，爱想象，感情丰富，不顺从，有创造性，能反省。

艺术型的人缺乏办事员的能力，适于做室内装饰专家、摄影家、作家、音乐教师、演员、记者、作曲家、诗人、编剧、雕刻家、漫画家。

◎社会型

社会型的人喜欢社会交往，常出席社交场所，关心社会问题，愿为别人服务，对教育活动感兴趣。这类人往往缺乏机械能力。

社会型的人适于做导游、福利机构工作者、社会学者、咨询人员、社会工作者、学校教师、精神卫生工作者、公共保健护士。

◎企业型

企业型的人性格外倾，爱冒险活动，喜欢担任领导角色，具有支配、劝说和言语技能。这类人往往缺乏科学研究能力。

企业型的人适于做推销员、商品批发员、进货员、福利机构工作者、旅馆经理、广告宣传员、律师、政治家、零售商等。

◎常规型

传统型的人喜欢系统的有条理的工作任务，具有实际、自控、友善、保守的特点。这类人往往缺乏艺术能力。

传统型的人适于做记账员、银行出纳、成本估算员、核对员、打字员、办公室职员、统计员、计算机操作员、秘书、法庭速记员等。

职业和性格契合度的高低会影响你对工作的满足感，也间接影响工作的表现。例如，一个性格外向、活跃、喜欢和人沟通、注重绩效和实质报酬的人，在从事销售和市场开发的工作上，就

第四律 认识自己，择"擅"而从

会比一个内向、低调、喜欢肌体发挥（使用体力）、注重技术研发的人更加有干劲、得心应手，并更有成就感。

奔向自己的点

每一个人都应该时常花点时间想一想自己是什么样的人，从容不迫还是紧张焦虑，喜欢交际还是羞涩腼腆，杂乱无章还是有条不紊。你是什么，会什么，有什么，想要什么，能够做什么。了解自己的性格是人生的第一课！

"我要调到销售部了。"子骞说出这个消息的时候，安卉正认真地将工作餐里的肥肉挑拣出来——堆在空碗里，这该死的肥肉！想让我长成猪呀！"我要调到销售部了。"子骞不满地重复。啊？什么？安卉错愕地回过神来，"我要调到销售部啦！"为表示强调并抗议安卉的心不在焉，那个"啦"字被拖了老长，就跟在测肺活量似的，直到安卉拿起碗将肥肉全扣在子骞的盘子里，才止住了他的余音。

"外事部不好吗，为什么要调到销售部？是你自己申请的还是经理'发派'的？你……"看安卉大有"十万个为什么"的架势，子骞忙拱手告饶："行啦行啦，我的大小姐呀，你一下子问这么多，叫我怎么回答你。"

"先给你讲一个故事吧。一个人养了一只豹子，豹子漂亮极了，还是一个捕猎能手，猎物只要被它发现，就很难逃脱。一天，这个人摆了酒宴，邀请亲朋好友前来欣赏。大家赞不绝口：'瞧那眼睛，多么犀利！''细腰、长腿，跑起来肯定快。''……看这副牙齿，像尖刀一样锋利，真棒！'他很得意，视豹子为上宾，给它套上金绳子，并天天杀猪宰羊给它吃。一天，有只大老鼠从屋里跑过，他急忙叫豹子去抓，可豹子只打了一个呵欠，一动不动。他十分失望,把豹子臭骂了一顿。这以后每有老鼠从屋里跑过,他都叫豹子去抓,可豹子总是纹丝不动。'我怎么养你这么一个废物!'他拿起鞭子抽打豹子,豹子疼得大叫起来,他就更加用力地抽它。他还把豹子身上的金绳给解下来,换上了麻绳,并把它关进圈里,每天拿剩饭剩菜给它吃。受到这样的待遇,豹子变得更加无精打采了。他的朋友看到他这样对待豹子,就责怪他说:'宝剑锋利,可是补鞋还是剪子好使;丝绸漂亮,可是擦脸还不如一块粗布;豹子虽然厉害,可是捉起老鼠来还不如病猫。你怎么这么愚蠢呢?应该用猫去捉老鼠,用豹子去捉野兽呀!''对呀,我怎么这么笨呀!'他拍拍脑袋说,'这头豹子本来就是捉野兽的呀!'于是他把豹子放出去捉野兽,结果家里的野味多得吃也吃不了。"

"这个故事和你去销售部有什么必然联系吗?"故事倒是听得津津有味,不过安卉觉得有点莫名其妙。

子骞白了她一眼:"我是想告诉你,人各有所长呀!像你,英语功底好,笔译也好、口语也罢都能拿得出手,所以对外事务你都能应付,当然了,形象也OK啦。而我呢,英语水平一般,口语倒是还行,但是逢到用英文写文案,我就头晕。我仔细分析了一下自己的性格特点和优势,我属于外向型,喜欢跑马江湖,言谈嘛,也还可以,呵呵。昨天和经理谈起,正好销售部缺人,所以我就主动请缨了。不过过去后,我这些天的实习就算是白做了,一切从头开始。"

"可是跑销售很累,你确信你喜欢吗?"安卉从心眼里对子骞的决定感到钦佩,但又不无担心。

"这是我擅长的,也是我喜欢的。别忘了,我在大学期间可就有了社会实践,知道我做什么去了?哈哈,正是做推销呀。"

成功是不可复制的，成功也没有你想象的那么难。当越来越多的人抱着所谓的成功法则，踩着成功人士的脚印，小心翼翼地向前迈进的时候，却忽视了自身的性格特点，没有"将马克思主义中国化"，结果没有靠近理想，反而越走越远。成功的要诀之一是顺从自己的性格，并将自己的特点、优点发挥得淋漓尽致。

性格与职业错位后的补救

职业和性格契合度的高低会影响到你对工作的满足感，也间接影响工作的表现。例如，一个性格外向、活跃、喜欢和人沟通、注重绩效和实质报酬的人，在从事销售和市场开发的工作上，就会比一个内向、低调、喜欢肌体发挥（使用体力）、注重技术研发的人更加有干劲、得心应手，并更有成就感。

那么性格内向的人就无法胜任销售、客服等需要经常与人打交道的工作了吗？其实，虽说最好是从事与自己性格相符的职业，但人的个性并不能完全决定他的社会价值与成就水平。从职业发展的角度看，性格与职业"匹配"是最佳选择。但人在职场有时候身不由己，那么如何处理好性格与职业的错位呢？

◎让性格适应工作

当你发现你的个性与职业的匹配度不高时，可以通过个人的努力来弥补自身不足。性格虽然带有先天成分，但同样是具有可塑性的，受社会生活环境的影响，通过后期的实践活动，人的职业个性是可以随着职业的需求而做适当的调整。很多优秀的销售人员性格趋向就是内向型的，他们刚刚接触这个工作时，肯定会比外向型的人需要更多的时间来适应，比他们付出更多的努力。如果是自己喜欢的工作，工作中不断完善自己的性格，工作方法适当，一样会很出色。

◎创造工作的快乐

任何工作都有保鲜期，而成功需要的是耐性与毅力。无论什么样的职业领域，只要你富有创造性，就会有无穷快乐。当一个人充分挖掘个人内在资源与主动性时，就不会过多地抱怨外在的环境因素。只要努力坚持，在许多职业领域中我们都可以为自己创造成功的条件。

◎成功源自自信

在工作中，不要太在乎别人对自己的感受和评价，只要自己抱着工作热情和积极向上的态度，勇于发表自己的见解，增强自己的能力，相信成功离你不远！

◎锻炼良好的沟通技巧

任何工作都免不了与人沟通，所以无论从事什么工作，有好的沟通技巧，工作起来就会更容易。谈话的技巧是可以训练的，不需要太多天生个性的支持。你体会不到与人交流的乐趣，你也可以把言谈技巧训练好。如果发现自己无法从与人交流中体会乐趣，还是从事与物打交道的工作比较好。

◎挖掘隐性性格

一个人在生活中也许很活跃，但面对工作的时候又可能是另外一种状态，同人相处时是一种性格，独处时又是另一种样子。这种隐藏的性格有时就可以决定你工作是否可以取得成功。可以向周围的朋友了解分析自己，从不同事件中审视自己的性格特征，只有完全清楚自己的性格才能更好地应对工作。最重要的是你需要在实践中去挖掘自己深藏不露的一面。

当前遇到性格与职业选择错位也是非常普遍和正常的，关键是自己如何针对自身的弱点努力弥补不足，通过不断的锻炼来适应职业。

如果你经过调整还是感觉到无法承受来自工作的巨大压力，那，你还是跳槽吧！

结语：

性格本身并无好坏之分，但却和职业密不可分。如果"顺应"自己性格去选择职业，你会发现达到职业的顶点更加容易，工作起来也犹如"行云流水"般自然。而与自己的性格不相符的职业，带来的不是收获与快乐，而是痛苦与堕落。

第五律　行走职场，微笑是最好的名片

> 微笑，是人类的天赋，它价值丰盛却不费一钱。微笑，是老少咸宜、男女通用的最好的化妆品。我们往往能通过一个人微笑的外表，看到他内心的真诚、热忱和自信，微笑能融化世界上一切坚冰，它是你通行职场最好的名片。

你微笑，全世界也微笑

美国密西根大学心理教授詹姆士对人的微笑注解："面带微笑的人，通常对处理事务，教导学生或销售行为，都显得更有效率，也更能培育快乐的孩子。笑容比皱眉头所传达的信息要多得多。"被世界誉为"伟大的丹麦人"的维克多·保格说，"笑是两个人之间最短的距离"。那么，微笑到底有多大魅力？

子骞如愿调入销售部，刚开始凭着自己初生牛犊之勇，一个人风风火火地转战于城市的各个街道，可惜收效甚微，犹犹豫豫含含糊糊的大有人在，更有一听来意就直接将他"请"出门外的。几天下来，子骞才发现大学期间的"实践"根本派不上用场，那时候还有"学生"这个身份作掩护，对方通常都会比较客气。

第五律 行走职场，微笑是最好的名片

不过，要这么容易就服输，那就不是子骞了！这天，子骞以新人姿态主动要求当小A的跟班，小A是公司的销售冠军，据说马上要被提升为销售助理。他发现小A每次外出时，衣袋里必揣上自己的名片，他的名片很特别，全然不是由公司统一印制的那种，上面除了公司名称、自己姓名及联系方式外，还印有一行醒目的字："你微笑，全世界也微笑。"而每次当小A微笑着递出名片的时候，总能看见对方会心的微笑，然后双方就在愉快的气氛中开始交谈，即使双方达不成合作意向，对方也会将名片留下，表示有机会再合作。

子骞想起了学校外面有家"六子米皮"，店面很小，却门庭若市，常常有人宁愿在门外等也不愿换地方，而再往前走十米就有另一家米皮店，学生好像吝啬于走十米所花的脚力似的，就是不往前走。子骞是个勇于探索和尝试的人，决定一探究竟。可结果出乎子骞意料，吃着也跟"六子米皮"家的差不多，可是在里面吃东西明显感觉不对劲，有一种孤寂感。子骞忽然明白其中的原因了，米皮还是米皮，可是人却不一样，"六子米皮"家的老板始终面带微笑，客人结账出门时总不忘招呼一声"慢走"，老板娘更是不断微笑着向门外站着等的客人表示歉意，每每这时，等着的人脸上总会报以理解的笑，等下去的决心也更坚定了。

子骞若有所悟，将内心所想告诉小A，小A大为赞赏。

"可是我每次也微笑了，为什么就得不到对方相应的礼遇？"子骞仍有不解。

"微笑一时简单，难的是时时微笑、事事微笑。做咱们这一行，不管顾客是对是错，咱们都要以微笑相迎，你做到了吗？"小A反问。见子骞默然不语，小A接着说道："做不到也是人之常情，谁都有喜怒哀乐七情六欲嘛。可是，做咱们这一行，就得会用理智约束自己的感情，控制自己的感情，引导自己的感情，调

整自己的感情。对此，我教给你三点：1. 你走出家门之前，就要调整好自己的情绪，把那些不愉快、不高兴，或者让你心情压抑的事情，统统放到一边去。当你感到心情放松了、精神愉快了的时候，再走出家门，再去做你的销售工作。这时，你的脸上就会布满笑容，就会感到全身神清气爽，连你的走路步伐也会轻捷许多。2. 人际交往中，对方其实就是自己的一面镜子。有句俗话叫'伸手不打笑脸人'，当你满面笑容地出现在顾客面前，在微笑中与顾客谈话交流，又笑意盈盈地与顾客挥手道别的时候，多数顾客都不会拒你于千里之外。因为你的微笑已经无声地告诉顾客，你很友善，你很赞赏他，你很喜欢与他交往，那么他必然会觉得很开心，会很乐意与你交往。3. 现实中难免有不如意的地方。比如，有的顾客对你不冷不热，有的过于挑剔，有的冷嘲热讽，有的干脆拒绝了你，有的虽有合作意向但就是迟迟不签单，等等。遇到这些情况，你要记住，这些都是正常的，顾客有选择的权利，我们对此表示理解和尊重，这样你就会觉得释然，心态就会平和，脸上的笑容就不会因此消失。我所有的销售都是在微笑中完成的。"

子骞听得连连点头，"那你的名片是……？""那是我自己花钱印的。今天教了你这么多，你可得交学费哦。"

如果你是领导，当员工向你问好的时候，给他一个精神饱满、自信的微笑与点头，员工可能就会保持一天的好心情，会认为你的微笑是对他的肯定与无声的赞扬，他就会更用心更积极地工作，从而提高了工作效率。如果你每天都这样微笑地对待每一名员工，员工们就会从你那里获得信心与力量，他们就会认为自己跟着这样的领导是明智的选择，会有很好的前途与发展，你能给他们信心和力量，从而形成积极向上的和谐团队。

如果你是一名普通的职员，学会用微笑诠释你的快乐，把你

第五律 行走职场，微笑是最好的名片

的快乐传递给身边的每一个人。老板会认为你热爱生活，热爱工作，积极向上，乐意与你交流与沟通，也将委你以重任；你身边的同事则感觉你和蔼可亲，容易与人相处，也愿意与你亲近……此时，以你的快乐感染了大家，感染了整个团队，也为自己赢得了更多的快乐，而有研究发现，快乐的人更容易获得事业的成功。

职场中，微笑送出的是温和的秋阳。人心都是一面镜子——你对它微笑，它就会对你微笑！当你天天由衷地微笑时，你会发现整个世界都在向你微笑！

笑可笑，非常笑

在日常生活中，你会发现同样是微笑，有的人笑起来如蓓蕾初绽，给人很舒服的感觉，而有的人笑起来却很"职业化"，给人一种距离感。有些人天生就很会笑，特别是即使不笑嘴角都是微微上翘的人，这种人笑起来会很有魅力，但是，依靠自身的努力也完全可以拥有，例如，演员和空姐通过微笑练习，就能练出迷人的微笑。曾经有人评论说某古装小生笑起来有"春回大地"之感，诚然。所以，微笑说起来很简单，但是要笑好却不易。

微笑时，目光应当柔和发亮，双眼略微眯大；眉头自然舒展，眉心微微向上扬起，这就是人们通常所说的"眉开眼笑"。除此以外，还要避免耸动鼻子与耳朵，并且可以将下巴向内自然地稍许含起。要切记不要使自己的微笑，变成假笑、媚笑、冷笑、窃笑、嘲笑、怪笑、大笑、狂笑等。一定要做到让它体现个人内心深处的真、善、美，要做到用心灵在微笑。

笑脸中最重要的是嘴形。因为根据嘴形如何动，嘴角朝哪个方向，微笑也不同。面部肌肉跟其他的肌肉一样，使用得越多，越可以形成正确的移动。

● 第一阶段——放松肌肉

放松嘴唇周围肌肉就是微笑练习的第一阶段。又名"哆来咪练习"的嘴唇肌肉放松运动是从低音"哆"开始，到高音"哆"，大声地清楚地说三次每个音。不是连着练，而是一个音节一个音节地发音，为了正确的发音应注意嘴形。

第二阶段——给嘴唇肌肉增加弹性

形成笑容时最重要的部位是嘴角。锻炼嘴唇周围的肌肉，能使嘴角的移动变得更干练好看，也可以有效地预防皱纹。嘴边儿干练有生机，人的整体表情就会有弹性，给人的感觉就更年轻。坐在镜子前面，伸直背部，反复练习最大地收缩或伸张。

张大嘴：张大嘴使嘴周围的肌肉最大限度地伸张。张大嘴能感觉到颚骨受刺激的程度，并保持这种状态10秒。

使嘴角紧张：闭上张开的嘴，拉紧两侧的嘴角，使嘴唇在水平上紧张起来，并保持10秒。

聚拢嘴唇：使嘴角紧张的状态下，慢慢地聚拢嘴唇。出现圆圆的卷起来的嘴唇聚拢在一起的感觉时，保持10秒。

保持微笑30秒。反复进行这一动作3次左右。

用门牙轻轻地咬住木筷子。把嘴角对准木筷子，两边都要翘起，并观察连接嘴唇两端的线是否与木筷子在同一水平线上。保持这个状态10秒。在第一状态下，轻轻地拔出木筷子之后，练习维持这个状态。

第三阶段——形成微笑

这是在放松的状态下根据大小练习笑容的过程，练习的关键是使嘴角上升的程度一致。如果嘴角歪斜，表情就不会太好看。在练习各种笑容的过程中，你会发现最适合自己的微笑。

小微笑：把嘴角两端一齐往上提，给上嘴唇拉上去的紧张感。稍微露出两颗门牙，保持10秒之后，恢复原来的状态并放松。

普通微笑：慢慢使肌肉紧张起来，把嘴角两端一齐往上提，给上嘴唇拉上去的紧张感。露出上门牙 6 颗左右，眼睛也笑一点。保持 10 秒后，恢复原来的状态并放松。

大微笑：一边拉紧肌肉，使之强烈地紧张起来，一边把嘴角两端一齐往上提，露出 10 个左右的上门牙。也稍微露出下门牙。保持 10 秒后，恢复原来的状态并放松。

◎ 第四阶段——保持微笑

一旦寻找到满意的微笑，就要进行至少维持那个表情 30 秒钟的训练。尤其是照相时不能敞开笑而伤心的人，如果重点进行这一阶段的练习，就可以获得很大的效果。

◎ 第五阶段——修正微笑

虽然认真地进行了训练，但如果笑容还是不那么完美，就要寻找其他部分是否有问题。但如果能自信地敞开地笑，就可以把缺点转化为优点。

缺点 1：嘴角上升时会歪。意想不到的是两侧的嘴角不能一齐上升的人很多。这时利用木制筷子进行训练很有效。刚开始会比较难，但若反复练习，就会不知不觉中两边一齐上升，形成干练而老练的微笑。

缺点 2：笑时露出牙龈。笑的时候露很多牙龈的人，往往笑的时候没有自信，不是遮嘴，就是腼腆地笑。自然的笑容可以弥补露出牙龈的缺点，但由于本人太在意，所以很难笑出自然亮丽的笑。露出牙龈时，可以通过嘴唇肌肉的训练弥补。

挑选满意的微笑：以各种形状尽情地试着笑，挑选其中最满意的笑容。然后确认能看见多少牙龈。大概能看见 2 毫米以内的牙龈，就很好看。

反复练习满意的微笑：照着镜子，试着笑出前面所选的微笑。在稍微露出牙龈的程度上，反复练习美丽的微笑。

拉上嘴唇：如果希望在大微笑时，不露出很多牙龈，就要给上嘴唇稍微加力,拉下上嘴唇。保持这一状态10秒。

最好的微笑应该是发自内心的,不只是嘴咧开,而是在挡住鼻子以下的面部时,还可以看到眼睛中含着笑。笑一定要做到让它体现个人内心深处的真、善、美,所以要做到用心灵来微笑。

结语:

微笑能体现自信,能带来快乐,能调节气氛,还能化解冷漠、疑虑和陌生感,能更多更好地获得理解、认同和响应。

第六律　进退自如，与"老鸟"过招斗智不斗力

> "菜鸟"和"老鸟"只是一个相对概念，没有什么时间或事件可以用作两者的区分点，"菜鸟"和"老鸟"掐架，永远是职场热闹的重头戏之一。与"老鸟"斗，硬碰硬肯定不行，粗者与人斗力，慧者与人斗智，智者与人斗志，明者因时而变，知者随事而制！

菜鸟入林，见招拆招

俗话说，林子大了，什么鸟都有，这可是经得起时间检验的至理名言。能遇上"好鸟"那是一件值得庆贺的事，可遇到"坏鸟"我们也不能束手就擒。

安卉最近比较郁闷，眼看着实习期已接近尾声，跟她过不去的人突然变得多起来，就像遭遇连锁反应一样，一环接一环，没完没了。张姐对她的态度也是扑朔迷离，好几次想请教她都以各种理由被拒绝。安卉觉得有种被孤立的感觉，人在这个时候最容易想起朋友，安卉不假思索地拨通了忆茹的电话大倒苦水，她的话立刻引来忆茹的连声附和，原来忆茹也正为同样的事情郁闷呢，于是两个正当年华的少女此刻成了牢骚满腹的怨女，不过，三个

臭皮匠赛过诸葛亮，何况是两大聪明绝顶的才女呢！在三个小时的通话里，两人将彼此的情况加以分析，很快就将各自遭遇之事及解决之道一一罗列出来：

一、当面难堪

晚上加完班，经理提出一起出去吃饭，一行人浩浩荡荡来到饭店要了包间，大伙儿先进去，安卉进去的时候看见只剩两个座位，一个是正对门的中间位置，一个是临门的位置，安卉径直坐到正对门中间位置上，经理后脚进来见只剩下临门位置，便坐下了。席间觥筹交错，气氛很热闹，半小时后，经理接到一个电话，有事就离开了。安卉没想到的是，经理一走，其乐融融的气氛大变，室温骤然下降了十度，一个男同事语气激动地向王励发问："你这人怎么这么没眼色？让经理坐门边的位置？真是太不懂事了！"安卉的脸刷一下子红到了脖子，委屈的眼泪也忍不住在眼眶里打转转，心中又委屈又懊恼：当时其他人都已落座，得过人才能坐到这个位置上，所以特意将临门位置留给经理，是省得他挤了呀，可怎么就忘记了座位主次问题呢！

忆茹支招：这位同事的初衷可能是想教你在职场上如何做人，只是方式不太恰当，不仅让你尴尬，也破坏了当时的气氛。谁都知道你是新人，经理要是大度一点的话是不会放在心上的，不过也不排除遇到小心眼的人会因此觉得你幼稚不懂事，对你留下成见。以后凡事多长个心眼，在细节上注意一点，就能避免此类尴尬。

二、果实被占，还背黑锅

经理安排忆茹和一个很有资历的同事一起写个宣传企划，忆茹因为是新人，就很谦虚地和同事商量，然后请她表达出自己的想法。而同事总是冷冷地说："自己想自己的去，我还有别的事呢。"于是忆茹查了大量资料，终于完成了一份令自己满意的方案，并拿给同事看，可同事说这不好那不好，要按照她的意思改，

第六律 进退自如，与"老鸟"过招斗智不斗力

忆茹尽管认为自己的想法好但还是改了。经理过目的时候提了一些问题，同事总是抢在忆茹前发言，经理不断点头称许。末了，经理指着其中一点说："这儿明显错误，连数据都不对！"那个地方正是同事一再要求忆茹按照她的意思改的，同事觉得有点难堪，但立马接口说："这是忆茹的主意，她说很有把握，我想不能打击新人积极性就加进来了。"忆茹听到这话差点没晕死过去。

安卉支招：遇到这样有心计的同事，只有一个字：防！下次尽量不要和她单独合作，实在避不开，那就一定要两人合力完成，如果你完成了而她总是挑三拣四，你可以委婉地表示自己的意见，甚至可以说保留两个意见，让老板做裁夺。当然，暗地里被嫉妒排挤是免不了的，这种人也不要奢想能成为好朋友，只需要在平时努力维持关系不要撕破脸就行。

三、打小报告告黑状

因为想在实习期好好表现，所以忆茹特别地钻研业务，遇到不熟悉的地方会请教同事B。但是每当忆茹出现错误的时候，同事B就背地里给上司打小报告，说忆茹的坏话。她不但不会放过工作当中出现的事情，就连平时忆茹用公司的座机给别人打电话，或是跟顾客多聊了两句，她也会不失时机地向上司反映，虽然上司没因此找忆茹的麻烦，但忆茹仍是如坐针毡。

安卉支招：1.通过"小报告"的效果了解企业文化、管理问题和上司的个人特点。2.加强自己的学习和能力建设，在工作中更加自律、仔细、认真，力求以高标准要求自己，以避免被人打小报告。3.在工作中什么问题可以与同事交流，什么问题不可以，要掌握分寸。4.当问题积累到一定程度，对自己的职业发展产生一定影响时，要通过适当的途径去解决，当然目的是为了解决问题，职业中遇到的问题要以职业的态度去解决。

四、"老人"倚老卖老，不把自己放在眼里

为扩大公司的影响力，公司想举办一个活动，任务自然就落在外事部的头上。结果，活动当天，安卉穿上漂亮的套装来到活动现场，阿珍却指使她拿这拿那，什么话筒啦、小礼品啦、椅子啦……安卉被指使得团团转，没办法，谁让自己是新人呢！

忆茹支招：这种人的深层心理需要是希望得到别人的认可和尊重，并通过别人的服从来获得。所以在平常言辞中要显出尊敬的态度，而你有什么难题，请教这类人是最容易获得帮助的。

安卉和忆茹分析完之后，两人不约而同地放声大笑，感觉到好久没有的轻松。

职场"菜鸟"和"老鸟"之间，有着永远上演不完的恩恩怨怨、是是非非。只是，每一只"菜鸟"都将成长为"老鸟"，每一只"老鸟"都会由"菜鸟"变身而来。将心比心，如果"老鸟"对"菜鸟"们能多些温柔的关怀，少些严厉的打压，办公室生涯岂不是会更让人快乐？

就当交学费好了

"老鸟"经验丰富，斗智斗勇大战三百回合之后，"菜鸟"很有可能落败，这时候"菜鸟"该怎么办？千万不要用"三十六计走为上"这句话来对付，不到万不得已千万不要走辞职那条不归路。奉劝各位"菜鸟"不妨将这两位人物当作偶像，一是张百忍，二是阿Q。

张百忍，传说中的玉皇大帝，原名张友人。在民间传说中，天界为寻求一个能统治三界的管理者，所以用一百个常人不能忍受的事情来考验张友人，尽管很多事情都很屈辱，但和善仁慈的张友人都忍受了。因此张友人被带回天庭做了玉皇大帝。

韩信受胯下之辱，后成一代名将；勾践卧薪尝胆，终于消灭吴国一洗雪耻。忍耐一时之气，不是因为懦弱，而只是当时自己实力不如人或是情势不利已,为了保存实力不得不忍,"小不忍则乱大谋"说的就是这个道理。人与人相处,发生矛盾、产生误会和摩擦是在所难免的,不要逞一时之气,"忍一时风平浪静,退一步海阔天空"。

阿Q,鲁迅笔下著名人物,原名不详。阿Q是"精神胜利者"的典型,以至从他诞生后很长一段时间内,阿Q都成为"自欺欺人"、"卑弱"、"奴才"的代名词,但阿Q精神是有积极意义的,它可以让我们对一切不平和失败都能保持一份平静和乐观心态。毕竟光"忍"还不够,心理素质不好的人,忍得久了容易憋出心理疾病,这时候我们还要对那些"忍"加以稀释和消化,换一个角度来看待问题,心境也会变得不一样。例如年终奖被扣,不如安慰自己"破财免灾";被人欺骗,"吃亏是福";被老板穿了小鞋,更是要用阿Q的语气来一句"哼,走着瞧,早晚有一天……"。总之,你完全可以用它进行积极的心理暗示,帮自己减轻压力,心平气和地对待工作中的挫败感和窝囊气,同时有效减少因情绪沮丧而惹出的其他麻烦,还自己一份平静心态。

在职场上,从"老鸟"身上可以学习很多的业务知识和技能,而这些你并没有花费一分钱,所以如果你受了"老鸟"的气,那就权当交了一次学费吧!

说"不"其实很容易

李彬参加某知名企业招聘,面试的最后是一道测试题:有10个孩子在铁轨上玩耍,其中9个孩子都在一条崭新的铁轨上玩,只有一个孩子觉得这可能不安全,所以他选择了一条废弃的、铁锈斑斑的铁轨,并因此遭到另外9个孩子的嘲笑。正在孩子们玩得专心致志的时候,一辆火车从崭新铁轨上飞速驶来,让孩子们马上撤离是来不及了,但是,如果你正在现场,就会看到新旧铁轨之间有个连接卡，如果你把连接卡扳到旧铁轨上，那么就只有一个孩子失去生命，如果不扳，你就只能眼睁睁看着9个孩子丧身在车轮下。现在，火车马上就要驶过来了，你该怎么办？

李彬思考了几秒，觉得很难作答。但是几位负责面试的经理表情严肃地盯着李彬，又非回答不可。李彬仿佛看见一辆飞速行驶的火车正向9个孩子冲过来，于是有些紧张地说，如果非要做决定，那我还是扳吧，毕竟这边有9个孩子……

所有面试的经理依然表情肃穆，其中一个，正是这个企业的总经理说，对不起，您的面试没有通过。李彬有些沮丧地站起身来，鼓起勇气问：可以告诉我应该怎么做吗？

总经理说：你为什么要去扳铁轨呢，你是以人数的多少来做的决定，但是在现实工作中，真理往往掌握在少数人手中。很多的人缺乏对事物正确的判断，只有一种盲从性，看别人都去做，就认为这是正确的。事实证明，10个孩子中，只有一个孩子做了正确的选择，另外9个的选择是错误的，为什么这9个人的过错要让一个无辜的人来承担？这是不公平的！所以你不应该去扳铁轨，你应该以事物的对错来做决定，9个孩子错了，那他们就应该承担过错，因为谁都要为自己的行为负责！

不必承担他人过错，也不必承担他人的"压榨"，更不必为了取悦他人，而牺牲自己，这时候，你得学会说"不"。但是这个字许多人很难说出口，因为拒绝表示漠不关心，甚至自私，而我们可能害怕令别人灰心。此外，也害怕被讨厌，批评，损害友情。不会拒绝让你疲惫，感到压迫和烦躁。不要等到你的能量耗尽时，才采取行动。

1. 耐心倾听请求者的要求。就算对方说到一半时，你已经明白此事非说"不"不可，但为了确切了解他的用意和对请求者表示尊重，也必须凝神听完他的话。

要是当场难以决定是否向对方说"不",就应该明白地告诉对方自己需要考虑,并确切告知什么时候给他回音,以免令对方误以为你是以考虑为由推脱。

2. 说"不"时,表情要和颜悦色。最好能多谢对方想到你,并略表歉意。当然,过分的抱歉会令对方误认为你真的感到有欠于他,而继续设法让你做。说"不"时,还要显露出坚定的态度,要打掉请求者还抱有的说服你的希望。

3. 最好说出拒绝的理由。说出理由后,你只需要重复拒绝,而不应与之争辩。但不是所有的拒绝都需要理由的,如对频频请求的人和气地说:"对不起,这次我真的无法帮忙,请你别介意。"这样一般不会产生不良后果。你自己心里要明白,你是对他的请求说"不",而不是他这个人。

4. 切忌通过第三者拒绝。这样做会让对方认为你不够诚挚,或显示出你的懦弱。

5. 寻找替代的方法。如果有可能与必要,拒绝之后,为对方提供其他途径的帮助。

拒绝别人和被别人拒绝,是每一个人一生中每天都可能经历的事情。这是人生非常真实的一面。谁都有这样的经历,朋友、同事、甚至领导来找自己帮忙,但有时他们所提出的要求是自己没有能力或者是不愿意做的。因此,我们或者拒绝了别人的请求,又或者违心地接受了,却勉强为之,甚至没有办法兑现承诺。

其实,拒绝别人和被别人拒绝有如家常便饭。人生就是不断地说服他人,以寻求合作的过程,反过来也可以说,人生是不断地遭到拒绝和拒绝他人的过程。

在社会交往中,要直截了当说出拒绝的话,很难出口,然而,有时候又不得不拒绝对方,既然我们已经知道,拒绝别人在生活中难以避免,那么我们就很有必要掌握拒绝的技巧了。

要拒绝别人，首先要求拒绝者态度和蔼。尽可能不要在别人开口请求时就给予断然拒绝。最好不要对他人的请求迅速反驳，或流露出不快的神色，更不要藐视对方，坚持完全不妥协的态度，这些都是不妥当的。我们应该以和蔼可亲的态度诚恳应对别人的请求，别忘了，我们也有要请求别人帮助的时候。

拒绝对方要开诚布公，明确说出拒绝对方的原因。拒绝对方时，不要采取模棱两可的说法，令对方摸不清你的真实意思，从而产生许多不必要的误会，导致彼此关系破裂。

拒绝时不要伤害对方自尊心。当对你有恩的人来拜访你请求你做事时，确实非常难以拒绝。但是，只要你能尊重对方，真诚地讲出自己的难处，相信对方也是会理解的。

拒绝对方，要给对方留一个退路，也就是给对方留面子，要能给对方一把梯子下。你必须自始至终很有耐心地把对方的话听完，当你完全听完对方的话后，心里应该有了主意，这时再来说服对方，就不会使对方难堪了。

有的拒绝，不能把话完全说死，特别是商界，要让对方明白，此次遭拒绝，尚有下次机会。

若要对付的是一个很难缠的人，拒绝他时，最好避免视线直接接触，选择位置以斜、横为佳。如果很有把握能够加以拒绝的话，只管堂而皇之与对方面对面相坐。当你选择地点来拒绝对方时，还要考虑到时机问题。有时候，拖延一段时间，审慎选择机会，会使得原来紧张的局面完全改观，这也是一种拒绝人的技巧。

如果某个异性当面向你表示爱意，你又不乐意接受其爱，可用拖延法说"不"。例如，可以这样回答："以后吧，有时间我会约你的。"

下列的话不妨参考参考，在用得上时试一试：

1. "让我再考虑考虑吧。"

2. "今晚有事,以后再说好吗?"

3. "转告一声也可以,就怕她产生误会,还是你直接跟她说一声为好。"

4. "这件事由我出面恐怕不太好。"

5. "我没看清楚。"

6. "我没注意到。"

7. "好是好,只是我更喜欢……"

8. "我很理解你的心情,这样做对你我都没有好处。"

……

结论:

职场存在欺压,是一个不争的事实,不要奢望别人来体谅你的处境和感受,所以你要学会处理和应付各种场面,唯有如此才能保全自己。

第七律 门面是需要装饰的：
飙升你的魅力值

> 据著名形象设计公司英国CMB对300名金融公司决策人的调查显示，成功的形象塑造是获得高职位的关键。另一项调查显示，形象直接影响到收入水平，那些更有形象魅力的人收入通常比一般同事要高14%。

佛靠金装，人靠衣装

在印象管理心理学中，人们把一个人因包装行为而发生给人印象大变的现象，称之为包装效应。这在商品销售中是常有的现象，由于精美包装的吸引力，顾客购买时通常会超出出门时打算购物量的45%。人们常说的"三分长相，七分打扮"，就道出了包装效应的作用。

这是一个"全球化"加"眼球化"的"双球"社会，服装在事业上的作用相当重要，成功的外表形象为事业的成功起着推波助澜的作用，而人们也总喜欢把优秀的服装和优秀的人、丰厚的收入、高贵的社会身份等相关联，对"先敬罗衣后敬人"这种社会习俗逐渐由鄙夷变为理解，尽管不认为它是对的。

"若有人兮山之阿，被明月兮带绮罗"，忆茹念出这句话的

第七律 门面是需要装饰的：飙升你的魅力值

时候，安卉正对着镜子往脖子上系围巾，反反复复试了好几条，总抉择不了该用哪条搭配新买的米色上衣，"你是在夸我漂亮吗亲爱的？"安卉自信满满地问道，很显然，她认为自己能得到肯定的答案。"不，我的意思是，你这样真的很像山鬼！"忆茹拿起枕头挡住脸，装出怯生生的语气说，"屈原老先生要是见了你，《山鬼》肯定会因此改写！"忆茹不怕死地又补充一句。不过安卉并没有回击的意思，而是很郑重地对忆茹说："亲爱的，咱们现在上班了，一定要注意自己的外在形象！"

安卉不是要赴什么约会，也不是要赴什么宴会，她只是在搭配明天上班需要穿的衣服罢了。明天是星期一，安卉不是加菲猫，所以一点也不讨厌星期一，相反，她觉得作为一周工作的开始，应该有新的气象新的形象，有鉴于以前总在出门前出现"少一件衣服"的状况，她决定在礼拜天就开始准备服装，并为自己有此远见感到自豪，所谓居安思危防微杜渐防患未然未雨绸缪谋事在人成事在天，乱七八糟的合适不合适的词语，安卉在心里把自己夸得差点认不出自己了。

其实之所以这么注重穿着，还有一个更重要的原因，那是一个对忆茹都没说过的秘密。

因为口语流利，安卉经常参与和外国客户谈判。不久前，来了一个实力雄厚的大客商，总经理下令，要不惜一切代价争取到这个客户，为此，公司上下做了充分而细致的准备，志在必得。可是安卉在谈判桌上露面的时候，众人眼神无比复杂，原来，为了表示正式，其他人员均穿了职业套装，穿着嫩绿的蕾丝吊带衫、淡蓝的牛仔短裙的安卉不可避免地成为全场的焦点。

谈判开始后，客商只是趣味盎然地盯着安卉，不停地问关于她的私人话题，而对公司提出的条件和内容语焉不详，安卉为此感到恼火，也只能红着脸勉强应付。突然，客商如梦初醒，连忙站起来抱歉地说要赶飞机,他必须马上走了。总经理对花费了巨大人力物力,结果一场空的局面气得暴跳如雷,主管更是将安卉从头骂到脚,要不是看在她实力很强,早就让她走人了!

告别了以蓝、黑、灰、绿四色为穿衣"主旋律"的时代,人们对穿衣风格越来越注意,对自己的外在形象也越来越重视,人们都在开始从形象上"包装"自己。好的形象可以增加一个人的自信,对个人的求职、工作、晋升和社交都起着至关重要的作用。形象设计师建议,好的形象并不只是靠几件名牌衣服就可以建立的,人们应该更多重视到一些细节上。

着装是一门艺术,在对皮肤、相貌、体形、内在气质等等方面做全面考虑之后,再针对这些细节去寻找最适合的设计:服装用色、款式、质地、图案、鞋帽款式、饰品风格与质地、眼镜形状与材质、发型等,此外,还要考虑是否与职业、场合、地位以及性格吻合。

服饰不是以贵为最好,除非你家财万贯急欲散尽千金;服饰也不是以潮为最好,时尚学不好,宁愿纯朴;服饰也不是以奇为最好,你不是要去参加化装舞会。只要注意搭配合理、艺术,你就能穿出属于你的优雅和美丽。

形象之其他篇

如果你以为形象就只是指发型、衣着等外表的东西,那你就大错特错了,其实形象是一个涵盖面很广的词语,比如以下几个方面:

◎ 声音的力量,足以改变世界

据说在古埃及的早期历史中,只有那些写在书面上的辩护词才允许在法庭出示,目的是要防止坐在长椅上的法官因为听到滔

第七律 门面是需要装饰的：飙升你的魅力值

滔不绝、蛊惑人心的声音而受到影响或蒙蔽。慌慌张张而又刺耳的声音往往会让别人感到神经紧张。如果能将声音放得稍微低沉一些，速度控制得快慢适中，并且通过一些短小的停顿来引导听你说话的人，便能够很容易地赢得谈话对方的好印象。在国外，有专门的职场声音教练，他们给出的最基本的一条建议是："在谈话的时候，将身体放松，并且好好地控制自己双脚的位置。"也就是说，如果我们能够在说话的时候保持身体挺直，并将身体重心平均地分配到双脚上，我们的言谈就能够给别人带来更深刻的印象。

优雅的姿势

我们不得不承认，这一点在55%的程度上取决于我们的身体语言。当穿着套装的你耷拉着眼皮，慢吞吞地横穿整个办公室时，肯定会在老板心目中留下没有睡醒、对别人不加理会或是唯唯诺诺的坏印象。然而，假如你是很轻松地、挺直腰板地快步走进办公室的话，那么就不会给人前面的那种印象。这并不意味着我们要像模特一样走夸张的猫步，只要注意，不要驼背弓腰就可以了。因为只会将身体蜷起来走路的人，常常会给人以一种很不真实的感觉。

真诚的尊重

一个聪明而受人欢迎的谈话对象往往会将自己的注意力集中在对方身上。他会和对方保持眼神的交流，而且说的话比对方所说的要稍微少一些(最佳的比例是49%)这样就标志着："我不是一个以自我为中心的人，我会给你足够的空间，因为我是个注重和谐的人。"抱有这种态度的人往往能够给对方充分的信任感，因为他感到自己所谈论的东西对于你来说很重要。真正充满魅力的人是一个值得尊敬的听众，同时也会是一个很忠诚地保守秘密的人。

成熟稳重的职业气质

在日常工作中一定要注意表现出自身的成熟与稳重,尽量避免缺乏情绪控制力的表现,因为那会令你显得脆弱、缺乏自制力。一个让人觉得成熟稳重的人,很容易让人觉得安全和可以信赖,也更愿意与之交往。

看不见的内在形象

内在形象是一种比气质更难以言传的东西,它是一种精神表现。比如:说到音乐家,我们很容易想起贝多芬;说起民族英雄,我们很容易想起郑成功,内在形象就是那些天才的或超群的特征部分转变成记忆留在别人的脑海中,这些特征是与拥有它们的人紧密联系并给人留下的深刻印象。内在形象对于树立品牌价值很重要。

总的来说,形象不仅指外在"包装",它是每个人言谈、表情、动作、语音、气质、风度、品位等综合因素的体现,只有平时注重自身知识积累、能力积蓄、修养提高、着装得体、谈吐文雅,才能做到卓尔不群。

结语:

职场中一个人的工作能力是关键,但也需要注重自身形象的设计,特别是在求职、工作、会议、商务谈判等重要活动场合,形象好坏将决定你的成败。

第八律　不断学习，在"升值"中升职

> 　　有句俗语是："活到老，学到老。"在这个知识经济的年代，这更是一种现实需要，尤其是在经济不景气的当下职场上，不管你是想呆在原地，还是逆势向上攀登，或者另起炉灶玩跨界，充电已经演变为职业生涯不可或缺的安全垫。

淘汰你自己

　　"容易走的都是下坡路。"不是自己淘汰自己，就是被别人淘汰，这就是职场"进化论"。

　　很多年前，有一群熊欢乐地生活在一片树木茂密、食物充足的森林里，他们在这里繁衍子孙，和其他动物友好相处。后来有一天，地球上发生了巨大变化，这片森林被雷电焚烧，各种动物四散奔逃，熊的生命也受到威胁。

　　其中一部分熊提议说："我们北上吧，在那里我们没有大敌，可以使我们发展得更强大。"另一部分则反对："那里太冷了，如果到了那里，只怕我们大家都要被冻死、饿死。还不如去找一个温暖的地方好好生存，可供我们吃的食物也很多，我们也很容易生存下来。"争论了半天，谁也说服不了谁，结果，一部分熊去了北极边缘生活，另一部分则去了一个四季温暖、草木繁茂的盆地居住下来。

到了北极边缘的熊，由于气候寒冷，它们逐渐学会了在冰冷的海水中游泳，还学会了潜入水下，到海水中捕食鱼虾，甚至敢与比自己体积还大的海豹搏斗……长期下来，它们的身体比以前更大更重，更凶猛。这就是我们现在看到的北极熊。

另一部分熊到了盆地之后才发现：这里的肉食动物太多了，自己身体笨重，根本无法和别的肉食动物竞争，便决定不吃肉了，改为吃草。没想到这里的食草动物更多，竞争更激烈。草也吃不成了，只好改吃别的动物都不吃的东西——竹子，这才得以生存下来。渐渐地它们把竹子作为自己唯一的食物来源。由于没有其他动物和它们争抢食物，它们变得好吃懒动，体态臃肿不堪，就演化成了我们现在看到的大熊猫。但后来竹林越来越少，大熊猫的数量也越来越少，几乎濒临灭绝，只能被关在动物园里，靠人类的帮助才能生存。

熊的遭遇如此，每个人的职业发展又何尝不是这样呢？在机遇面前人人平等。如果自己不主动地去竞争，迟早也会和大熊猫的遭遇一样，被别人排挤，甚至被别人吃掉。就业形势日益严峻，在职场拼杀的白领们不敢有一丝的懈怠，唯恐"砸"了手中的饭碗。已被划入"老员工"行列的三四十岁的白领们，眼见着学弟学妹们揣着硕士、博士学历，意气风发地加入到自己的行列中，不自觉地就会心跳加速、血压上升。然而，这个年龄的人已不像新手们那样了无牵挂，他们上有老下有小，工作压力也越来越大，公事、家事早已压得他们进入了亚健康状态。可看着后来者们"虎视眈眈"的样子，原地踏步只能是死路一条。

毕业于哈佛大学的美国哲学家詹姆斯说："你应该每一两天做一些你不想做的事。"这是一个永恒不灭的真理，是人生进步的基础和上进的阶梯。有一句名言与这个观点相同："容易走的都

第八律 不断学习，在"升值"中升职

是下坡路。"辩证法里量变质变定律也讲，量变积累到一定程度就会发生质变。所以不要奢望个人的进步能够立竿见影，只要每天进步一点点就行了。让自己进步的方法很多，"每天做点困难的事"，就是"逼"自己进步的办法之一。

"每天淘汰你自己"，这是我们应告诫自己的一句话。事实上，我们所处的生存空间正在被无限压缩。20世纪70年代，欧美一些未来学家曾经预言："当人类跨入21世纪时，每周的工作时间将压缩到36小时，人们将会有更多的时间提升自我，休闲娱乐。"

但历史的脚步真的迈入21世纪时，人们却惊讶地发现，相当多的人每周工作时间在无限延伸，甚至超过了72小时，而有不少人被市场无情地淘汰，那些每周工作时间在不断延伸的人们却是愈加发奋苦苦地"提升"自我。未来学家们的美好预言被残酷的事实无情地击了个粉碎！假如你不淘汰自己，可能就会被别人淘汰。

三人行必有我师——拿来主义

鲁迅先生在《拿来主义》一文中说："一切好的东西都是人类共同的财富，在中国发展过程中，外国好的东西、对中国的进步有益的东西都应该吸收，这应该是拿来主义的真正内涵。"职场人士不妨将这句话中的"中国"比作自己，将"外国"比作比你有经验、有能力的同事或上司，他们既然有本事取得好业绩或有晋升机会，必然有自己的"两把刷子"，这就值得你好好观察并学习。

工作不遇到一点困难是不可能的，不过只有正视它面对它，才能解决它！

安卉遇到不顺的时候，子骞的日子也没好过到哪去。干业务不仅是体力活更是技术活，不可否认小A上次传授的经验很有用，但是这一行竞争性太大了，不光是和外界竞争，还要和同事竞争，不说别的，每个月排一次的销售业绩就让人胆战心惊，所以，子骞一看到别人哗哗地下单子就觉得慌，除了努力努力再努力，也别无他法。

"又是肥肉！"安卉对工作餐的不满已经达到不可忍受的地步了。一个学校毕业，现在又在一个公司工作，安卉和子骞关系就比较近，子骞不在外面跑的日子，就会和安卉一起吃午饭。

子骞看不下去了，"哎，你就别嫌弃了，人家费了多大劲才能长到这么肥，你能体会它的辛苦吗？"

"你和这头猪素不相识，这么维护它做什么？再说了，猪可以一点也不辛苦，吃了睡睡了吃的。"要在平日里，子骞说的绝对是句玩笑话，可今天带了个人感情在里面。中国话就是这么神奇，同样一句"你好呀！"在不同的场合里用不同的语气说出来，就有了不一样的意义。

"哎，是呀，猪不辛苦，牛才辛苦。可我要像牛一样辛苦，才能过上猪一样的生活！"安卉最受不了一个男人叹气，觉得那叹气声能直达心底最深处，忍不住就涌上来同情心，妈妈早说过她这一点，大男人叹气很没出息，可安卉觉得要不是压力太大，男人才不会表现出脆弱的一面，这下子同情心又开始泛滥了："你怎么了？"

"这个月分配的任务那叫一个重呀！前天终于谈了张大单子，终于可以提前完成本月销售任务了，可才下单子，客户就打电话过来说他和别家合作了！气得我牙痒痒，还得赔着笑脸说没关系，哈，我觉得我的笑容都成为我的面具了！你要不撕撕看，绝对能把这层皮剥下来。"边说着，子骞还用手扯着自己脸皮。

"嗨，这个月不才刚开始嘛，你还有时间去完成呀，你这哪有我上次造成的损失大！"还以为多大事儿呢，心里涌起的同情瞬间就跌下去。

第八律 不断学习，在"升值"中升职

"你是说和那个老美谈判砸锅的那次？"子骞语气随意得就像是见面打了个招呼一样。

"你怎么知道？我不记得告诉过你吧！"安卉吃了一惊，那件事可是连忆茹都没告诉呢，而当时在场的也就四个人，难道他们……

"大惊小怪。好事不出门坏事传千里呀，人多嘴杂，再说那次的损失的确是很大，想不传都难。没想到你安然无恙！难怪你的事儿大家从不摆出来讲，潜力股是最得罪不得的。"

潜力股？自己算什么潜力股，也就是自己口语好，能当市场部销售部免费征用的卒子罢了。

子骞消失了几天后，又回归到吃工作餐的队伍中，看样子心情好得不得了，居然主动"以肉易肉"——用自己盘里的瘦肉换安卉盘子里的肥肉。大概是这几天跑了几个大单吧！安卉心里这么想，可看着子骞溢于言表的样子，偏不问任何问题。"我这几天发了！"看安卉不问，子骞主动开口，子骞就是这样，在真正朋友面前从来不隐藏什么。

原来，子骞将上次失利的事告诉 A 助理，也就是以前的小A，不过现在告别"小"字辈了。A 对子骞一直照顾有加，所以子骞有什么问题也会向 A 请教。"签意向书了么？"A 助理一针见血，问得子骞哑口。然后 A 又平静地告诫子骞那些行业规范要绝对牢记，然后又说了一些减少纰漏的小窍门，都是些平时没注意到的东西，特实用。

安卉隐隐觉得这个 A 助理对子骞好得有点过，销售部是一个全民皆兵的部门，同事之间的竞争力要比其他部门强，要说两人私下里成为好朋友有可能，但能在这种销售技能上不留余地赐教，有点不可思议。不过也不想破坏了子骞的好兴致，只是为他高兴。

"还有，A 助理走宝，被我发现了！"子骞神秘兮兮地接着说，"昨天经理让我去统计一下报表，我发现同别人一样的出货量，A

的净收益要比其他人多，私下找了很多资料来看，原来他是向另一个公司争取来的运价，套的是那个公司的合约，这是我们这个行业常用的一种手法，这样能够获得更大的收益！我这算是偷师吧。我觉得每个人都是有优点的，虽然说不必拿来和自己比，但是的的确确值得我学习！"

"他山之石，可以攻玉。"安卉最善于做总结性陈词了。

子曰："三人行，必有我师。择其善者而从之，其不善者而改之。"三个人同行，其中必定有我的老师。我选择他善的方面向他学习，看到他不善的方面就对照自己改正自己的缺点。向比你优秀的人学习，从这些人身上汲取智慧，就等于是站在巨人的肩膀上眺望，这有助于看得高爬得更高，走得更远。

三人行必有我师——偷与被偷

说"偷"就有点见不得光的意思，上司或者同事发现你在偷他的必杀技时，难免会有排斥心理，"偷师"是个技术活，要知道偷什么，还要偷得不露声色。其实很简单，用四个字总结就是：听、看、帮、思。关键要活学活用，把学来的技巧针对自己的个性和客观情况做一些整合，这是一种提升，正所谓"天下文章一大抄，看你会抄不会抄"，"偷"说好听点叫学习，说得不好听呢，就叫"剽窃"，只要你经过消化，将之打上个人标签，就没有盗版的嫌疑了。不过，我们提倡"偷"，也要遵循祖师爷的话："盗亦有道"，可以偷学别人的技巧和经验，但要遵守职业道德。比如，你跟着同事一起接待了一个大客户，而后通过技巧性的闲聊问到客户的联系方式，再通过礼貌的节日问候等，和客户套上近乎，这就是你的本事和技巧；但如果你偷偷地打开同事的电脑，拷下其客户群的名单，那就有挖墙脚之嫌了，如果被曝光，不可避免会引起公愤。

职场江湖中，人人靠独门武功过活，在偷别人的同时，也难免会被人所觊觎。如果发现有人"偷师"，你作何感想？

◦ 授

有些功夫，即使不教，别人看在眼里也能学会，在这时候何不做个顺水人情呢？一般来说，如果你是一个公司的领导，还是应以大局为重，培养中坚力量和接班人。所以，对于工作上的应对处理方式还是应该有建设性的托付，对工作技巧技术以及各项具体的方式也要先行教授才行，而且这些繁杂的工作，有更多的人来帮助执行也是一件好事。

◦ 留

压轴功夫是要保留的。比如一些稳定的私人关系、往来密切的大客户资源、事关公司生死存亡的商业机密，等等。这样的杀手锏都要秘密地藏在身后，要知道每个人其实都是竞争者。此外，现今职场上出现了一些"创业卧底"———即先到同类行业的大公司里打工，吸血并积累经验后，再跳出来自己创业。更有甚者，把这些机密传达给竞争对手公司，到那时你可就欲哭无泪了。

◦ 护

如果只是一般的处事或技巧的学习，这种善意的"偷师"你大可放心，没必要摆出如临大敌的姿态。但遇到恶意剽窃现象，特别是创意等技术性很强的东西，那就该做适当的自我保护了。比如，你发现有人剽窃了你的好点子，怎么办？一般来说，有创意不代表胜利，最重要的是你如何展现后续的执行能力，让创意成型。因为通常点子都是来自于"灵光乍现"，之后还需要很多想法、逻辑与佐证资料来说服老板。所以，在点子"丢"了之后，你必须设想好老板可能会问的问题，并且做好详细的准备，如此一来，即使在公开的会议上，同事偷了你的点子，你依旧可以向老板提出自己的不同想法，这才是最有力的反击。

你离目标有多远

我们的目光不可能一下子投向数十年之后，我们的手也不可能一下子就触摸到数十年后的那个目标，其间的距离，我们为什么不能用快乐的心态去完成呢？

在一家钟表制造工厂里，一只新组装好的小钟表刚刚出生。它惊喜地看着这个世界，却不知道自己的工作是什么，于是它就去问两个已经工作了三年的钟表："我的工作是什么？你们能告诉我吗？"

其中一只钟表看它个子那么小，就说："你这个小个子，我看，你走完三千二百万次以后，恐怕便吃不消了。"

"三千二百万次？"小钟表非常吃惊，"要走这么多次？看来我是办不到了。"

另外的钟表对小钟表说："别信它说的话，这并不是什么难事，你只要每秒滴答摆一下就行了。"

"这么容易？"小钟表将信将疑，"如果这样，我就试试吧。"

小钟表很轻松地每秒钟"滴答"摆一下，不知不觉中，一年过去了，它摆了三千二百万次。

"忆茹，你在吗？"上班时间，安卉偷偷地在键盘上打出一行字，脸上却是一本正经，按规定，上班时间是不允许聊QQ的。

"在，有事吗亲爱的？"过了一会儿忆茹的猪头才在电脑右下角闪烁，估计也是忙里偷闲回信息。

"你说，一个公司的外事部是做什么的？一般公司没这个部门嘛，我们部门身兼市场部和公关部，以后介绍我们部门得这么说：

第八律 不断学习，在"升值"中升职

外事部，字兼美。也主要是公司制度不健全吧，每天忙得跟陀螺一样。还有，我这不是口语好嘛，还要参与公司和国外客户的谈判，那绝对是我额外的工作，为此我得比别的同事更熟悉公司的各个环节的运作情况，不然谈判时没底气！我现在对采购部和销售部的情况都很熟悉，当然，销售部主要是子骞的原因，他爱跟我嘀咕，呵呵。"

"这不是好事吗？你可以多学很多知识！趁年轻，多学点总不是坏事。还有个好消息告诉你，我晋升了，现在是市场部助理啦！从行政部一个小职员跑到市场部了，跟做梦一样！"

"啊？真的？太好了，那下了班去找你，QQ上一时半会儿讲不完；张姐一会儿要来拿文案，记得吧，以前跟你提过，最近看我不太顺眼。"

下了班，安卉就兴冲冲地往忆茹的住处奔，两人虽在一个城市，但平时基本靠手机和QQ联系，安卉在城北，忆茹在城南，坐公交车得倒两站地，路况好的时候费时一小时四十分，至今未打过的，所以打车需要多长时间不得而知。

这是一个麻雀变老鹰的故事：从第一脚踏进公司到开始融入工作环境，忆茹花了一个月的时间，并开始有了自己的社交圈，和同事们熟悉之后，由之前对老鸟的不忿慢慢变为钦佩，同事们大多来自名牌高校，要不也有显赫的工作经历，而自己只是初出茅庐的小丫头片子，顿时感到压力很大，不过既然出来了，就要有所作为，先努力充实自己吧！诸葛亮出茅庐之前不也没当过军师嘛！

忆茹刚开始只是普通的行政人员，每天的工作就是收发传真、邮件，打字，接电话，扫描，她在最简单的工作中努力寻找学习的机会。在打字复印的时候，她阅读所有经手的文件，了解公司的具体运作和发展方向，接听电话时努力掌握客户信息，经常浏

览公司网页,仔细阅读公司内部网上所有的培训材料……

公司常常会和外国人打交道,忆茹虽然是英语系毕业,但是在查看了公司相关资料后,她毅然用一个月的工资报了一个日语进修班,因为她发现公司里英语口语好的很多,不过日语翻译却只有一个,而公司有不少日本客户。

此外,内审员资格培训、人力资源培训、国际商务与贸易培训、营销与推广培训,只要有机会有能力参加的,忆茹一个也不放过,技多不压身,这是妈妈经常在电话里唠叨的一句话。于是,工作以外的时间被各种各样的培训、进修填补得满满的,忆茹偶尔会怀念大学里无忧无虑的闲散时光,不过只是偶尔而已,她很快就将这种念头抛于脑后,过去的路,只可回头望,不可回头走哇。

有一天,市场部的经理慌慌张张地跑到各个部门去询问有谁会日语,他们接了一个韩国客户,公司没有这方面的翻译,而这位客户除了韩文,只会说部分日文,公司唯一的那位日语翻译又有其他客户正在跟,一时抽不出身来。眼看这笔生意要泡汤,市场部经理不得不到各个部门求援,同事们个个都摇头,一直坐着没说话的忆茹试探性地说,不如,让我试试吧。

没想到,就这样立了一功。签下合同的那一天,市场部经理向公司提出申请,将忆茹调到市场部做助理。就这样,忆茹在短短一年内成功地做了一次转职和升职。

主动学习、追求自身价值是每一名员工对自己、对企业应尽的责任。职场之中没有永远的红人,如果你不注意主动为自己充电,即使你目前在老板眼中很优秀,也很快会失掉自己的优势,进入职场的冬季。

通过在工作中不断学习,你可以避免因无知滋生出自满,进而损及你职业生涯的情况。不论是在职业生涯的哪个阶段,学习

第八律 不断学习，在"升值"中升职

的脚步都不能稍有停歇，要把工作视为学习的场所。你的知识对于所服务的公司而言可能是很有价值的宝库，所以，你要好好地自我监督，每天给自己出点儿难题，而且坚持不懈，你就会发现自己每天的一点点进步，最终让自己有了长足的进步。一个国家强大了，别的国家都来跟你建交；一个人强大了，别的人都来跟你友好。职场是一个不相信眼泪的地方，正所谓面子是自己找的，尊严是自己给的，自己没有底气，则气不顺势不壮，自己没有资本，则职业生涯止于原地，最终会被后浪拍死在沙滩上。

充电不可盲目

经济大环境不好的情况下，不断充实自己提升自己的竞争力很有必要，很多国外白领也是选择类似这种背景继续深造或参加培训，这样既可以储备知识，又可以扩展人脉，等待经济回暖，而这些优势都将是未来工作的"敲门砖"。不过，在"充电"的同时应有明确的计划性和目的性，了解自身最需要补充哪些机能，不能盲目追风。职场人应该时刻关注自己所处行业对人员技能和需求的改变，认真分析这个领域对所需人才有什么样的标准和要求。而对刚进入职场不久的新人来说，培训计划的侧重点应在于提高专业技能，而对于职场老人来说，则可以不局限于本行业，比如多获得一些技能认证，为工作上的升职做铺垫。

职场充电六忌

一忌无目的。充电的关键是要结合职业生涯发展，即使只是出于兴趣来充电，也需要有一个长远的职业规划，这样才能在今后获得回报，而不仅仅是为了充电而充电。

二忌随大流。如同考大学选专业一样，不要现在热门什么就选什么，因为等你学完，谁知道它会不会已经成了明日黄花。职场充电要找准那些阻碍自己发展的缺陷型知识，选准"充电器"

的类型。

三忌不正规。选择有资质、有信誉的培训机构，要弄清是谁在办学，他们的教学是否能保证你学到真东西，他们的证书或文凭在相应的领域中处于怎样的位置，如果选择洋证书，怎样才能够让你获取有用的文凭，对自己的知识结构进行"改头换面"。

四忌无恒心。充电是一个长期的过程，哪怕是兴趣培训，也切忌东一榔头西一棒槌。

五忌不量力。不要选择对自己来说难度太高的培训，如果你的英文连四级都没过，不要奢望能考过全英文考试；如果你的财力有限，不要选择那些考试和学习费用动辄上万元的大牌证书；如果你空余时间不多，不要选择那些密集的培训课程。

六忌和自己工作冲突。合适的充电，选在不合适的时机，也是一个误区，不仅增加了投资成本，还浪费本来可以用在积累工作经验上的时间。每个人在不同的阶段，要根据自己职业发展的状况、专业水平、工作能力以及今后一段时间职业发展的目标，来选择恰当的培训，这样才能在不影响工作的情况下不断提升自己。

结语：

机遇垂青于有准备的人，"准备"不是体现在思想上，而是体现在能力储备上，不断学习，不断超越昨日的自己，才不会被淘汰。

第九律　没有人不可替代：你的价值决定你的位置

> 老板对于员工最有效的恐吓之一就是——你不干，门外有的是人在等着干。这种感觉当然让人相当的不快。不过，在就业竞争异常激烈，劳动力远远供大于求的中国，老板说的可能正是事实。

没有了你，地球照样转

你在公司里的职位就像公车上的座位，只要一离开，马上就会有人增补上来。这是供大于求的社会，更何况经济雷达屏幕上一片愁云惨淡，回暖遥遥无期。生存的严峻性比以往任何时候都紧迫。

技师在退休时反复告诫自己的小徒弟：不管在何时，你都要少说话，多做事，凡是靠劳动吃饭的人，都得有一身过硬的本领。小徒弟听了连连点头。

10年后，小徒弟早已不再是徒弟了，他也成了技师。他找到师傅，苦着脸说："师傅，我一直都是按照您说的方法做的，不管做什么事，从不多说一句话，只知道埋头苦干，不但为工厂干了许多实事，也学得了一身好本领。可是，令我不明白的是，那些比我技术差的、比我资历浅的都升职加薪了，而我还是拿着过去的工资。"

师傅说："你确信你在工厂的位置已经无人替代了吗？"他点了点头。师傅说："你是该到请一天假的时候了。"他不懂，问："请一天假？"师傅说："是的，不管你以什么理由都行，你一定得请一天假。因为一盏灯如果一直亮着，那么就没人会注意到它，只有熄上一次，才会引起别人的注意……"

他明白了师傅的意思，请了一天假。没想到，第二天上班时，厂长找到他，说要让他当全厂的总技师，还要给他加薪。原来，在他请假的那一天，厂长才发现，工厂是离不开他的，因为平时很多故障都是他去处理的，别人根本不会处理。

他很高兴，也暗暗在心里佩服师傅的高明。薪水提高了，他的日子也好过了，买车买房，娶妻生子。从此，只要经济发生了危机，他便要请上一天假，每次请假后，厂长都会给他加薪。

究竟请了多少次假，他也不记得了。就在他最后一次请假后准备去上班时，他被门卫拦在了门外。

他去找厂长。厂长说："你不用来上班了！"他苦恼地去找师傅："师傅，我都是按您说的去做的啊。"

师傅说："那天，我的话还没有说完，你就迫不及待地去请了假。要知道，一盏灯如果一直亮着，确实没人会注意到它，只有熄灭一次才会引起别人的注意；可是如果它总是熄灭，那么就会有被取代的危险，谁会需要一盏时亮时熄的灯呢？"

每隔两天，安卉都会给家里打电话汇报自己的近况，不让远在浙江的父母担心，一个小姑娘独自在外面发展，闯荡自己的事业，实属不易，当初安卉不是没想过回家，不过毕竟在大城市的发展机遇要比家乡那个二级城市多得多，当然，压力也更大。为了不让父母担心，安卉打电话的内容跟《新闻联播》一样：国内形势一片大好，国外人民都在水深火热之中，为了增加真实性，

第九律 没有人不可替代：你的价值决定你的位置

也偶尔说一些小抱怨。

不过这回，妈妈倒是给她说了个坏消息。

小姨父在一家国有企业工作，混了10年，终于爬到了销售经理的位置。这个职位炙手可热，当然，小姨父为此付出了很多。这家工厂生产的产品是生活用品，似乎注定了小姨父在那家工厂中举足轻重的地位，慢慢就变得有些骄傲自满。有一次，小姨父明明在安卉家喝茶聊天，这时总经理打电话催他回公司商量事情，搁以前小姨父会马上起身赶回公司，没想到小姨父却轻抿一口茶，说："老总啊，我现在很忙，正在和客户谈话。"安卉父母第一次见识了小姨父脸不红气不喘的撒谎功力。

企业改制的时候，小姨父有望再进步一次，升为主管销售的副总经理。不知哪个关节出了问题，仍然当他的销售经理。而一个车间主任"一步登天"成了他的顶头上司。小姨父愤懑异常，家里人都劝他接受现实，小姨父不仅不听，还放出话去说自己不干了，这话既带气又带要挟，很快董事长找他谈话，让他安心工作，董事会会考虑他的。但时间过去多日，董事会没有带来任何好消息，他原有的许多权益反而被取消了。

一怒之下，小姨父真的辞职了。之前，他信心满满地告诉家里人，公司会挽留的，因为他们再也找不到一个合适的销售经理了。但现实却是，小姨父在提出辞职的时候，董事长并没有多大惊讶，只是说考虑一下再给他答复。小姨父就更加肯定，公司会留他的，而且应该会有一些提升，没想到三个小时之后，董事长打电话给小姨父说："请办好离职手续。"

"公司因此损失很大吧？"在安卉心里，小姨父还是一个很有能力的人。

"损失？公司产品仍然源源不断地发往外地，生意比以前还好了！这一个礼拜以来，你小姨父企图拉拢他的那些商人朋友，却没有一个理睬他。"安卉妈又是埋怨又是难过，还长叹了一口气。

"小姨父现在呢？"

"刚去了一家物流公司工作，他说很好，谁知道是真是假！女儿呀，你在外面一定要好好工作，不要因为自己有什么本事就把尾巴翘上天了，做人要谦虚，做事要谨慎！"安卉妈对安卉总是不放心。

"妈，您就放心吧，也不看看我是谁的女儿，基因优良，血统高贵，身上的血液都比其他人的红呢！所以呀，我好着呢，别担心我。"

"行了行了，怕了你了。"安卉妈宠溺地笑着。

地球离了谁都照样转，在职场中，没有人是不可替代的。一个上了轨道的企业，离开了谁都会照常运转。因为，维持一家公司正常运转的不是某个人，就像一台十分复杂的机器，需要许多部件配合。当自己做出一番成绩的时候，不要忘了配合自己的许多"零部件"。对于一台机器而言，每个部件似乎都不可缺少，但不要忘了，寻找一个部件重新让机器运转起来，那是一件十分容易的事，世界上到处都是有才华的穷人。

至少有一点比别人强

这个社会已经没有什么"职位终身制"，手中的"饭碗"变成摇摇晃晃的易碎品，稍不留意，就跌得支离破碎，但是，还有一些人是公司的"心头爱"，也许他们在你眼里没有任何闪光之处，不过老板可不这么看。

之前安卉就因为出糗差点被辞退，现在又听了小姨父的故事，心里开始有点担忧起来。不过她还是安慰自己，就算要走人也轮

第九律 没有人不可替代：你的价值决定你的位置

不到自己呀，因为公司里有好几个吃闲饭的人！

客服部阿庆，大字不识几个，平日里，不穿西装，不打领带，也不去拜访客户，整天叼着烟，在办公室玩游戏，部门的业绩按月考评，连续三个月阿庆都排末位。保安老周，年龄四十开外，还是个瘸子，每天只是坐在那里什么事业都不干，真来个强盗什么的，还不一推就倒。再看那个丽丽，对，就是那个从不准点上下班，上班也不工作的总经理秘书，真不知道总经理怎么想的。还有那个小赵，总经理的司机，都5年驾龄了，仍分不清东南西北，更记不清单行道双行道，才来半年，就撞了两次车，一次撞破了邻居的围墙，另一次撞断了一棵槐树，为安全起见，总经理从不坐他的车，每次都是自己驾车上下班，这个司机可有可无。

谁知，在一次和张姐闲聊中，却得知了让安卉感到震惊的"内幕消息"。

阿庆掌控着公司最大的一笔业务。那个客户是西北大汉，两年前在酒桌上跟阿庆一见如故，其实阿庆只能喝一瓶啤酒，但就是讨人家喜欢，最后还称兄道弟。那西北大汉每年只需下一批订单，就能让公司吃上小半年。人家说了，只要阿庆在公司一天，就给公司下订单，阿庆不在了，立马撤单。老板就怕阿庆辞职，每天就跟哄小蜜一样哄他开心。

老周，曾在街头摆了个鞋摊儿，无奈手艺粗糙，生意惨淡。于是，他找了十几个残疾人，联名上书市残联，要求得到安置，我们公司老板深谋远虑，抢先将老周挖了过来。到了年末，老周就跟着公司财务去报税。他跟税务局领导说，公司照顾残疾人，多为社会做了贡献。还真别说，每年靠着他，公司免去了不少税，早抵过他微薄的工资了。

秘书丽丽，这女人跟老板非亲非故，什么本事也没有，就一张嘴巴厉害。每年，公司的几个陈年债主都会来讨要欠款，老板便玩失踪,丽丽出面救场,一切驾轻就熟。没有人知道丽丽用了什么绝招,反正每次债主怒气冲冲地来,又心平气和地离开。隔年,丽丽故伎重施,并且屡试不爽。

小赵,两个姐夫,一个在交警大队,一个在保险公司。公司里不少员工都有私家车,每年的违章、罚款、撞车索赔等事全揽在了他头上,老板曾笑言,权当是公司派给大家的福利。

难怪老板对这几人都是客客气气,特别是那个丽丽,据说还年年都被评为公司先进工作者。安卉不由倒吸一口凉气,谁都精不过老板呀!

如果你还在岗位上默默奋斗,那你应该感到庆幸,至少你还有"被利用"的价值,不要因为"利用"一词感到难过,当然更不必感到骄傲。既然没有谁是不可替代,逆向思维一下,也就是说:别人有可能被你替代!这不是不可能的:

首先,你要清楚地知道自己的长处和短处在哪里。

如果你不能清楚地知道自己的长处和短处,有两个办法可以帮助你进一步认识自己。一个是你回忆一下自己的历史,把所有你做的比较突出的事情都列出来(不一定是最好的),看看这些事情有什么共同的品质和特点。你已经证明的,恰恰就是你擅长的。如果你对此还不够自信,还可以请教一下周围的同事或同学的看法,了解一下他们眼中你的长处和短处。在此基础上,形成自己的一个判断。

其次,你要看现在的工作是否能发挥自己的专长和兴趣。要扬长避短,绝对不要以短迎长。

这个世界上很多的人都在从事着自己并不能发挥所长的工作,却囿于各种各样的原因而不敢或不愿意改变,自然他们的工作也无法有更出色的表现,没有什么比一个适合跳高的天才,却练了

第九律 没有人不可替代：你的价值决定你的位置

一辈子举重更残酷的事情了。

如果你觉得现在的工作并不能发挥你的专长和兴趣，甚至背道而驰，那你就要考虑换一个岗位，甚至换一份工作了。虽然，也许你会有暂时的利益损失，但是从长远来看，无疑更加值得。因为你没有浪费你最宝贵的资产——你的时间。而对任何人来说，在错误的方向上走得越久，就意味着回头的时候，所要支付的机会成本越高昂。

如果你非常幸运，现在的工作正是你所喜爱和擅长的，那么，你就要全力以赴，力争成为这一领域专业知识最多，或者专业技能最强的人。要做到这一点，除了努力，别无他法。此外，你还应该在工作中，每一天都去考虑用什么样的方法能将你的工作变得更快、更好、更有效率、更有成果。

从本质上来说，这个世界上只有两种人不可被替代，一种就是某一领域的最强者，另外一种人就是创新者。前者无人能敌，后者则永远走在了别人的前面。

结语：

物竞天择，适者生存。不管你是否成为某一方面的最强者，或是创新者，你都需要证明，你为老板创造的价值，远远大于老板向你支付的薪水。

第十律　保持独立思考：没有自我意识的人永远只是小跟班

> 许多职场人士都会告诉你这样一条经验，那就是：永远跟着上司走。在此不需要判断这句话的对错，但如果将之作为职场唯一标准，那你置自己于何处？当上司不在了，你又怎么办？

不要让别人左右你的思想

一个人有一只手表时，可以知道现在是几点钟，而当他同时拥有两只手表时却无法确定时间，反而失去对准确时间的信心，这就是著名的手表定律。

某村庄出了个养猪专业户，天天喂猪吃泔水，结果被"动物保护协会"罚了一万元——因为虐待动物。后来，农夫改喂猪吃天山雪莲，结果又被"动物保护协会"罚了一万元——因为浪费食物。有一天，领导又来视察，问农民喂什么给猪吃。农民说："我也不知道该喂什么才好了，现在我每天给它一百块钱，让它自己出去吃，想吃嘛就吃嘛！"

这不仅仅是一个笑话，在工作中这种被上司的思想所左右的现象随处可见，你发现做这个不对，做那个也不对，在这种情况下，你要有自己的想法和建议。

第十律 保持独立思考：没有自我意识的人永远只是小跟班

萃德公司经营范围广泛，成立十年来历经风雨，虽然还不是很有名，但上升势头良好，公司上下很有信心。最近老总想在华北地区代理某家具，任务下到销售部，销售部又将任务分配给子骞。干一行得熟悉一行，子骞对家具的认识只限于逛装饰城时销售小姐的"忽悠"，零零散散不成系统，所以子骞狠狠地补了相关知识后，信心满满。那套家具标价20万元，典型欧式风格，奢华中又带着东方式含蓄，公司很看好销售前景，可不知道为什么，放了四个月都没有一个人问价。好不容易，有人看中了这套家具，问18万元能不能成交，子骞也很想尽快脱手，可经理只给了1万元的浮动权限，偏偏顾客又很固执，僵持了许久，子骞打电话找经理请示，经理的手机关机，子骞不敢擅自做主，这笔生意没有谈成，不过精细的子骞也留了一手，要了顾客的电话号码。

经理回来了，听了子骞的汇报有点不高兴："你没看到现在这套家具已经很难脱手了吗？既然4个月无人问津，就说明这套家具已经没什么卖点了，越积压越贬值。别说18万元，就是17万元，你也该咬着牙卖了，不然，下次连16万元都没有人要！你赶紧给他打电话，看他还买不买！"子骞知道自己失去了一个很好的机会，赶紧拨了那位顾客的手机号，一看商家都回头了，顾客反而显出犹豫不决的样子，子骞磨破了嘴皮，将价格降到17万元并表示已经是进价，顾客才高兴地接受下来。虽然又少赚一万元，子骞毕竟将局面挽救了，经理也赞许地笑笑，说一起去吃饭吧。

那天天气很差，下午的时候起了大雾，能见度极低，子骞开着车蜗牛似的在车流中"爬"，经理一点也不着急，反而很有心情地问："在这样大雾天气开车，你怎么样才能走得更安全？"子骞说："只要跟着前面车子的尾灯，就没什么事。"经理沉默了一会儿，突然问："如果你是头车，你该跟着谁的尾灯呢？"

子骞心里一阵震动，是呀，如果自己是头车，又有谁会给自己指路？一般情况下，我们可以依靠上司，让上司拿主意，我们就不用分担责任。可在特殊情况下，我们应该用自己的慧眼，看清前面的路该怎么走，自己分析利弊，选择方向。跟在别人尾灯后面的人，永远不会成为领头羊。

在职场中，不是每个上司都有绝对的智慧和能力处理所有问题，也不是所有的上司都刚愎自用不听取下属意见，所以，对上司，我们不可依赖，更不可盲从，要有自己的思想和主张，不断强化自己。谁都不想受人钳制，都想摆脱他人的束缚，成为群体中的霸主，进而去支配和控制他人。这种想法并不是错误的，这个梦想也是可以实现的。要实现这个梦想，我们必须明白：欲霸人，先霸己。

首先，要摆脱对他人的依赖，在日常生活中，我们常会遇到这样或那样的问题，很多时候，我们不想全凭自己的能力去解决，而总是希望借助他人的力量来完成。的确，这样会节省你许多精力、物力、财力，但事事都靠别人帮忙，你收获的就不单单是成功了，还有一些负面影响含在其中。如造成不爱动脑、不爱动手的习惯，或不能充分调动自己的思维和双手想问题、做事情。这样，时间一长，一个弱者便诞生了。

人是有骨架的，不该像一根藤条，依附外界力量才能生存。外界力量常常像一包毒品，你得到了就变得精神抖擞，动力十足；得不到就被折磨得萎靡不振，意志消沉。因此，我们应该自立，应在胸中充满霸气，练就一身铮铮铁骨，这样才能在风雨人生路上一往无前！

其次，不要被他人所左右。当你向理想中的目标迈进时，别人可能会向你泼冷水，以打消你的积极性。这时，你要坚定信心，排除外界带来的干扰，集中精力致力于你的奋斗目标。要知道，

第十律 保持独立思考：没有自我意识的人永远只是小跟班

不论在何种情况下，你都不能赢得所有人的赞同，总有些人会对你产生不满，这是生活的现实。你如果有思想准备，便不会因此而忧虑不安或不知所措，就能挣脱情感上的枷锁，坦然地去走自己的路。

记住：跟在别人尾灯后面的人，永远不会成为领头羊。

当思考的脑，不当等令的手

汤姆和杰瑞同时受雇于同一家公司，都从最底层干起。杰瑞工作努力，而汤姆善于动脑。不久，备受总经理青睐的汤姆一再被提拔，从领班一直晋升为部门经理。而杰瑞还在最底层挣扎。终于有一天，忍无可忍的杰瑞找到了总经理，递交了辞呈，并抱怨说辛勤工作的人得不到重用，而那些只会吹牛拍马的人却得到了提拔。总经理认真地听着，他知道这个年轻人工作肯吃苦，但他总觉得这个年轻人似乎缺了点什么，到底缺什么呢？三言两语也说不清楚。总经理突然计上心头，他说："杰瑞，您立即到集市上去，看看今天有什么卖的。"

杰瑞很快从集市上回来说："刚才集市上只有一个农民拉了车土豆在卖。"

总经理又问："一车大约有多少袋、多少斤？"

杰瑞又跑去，回来后说有40袋。

"价格是多少？"

杰瑞再次跑到集市上。望着跑得气喘吁吁的杰瑞，总经理说："请休息一会儿吧，看看汤姆是怎么做的。"

总经理叫来了汤姆，对他说："汤姆，您马上到集市上去，看看今天有什么卖的。"

汤姆很快回来了，汇报说："到现在为止只有一个农民在卖土豆，有40袋，价格适中，质量很好，他还让我带回几个给您看。这个农民一会儿还将有几箱西红柿上市，价格很公道，可以进一些货。考虑到这种价格的西红柿总经理大约会要，所以我不仅带回来几个西红柿做样品，而且把那个农民也带来了。他现在正在外面等回话呢。"

总经理看了一眼红了脸的杰瑞，说："请他进来吧。"

事实上，每一位领导都对自己的员工存在强烈的期望。他们希望员工能主动积极地去做一些需要他们做的事情，甚至超出他们工作范围的事情，利用自己的判断和思维去决策，并且为自己的行为负责。因此，做事要多想几步。在生活中，那些遇事多想几步的人往往能获得最大的成功；而那些遇事不开动脑筋、将所有的决策推给别人的人注定是个小人物。

不要埋没了自己的思考能力

会议室里，大家围坐一圈。上司发问："谁还有不同意见？"一分钟后，有人打破沉默，会议室开始骚动，有人开始附和："哦，我也是这样想的。"这熟悉的一幕每天都在办公室上演。缺乏主见、人云亦云，表面的职场和谐却抹杀了我们的独立思考能力。在职场上还经常听到这样的话："你的脑袋怎么生在别人身上呀"，或者是"你有没有脑呀"。

那么，你是一个有独立思考能力的人吗？先问以下几个问题：

假设你的老板不在，你不得不做出超过你权限的决定，你该怎么做？

假设给你分配一个项目，这个项目除了完成期限外，既没有过往经验，也没有操作说明，你该怎么开始这个项目？

你想承担更大的责任吗？为什么？

讲一个你突然接到某个预想不到的任务的经历。

在你以前的工作中，你曾经解决过多少本来不属于你职权范

第十律 保持独立思考：没有自我意识的人永远只是小跟班

围内的一些公司问题?

工作给你带来的最大的满足是什么?

在你的上一份工作中，你发现了哪些以前未遇到的问题?

描述上一份工作中，因为你而发生的一些变化。

工作中，你认为哪些情形是比较危险的?为什么?

如果你的回答大都是"我想想看"的话，说明你离一个独立思考者还有一段距离。

不妨试一试专家建议的下列方法，来激活你的独立思考能力。

◎ 主动隔离习惯思维

独立思考者不一定是异类，但是他们不因循守旧。遇到问题，不要立即打开电脑用百度或 Google 去搜寻答案。冷静下来，先自己想想。如果上司给你布置了一个新项目，没有任何过往经验可以参照，也许你的第一反应是：那我该怎么办?但是打破常规换个角度看，过去没有，现在没有，这不正是施展拳脚的大好机会吗?也许你会遇到很多前所未有的难题，包括周围人的习惯思维以及怀疑的眼光，要暂时把自己隔离起来，不要让这些习惯思维扰乱了你的独立思考。

◎ 尝试矛盾思考

任何事物都有正反面，你可以主动寻找与自己观点不一致的经历。比如，在职业发展的一个十字路口，一份高薪职位摆在眼前，究竟是去还是不去?通常你会想人往高处走，自然是选择更上层楼。如果你再尝试做出"不去"的决定，而把个人职业生涯兴趣放在第一位，也许你的坚持同样能说服自己。辨证地去分析任何问题，答案才可能更加准确客观。

◎ 跳出去，做个旁观者

职场纷扰，当局者迷。遭遇困境时，不妨跳出去，做个真正的旁观者。第三只眼可以赋予你这样一种自由：从另一个角度看问题。旁观者的冷静带给你一种思考自我的平和。静静地思考,你可以自我解嘲,也可以像个孩子一样兴奋好奇。

随机化,而非程式化

7点起床,9点上班,上相同的网站,吃相同的食物,与相同的人聊天,程式化的工作与生活往往令人厌倦。许多人习惯了这种简单而重复的日子,因为这样可以带来安全感。但如果你想要独立思考,你需要跳出你所习惯的圈子。

从质疑开始

真理往往掌握在少数人手里。你可以尝试养成本能地去质疑传统智慧的习惯,但不要成为"愤青"。不要认为那些"真理"是不证自明的,也不要被那些大人物所吓倒,实践才是检验真理的唯一标准,只有当自己确信有足够的事实来支撑,再做出判断。

"不,我不这么认为。"当你有勇气说出自己真正的想法时,你便有了微小的进步。独立思考,你将会看到别人所忽视的机会与方法。相比于那些不具有创新思考能力的人,你将获得相当有竞争力的优势。更重要的是,你的思考是你自己的,而不是盲目地鹦鹉学舌。

独立思考被认为是一种随着年龄增长所必须拥有的能力。当我们跟随别人的思考而思考时,我们所能取得的最好成就也只是取得他人所已经取得的成就而已,如果我们的目标是超越,那我们需要避免同样陈腐的思考,我们需要独立于传统的智慧。

结语:

在职场中,不要当应声虫,我们应该有自己的思想和主张,一不靠二不等。独立的思考,将为你的事业带来无尽的机会。

第十一律 把握分寸：别让办公室恋情阻碍你的前程

> 在一个公司里发展恋情有"近水楼台"的方便，也有"进退两难"的尴尬，面对诱惑，你是否曾经陷入办公室恋情？其实，不论是管理者还是旁观者，面对办公室恋情的底线应是：只要当事人把握分寸，不影响工作，不影响同事，做到公私分明即可。

感情来了，谁也没错

恋爱有时候就像交通事故，当事人根本就不知道它会在何时何地以何种形式出现，所以，即使有些公司明令禁止内部员工恋爱，即使有些人信守"兔子不吃窝边草"的邪门歪理，但当一段感情忽然降临在你身上的时候，你又怎能拒绝？

朱德庸先生曾说过："太多的规章制度、太多的自我要求、太多的加班加点，已经让上班族习惯了内心拘谨的生活，两个长久压抑又被挤进狭小空间里的男人和女人，呼吸、气味、眼神都混合在了一起，不日久生情才怪呢！"

安卉从高中起就有了写日记的习惯，刚开始是因为暗恋一个男生，早恋会耽误学习，也不是好孩子的作风，所以心里的秘密谁也说不得，说出来就是满城风雨，所以就往笔记本上记，今天在哪里遇见了他，他穿的什么衣服，他好像迟到了，他今天没洗脸等等，当一本日记写到一半的时候，记录已经成为习惯，而安卉意识到只是一种习惯的时候，又觉得感情呀相思呀就那么回事儿，男生慢慢淡出视线及退出日记，安卉的早恋，就这样被文字所夭折，但写日记作为习惯已经保留下来了。到大学毕业的时候，几年攒下来的东西卖的卖送的送，剩下的都打包运回家，只有厚厚的六本日记留在身边，无聊的时候就翻开看一看，读一读，一路走过来的痕迹就蜿蜒开去。日记就是私人领地，是她最宝贝的东西，谁也碰不得。

工作后，再不像在学校里那样的心闲，日记变为周记，再变为月记，再到不记。每天的小心绪小感想就过去了，有时候觉得挺可惜的。不过每天的工作笔记倒是要记的，一条一条的，整齐却生硬，当然了，也是简洁明了的，以前的日记就像是耀眼的公主裙，现在的工作纪要就是正装，所以没必要非得分个优劣。

不过呀，安卉要重拾自己的"公主裙"了，因为感情的事毫无条理可言。

快过年了，整个公司喜气洋洋，因为是私企，老板没有严格按照国家法定节假日走，干完手头的活，就提前几天放假，未到年夜，公司也组织去吃年夜饭，安卉也就在这时候第一次见识了全体员工，四五十号人吧，浩浩荡荡地集体出动，快过年了要放假了，这个诱惑力是巨大的，一想起来嘴角就忍不住上扬，心里喜悦饭也吃得high。喝酒碰杯寒暄吹捧，社会一派和谐状。安卉平时不喝酒，难得高兴就喝了一点，喝完就觉得血液直往脸上走，温度一下就上来了，子骞席间过来一次，看见安卉哈哈大笑，一个劲取笑她是猴屁股脸，问题出来了，子骞身后还跟着一个帅哥，啊，估计叫帅哥吧，身材蛮好长相蛮好，安卉有点迷糊，也看不

第十一律 把握分寸：别让办公室恋情阻碍你的前程

清楚。帅哥看见安卉这样，赶紧端过来一杯水让她喝，嗯，还蛮有风度，子骞早跑到别个桌子敬酒去了，看安卉喝完水帅男就走了。事情到此为止也就算了，十分钟后，帅哥再次出现在安卉面前，哈，手里还拿着几根香蕉，"香蕉能解酒！"不等安卉问就主动答话，"OMG"安卉心里惨叫一声，众目睽睽之下接也不是不接也不是，幸好刚才脸已经红了，再红点也没人发现，更崩溃的是，帅哥一直用关切无比的眼神望着安卉，同事开始起哄了，安卉没吃香蕉，因为酒已经醒了。

第二天早上，安卉一如既往早早地到公司，在公司门口遇见了那位帅哥，哦，好吧，真是冤家路窄，安卉点头打招呼并对昨天的事表示感谢，帅哥回之以礼，然后很有风度地伸出右手："莫凡，莫奈的莫，平凡的凡。早就听说过你的名字，久仰久仰。"安卉微微一怔，这是武林聚会还是商业聚会，按照标准应答程序，她该说："幸会幸会"，可安卉只是微笑了一下。莫这个姓氏很好，"莫"字有"不"的意思，莫凡也就有了不凡的意思。不过安卉这会儿可没心思去猜想他的伟大，她只是想：莫名其妙＋惹人厌烦。他怎么对自己"久仰"，不得而知，安卉只知道她对他没有一点认知。

早上出门时没觉得饿，坐下一小时后肚子就咕咕响了，莫凡神不知鬼不觉地移了过来，递过一袋牛奶："饿了吧，给你。""那怎么好意思呢。"虽然饿，但总归不好意思要一个"陌生人"的东西，"没事儿，我也喝不了了，再不喝就过期了。"刷刷刷，四面八方的眼光在这里汇集，部门经理走了出来："莫凡啦，以后把你办公桌搬来和我一起吧，多方便啊，快过期的牛奶直接给我们安卉不就得了。"

集体爆笑。莫凡笑着离去了。

中午遇见子骞，子骞笑嘻嘻地问："怎么样，我们的莫总还好吧?"

"谁?"

"莫凡呀,我们销售部新任经理,来了没几天吧。昨天聚餐,他要求我介绍你俩认识,我就带他去找你啦,怎么样,莫总还不错吧?"

"好,不过与我有什么关系。"安卉懒懒地回答,脸却红了一下。哎,回去后该写一篇日记了。

莫凡的到来,就像在平静的湖面上扔了块石头,涟漪就那样一圈圈荡漾开去。

不过,安卉也将从此感受职场风浪第一波,她的认识和境遇也将发生改变。

很多公司严令禁止内部员工特别是部门内部员工恋爱,主要是基于以下几种考虑:

1.办公室恋情耗费精力,影响工作效率。

2.难以管理。有了办公室恋情,工作中出现失误或错误,二人会相互遮盖、掩饰,使本来应该清晰的矛盾或问题被隐藏起来,特别是上下级之间存在直接利害关系。

3.风险。恋爱中的人都不太理智,如果闹矛盾,势必会带着情绪工作;万一分手了,两个人还怎么能平静冷静安静地面对?彼此的冷淡、埋怨、怨恨……很容易干扰到彼此的工作,所以一个人"感冒"至少两个人以上"发烧",会加剧企业内部的复杂化。

4.破坏团结。相恋的人可能形成小圈子而排斥别的同事,从而影响整个团体的人际交往;相恋的人在办公室表现亲热从而影响整体工作气氛;部门之间可能因亲结盟而形成不平等竞争,造成部门与部门之间的壁垒,使矛盾扩大为组织机构的矛盾。

5. 上下班都在一起，很容易公私不分。

但是，办公室之恋是不是就真的会必然破坏公司内部和谐关系？答案是不一定。关键不是禁止不禁止的问题，而是要对企业内部员工亲情血缘关系带来的负面影响进行有效的规避，何况，人的情感也不是拿出一个规章就能禁止的。

另一方面，限制公司员工的婚恋对象也是不合法的。如果你遭遇单纯因为恋爱而被公司开除，那你完全可以拿起法律武器保护自己。

在我国，婚姻自主权是涉及公民婚姻关系的一项重要的人格权，公民有权利依法按照自己的意志，自主自愿恋爱、结婚或离婚，而不受他人干涉。婚恋自由不仅是《中华人民共和国宪法》规定的公民基本权利，同时，《中华人民共和国婚姻法》第2条也规定："实行婚姻自由、一夫一妻、男女平等制度。"《中华人民共和国民法通则》第103条也规定：公民享有婚姻自主权，禁止买卖、包办婚姻和其他干涉婚姻自由的行为。

所以，公民有权自己做主决定其婚姻状况，即是否恋爱、结婚，以及和谁恋爱、结婚等，其他任何组织和个人都不能强制和干涉。公司、企业利用所谓的"爱情合同"擅自限制企业员工的恋爱、结婚对象，以解雇为要挟迫使员工放弃自己的婚恋自由，不仅显失公平，也有违我国法律。

然而，很多企业面对指责振振有词：我们与员工签订的"爱情合同"，是作为企业的一项劳动纪律归入劳动合同内容里，是受法律保护的。况且，员工自己完全可以自主选择去留，公司并没有任何强迫的表示，所以不可能干涉到员工的婚恋自由。

事实上，这种说法是站不住脚的。众所周知，劳动合同是劳动者与用人单位确立劳动关系、明确双方权利义务的协议，一般包括合同期限、工作内容、劳动纪律等条款。这些条款的内容不仅应当遵守双方平等自愿的原则，同样还不得违反国家的法律和行政法规。

《中华人民共和国劳动法》第18条明确规定：违反法律行政法规的劳动合同无效。无效的劳动合同，从订立起就没有法律效力。因此，有违我国法律的"爱情合同"，自始至终都是无效的，公司企业凭此合同解雇员工的行为也是缺乏法律依据的。当事人完全可以通过申请调解、仲裁或提起诉讼等手段来要求企业解除合同、赔礼道歉和赔偿损失，以维护自己合法的权益。

在雷区前止步

不过，反对者有反对者的道理，支持者有支持者的理由：

1. 方便：虽说天涯何处无芳草，但近在咫尺已有芳草，何必又要走天涯呢？办公室恋情节省了大量寻找约会人选的时间，既然你工作的地方帅哥、美女如云，何必四处搜寻？

2. 安全：办公室恋爱的双方绝对是知根知底，这样一来，也就从很大程度上避免了"因为不了解而走到一起，因为了解而分开"的悲剧。

3. 动力：俗话说：男女搭配，工作不累。办公室恋爱也许会使原来枯燥、繁重的"朝九晚五"变得可爱起来，此外，双方为了给对方留下美好的印象，表现欲也强了，工作起来也就格外积极认真。

4. 忠诚：两人的关系稳定也会带来企业人才的稳定，若两人发展到结婚生子，同时服务同一企业会有较强的归属感，相对来说对工作将更有责任心，会更加珍惜这份工作。在工作的同时将终身大事解决了，何乐而不为？

但是，办公室恋情有雷区，当你遇到以下几种情况，请自动止步：

第十一律 把握分寸：别让办公室恋情阻碍你的前程

1. 爱情不受理智约束，却不可超出道德范围，所以如果恋情发生在"罗敷有夫和青衫之间"，或者"云英未嫁、使君有妇"之时，再或者两个都是"脚踩两只船"，这些都是非健康恋情，最遭人反感。

2. 被人排斥的上司。当上司被人排斥，他所要找的并不是恋人，只是因为太过孤单想随便找一个什么人能陪伴他就行，你绝对不能在这个时候混淆怜悯和恋爱，并且这时候你很难得到真正的爱情。另外，既然他遭人排斥，那势必是有一场内战，你在这时加入混战，岂不是惹火烧身？

3. 风流的人。如果此刻他（她）还在对你献殷勤，一分钟后又去给别人送鲜花，和这种人交往，最后伤心的人肯定是你。

4. 长舌妇，不局限指女性。这种人嘴巴不上锁，会将你们所有的事都拿出来说，交往的结果很可能是你在众人面前什么隐私都没有了，然后连公司都没脸待下去。

5. 什么都是秘密的人，特别指男人。晚上一起吃饭、互送小礼物等小事都要当作秘密的男人，甚至不肯公开你们的恋爱关系，那他不是心里有鬼就是人品有问题。

如果你已经甜蜜地踏进办公室恋情当中，则要把握好以下几个方面：

开始时，你需要慎重考虑，在行动上，也需要慎重对待办公室里的他有的不可遏止的好感。好吧，成功的秘诀在于全方面地观察和慎重地考虑：你喜欢他，是因为他外貌吸引人；还是因为他工作的样子吸引你？如果你不能确定自己对他有全方面的了解，那么，还是慢一点行动的好。想一想，万一所托非人，丢了心，又丢了工作，怎么办？

一旦你下定决心要发展的话，那么，明智一些。如果要邀约他的话，半公事、半私事地邀请他下班喝一杯会是个不错的开始。

千万不要用公司的 EMAIL 地址和他传递情意,也不要让你们的交往在办公室里成为谈资。

在你们的交往过程中,办公室里的每时每刻都需要小心,即使你们之间进展得非常顺利,你天天都很幸福甜蜜,也千万不要带着花痴般的幸福走进办公室,千万不要用充满爱意的眼光在他身上打转,要如以前一样正常上班。如果同事们知道了,那么大方地承认自己的恋情,并低调处理,尽量少泄露让人继续谈论的材料,慢慢地,同事也就不会不再关注你们了。

当一切都进行得很顺利,应将恋情与工作分开。现在,你已经安全绕过最初的障碍——同事对你们诸多关心。当你们的关系继续发展下去的时候,注意将恋情与工作分开:在工作中,你们彼此之间是完全独立的两个个体,恋情不属于办公室。

当恋情结束时,应保持基本的礼貌,无论是你再也不能忍受他而甩了他,还是他负心,伤害了你,你都必须抗拒报复他的念头。在分手之后,对同事喋喋不休地批判他的人格或是他的工作,都会让人觉得你是一个彻头彻尾的失败者。即使你在心里面诅咒了他一万遍,只要你待在公司里,就必须做到对他礼貌而客气。坚持下去,也许你就不会再在乎,也许离开公司的会是他。

结语:

要有自我控制的能力和分辨轻重的理智,能够把握分寸,理智面对感情与工作,才能工作恋情兼得。

第十二律　内外通吃：
做自己该做的，做自己能做的

> 关于分内事、分外事，有很多争论，很多人主张可守本分，只做分内事，就像老百姓常吆喝的："干啥说啥，卖啥吆喝啥！"文人也有相似表达："在其位，谋其政！"那么,身在职场的你,该如何选择?

将做好分内事作为一种生活态度

你处于公司的任何位置，都有应该为之负责的事情，也就是你的分内事。克里姆林宫一名清洁工说过："我的工作其实和普京差不多，他是在打理俄罗斯，我是在打理克里姆林宫，每个人都是在自己分内做好自己的事。"

之后，莫凡常约安卉吃饭，或在午餐时坐到安卉旁边，每到这时，子骞就笑嘻嘻地坐到另一边去。对莫凡，安卉不反感也不喜欢。妈妈总是在电话里催促让安卉在过年时带个男友回家，大学期间挑三拣四没个靠谱的，眼看也23岁了，做妈的哪能不着急。说实话，莫凡长得精干帅气，可身上总觉得少了些什么东西，少了些什么，安卉也说不出来，年关将近，也没心思考虑这些事。

安卉好奇的是，莫凡是怎么来到公司的。

据莫凡自己说，他原来在武汉一家大公司做过销售，已经开到销售助理了,却遭到排挤,所以愤而辞职,有朋友在这个城市所以就来了,没想到公司正在招聘销售经理,抱着一试的心态来应聘,没想到能脱颖而出。子骞说过,他们部门经理被挖走了,安卉以为A助理会顺理成章地扶正,所以子骞说莫凡是销售部经理的时候,还吃了一惊。至于老板为什么不将A扶正,而是外聘,个中原因虽颇多猜测,但老板不说,谁能知道呢。

莫凡的面试经历很有意思,所以安卉后来将它说给弟弟听——叔叔家堂弟,也快大学毕业了,以下是莫凡的叙述:

经过层层筛选,进入最终面试的是我、李涛、章平三人。面试官提出的问题是:如果你被录用,将如何拓宽公司的销售渠道?

在每个人开始陈述之前,都有一名公司的工作人员给我们倒水。我向这位工作人员点点头,接着就开始陈述。李涛起身致谢,并主动帮这位工作人员把暖水瓶放回屋角,才坐下来陈述自己的工作计划。章平则直接把暖水瓶从工作人员手里接过来,先殷勤地看了看评委们的茶杯,见他们的杯子都满着,便给自己倒了一杯水,然后把水瓶轻轻地放回屋角,这才开始陈述自己的工作计划。因为我是最先陈述的,在看到他俩的反应后,心里为刚才只专心陈述没去帮那位工作人员忐忑不安。

两小时后,招聘结果揭晓了,被公司录用的是我!看得出来,李涛和章平心里很是不服,毕竟经过数轮"鏖战",三人的水平都差不多,不明白自己输在什么地方。说实话,我也想知道自己赢在什么地方。这时,给我们倒水的那位工作人员走了出来,你知道那是谁吗?原来他才是那天的面试主审官——张总!面对李涛、章平的质疑,他缓缓问到:"你们觉得今天来的任务是什么?来的目的是什么?"李涛和章平异口同声地说:"面试。""工作人员"点头:"对!面试当前,陈述自己工作计划才是你们的本职,而不是帮人端茶倒水,我今天装成工作人员就是想观察一下,你

第十二律 内外通吃：做自己该做的，做自己能做的

们是否专注于自己分内工作。我招的是销售部经理，不是跑腿打杂的小工，所以你俩都不合格。"说完，又转向一直静候在旁的我，问为什么只是点头致谢，而不主动帮忙？我说："当面试官让我陈述自己方案的时候，我就为之全神贯注，心无旁骛。对您点头致谢是出于最起码的礼貌，而且当时面试官正等着我的回答，这时候走开对他也是不礼貌的。"说到这里，莫凡有点不好意思了，他说："真没想到那会是张总！"

在人生道路上，做好分内事就是迈开了成功的第一步，就是踩在了事业的基石上，所谓万丈高楼平地起，奇迹就是这样一步步被创造的，所以，做好分内事是取得成功的关键，遗憾的是，人们常常忽视这个简单的道理。

思出其位：现在一小步，人生一大步

不过，也许有人心里会想，明明自己本职工作已经做得很好，可每有晋升机会时，幸运老人总像看不见自己似的，上次是张三，这次是李四，就是轮不到自己，于是忍不住怀疑是不是工作没有做到位？如果你也是其中一员，那么请认真思考两个问题：第一，反思一下，自己的分内工作真的做到位了吗？如果答案是肯定的，那就请回答第二个问题：除了分内工作，分外工作你做过吗？

你可以自检一下，自己是否具有以下特征：

1. 准点上班准点下班；
2. 做好自己的本职工作，数年如一日地重复简单劳动；
3. 不主动给人帮忙，在公司里凝聚不了"向心力"，也培养不起"领导力"；
4. 工作能力几乎没有什么长进；
5. 不知道公司整体做什么，也打不进中层的圈子，更甭提是

高层；

6.眼馋别人拿高薪，创业当老板，却不知道如果冲不出分内事的圈子，自己永远不愿意干也干不了别人能做的事。

以上问题，逆向思考一下，就知道自己该怎么做了。

安卉重拾写日记的习惯后，又觉得自己是一个"有故事"的人了。

昨天中午，我陪同老板会见美国的客户菲利普先生，并一起进餐。忽然，菲利普先生像想起了一件重要事情一样，用满是期待的目光询问老板："你还记得杰克吗？""你们公司旁边那家快餐店的杰克？"从老板赞赏的眼光和突然上来的兴致，我知道，这个杰克肯定不简单。

"是呀，就是他！"菲利普先生点头应道。从他们交谈中，我大致知道了杰克的故事。

那时候公司小，老板本人需要亲自到各地甚至国外跑业务。那次去的是美国，接待他的正是菲利普先生，两人就协议细节一直商讨不下，互不让步，不知不觉就到了午饭时间，两人决定出去简单吃顿饭回来接着商议。

疲惫的两人随意走进一家快餐店，因为正赶上就餐高峰，餐厅里到处都是人，好不容易找到座位坐下，等了半天也不见服务员过来招呼。正在两人考虑是否该离去时，一个端着满满一托盘脏餐具的小伙子匆匆忙忙地从身边走过。突然，他收住脚步，折回头，"先生，需要帮助吗？"他问。"我们需要点菜。两份蔬菜色拉和四份鸡肉卷。"菲利普先生将老板的饭也点上了。"好的，先生。需要饮料吗？""两瓶冰镇可乐吧。""哦，对不起，我们这里没有冰镇可乐，未经冰镇的行吗？""那就算了。两杯柠檬水吧。""好的。"说完人就没影了。

第十二律　内外通吃：做自己该做的，做自己能做的

不一会儿，小伙子端着蔬菜色拉、鸡肉卷和柠檬水来了，老板看清了他的胸牌，原来他叫杰克。两人吃着午餐，都对杰克的服务感到满意，愉快地谈着与工作无关的话题。忽然，杰克站到了两人的餐桌旁，手里拿着两个玻璃瓶——两瓶冰镇可乐！"你们这里不是不卖冰镇可乐吗？""是的，先生，这是到对面的商店买的，我想这么热的天，您一定很想要一瓶。"菲利普先生吃了一惊："谁付的账？""我，先生，只不过才2美元。"说完，杰克微微屈身行了个礼，就转身忙去了。

在离开餐厅的时候，菲利普先生和老板都给了杰克小费——比一般情况多得多。据老板说，那是在外奔波这么多年来，吃得最舒心的一餐饭。

"杰克现在怎么样了？"老板关心地问道。

"一个礼拜前，我又去了这家快餐店，但是，没有看到杰克，于是向别的服务员打听他的下落。'哦，他已经不在这里干了。'服务员说。我心里不禁为杰克感到惋惜：'老板解雇他了？'"说到这里，菲利普先生故意顿了顿，转向老板："伙计，知道服务员怎么回答吗？她说：'不，先生，他已经升任我们的经理了。'"

这是我进公司以来第一次单独陪老板会见客户，又学到了很多东西。首先是成功者也有背后的辛酸，譬如老板当年跑业务；二是打破分内外事的界限，以前还跟忆茹抱怨自己要做额外的工作，现在想想，那何尝不是一种锻炼，抱怨真是不该。

做好分内事是对自己负责的基础，如果更进一步，做一些力所能及的分外事，哪怕只比别人多做1%，正是这1%，你的成果就会得到凸显，你就会从众人中脱颖而出。你的领导、委托人和惠及到的人都会关注你、依赖你，从而给你更宽的平台、更多的机会。

试想：同样两个人，一个人只做好自己本职工作，另一个人除了干好自己的事外，还经常帮公司解决一些难题，如果你是老板，你会喜欢哪一个？你又会提拔哪一个呢？答案是不言自明的。

但是，分外事也是有选择地做，有一则小故事是这样的：

一户人家养了一条狗和一头驴。每当主人回来时，小狗总是热情地迎上前去，摇摆着尾巴扑向主人怀里，主人也总是高兴地抚摩小狗。

驴子心中着实不满：狗不干活却讨主人欢心，我整天拉磨却得不到任何奖赏。看来，得想办法与主人联络感情才行。

打定主意的驴子在主人回家时，抢先小狗一步迎上前去，一边叫一边将蹄子搭在主人肩上。主人吓了一跳，推开驴子，并拿起鞭子狠狠将驴子抽了一顿！

故事看完，忍不住轻松一笑。不过我们要总结一下，做了分外事的驴子，失败在哪里。

首先：方式不对。想得到升迁本身不错，为了"上位"，驴子想的是与主人（上司）联络感情套近乎，可谓旁门左道的取巧之术，在职场不可取。

其次：力所不及。在做事的时候，首先想想自己能做什么，擅长什么。笑脸迎人、撒娇讨欢可不是驴能做得了的，何必舍长取短，何必做吃力不讨好的事？

第三：定位不对。驴子将自己的利益作为出发点，而不从主人的立场、不从整体利益去考虑，来定位自己的行为，在职场中这是不可取的。记住：要学会从企业的角度，老板的角度，来思考整个问题。

在这个故事中，就算驴子没被抽，它的行为也不可取。每个人有每个人的位置，有自己的工作范围，驴的行为已经延伸到狗的工作范围之内，用职场话讲，就是抢狗的饭碗，轻则影响到同

第十二律　内外通吃：做自己该做的，做自己能做的

事间关系，遭到记恨，重则遭人排挤，丢掉饭碗。

最后，我们要谈谈驴子的不敬业。敬业精神是社会发展的需要，是企业竞争的需要，也是个人生存的需要。古今中外，敬业精神一直为人类所推崇。这不仅仅是因为"敬业精神"有益于政府、军队和每一个企业组织，同时更重要的是这种精神还有益于我们自己。

敬业首先要求我们爱岗，因为一个人只有爱上了自己的职业和岗位，他的身心才会融合在职业工作中，才能在自己的岗位上做出不平凡的事业，"干一行，爱一行"说的就是这个道理；另一方面，由于社会、历史、机遇等原因，人们可能对目前的工作岗位不太满意，但是这绝对不能成为不敬业的理由。因为从某种程度上来说，敬业更是一种精神。即使是不喜欢干某件事，但敬业的人仍然能够将它做到最好。

有的人一提到敬业就立刻"条件反射"到企业为他提供的福利待遇，他们以"拿一分钱报酬干一分钱工作"的理论为自己工作的平庸和失误进行开脱；有的人经常有意夸大自己的劳动和价值，一旦工作有了一点点成绩便开始向领导邀功，甚至居功自傲。殊不知这种行为的本质与敬业的"品质"是背道而驰的。因为敬业不是一个交换的筹码，而是一种任劳任怨、不计报酬的品质。这是敬业的精髓。如果一个人努力干一件事情是为了获得回报或某种私利，这充其量只能算是"伪装"。

千里之行，始于足下。敬业要求做到脚踏实地，先把眼前的工作做好。大事业之成功，是要彻底解决眼前的问题。很多人的失败就在于总是幻想一些所谓的远大目标，而对自己眼前的工作和职务看得过于简单，以为不值得他用全部的精力去干。任何宏伟的目标必须分解成若干个小的目标和计划，只有一步一个脚印地去完成每一件"小事"，才能达成总目标。"不扫一室何以扫天

下"，不能干小事的人注定也干不成大事。无数的事例证明，大多数优秀的企业家们往往也是从基层做起的，不同的是，这种注定将要成功的人士，他们无论处于什么职位都能够尽心尽力将自己的工作做到最好。驴子是不值得同情的，因为它缺乏这种起码的敬业精神。

结语：
将自己的工作做到滴水不漏，尽善尽美，此外，在力所能及、不会触及别人"势力范围"的情况下多做分外事，会有意想不到的收获。

第十三律　应对得宜：打赢职场嫉妒战

> 素不相识的人同在一家公司工作，这本来是一件幸事。不过，总有个别人看着同事做得优秀了，背后说人家风凉话。你嫉妒别人吗？你被别人嫉妒吗？遇到这样的事，你会怎么处理？

遭遇嫉妒

古埃及有这么一则寓言：

鸟儿子问："爸爸，人幸福吗？"

鸟爸爸答："没咱们幸福。"

鸟儿子问："为什么？"

鸟爸爸答："因为人心里扎了根刺，这根刺无时不在折磨着他们。"

鸟儿子问："这刺叫什么？"

鸟爸爸答："叫嫉妒。"

有些东西早就发生了变化，不过安卉没怎么放在心上，但最近接二连三的事情让安卉不得不开始重视。

事情从张姐说起。论年龄，张芸算不上"姐"，三十岁左右的样子，再加上穿着打扮上毫不落伍，站在一堆年轻小姑娘里，张姐是气势和气质完美结合的典范。女人都是希望自己永远年轻的，哪怕一脸皱纹了也希望别人夸她是二八年华，所以，按照张姐的年龄来说，应该是宁愿别人呼其名也不愿意被叫"姐"的，何况像维尼等人年龄比她还大呢！后来安卉知道，能被称为"姐"，那是地位的象征，难怪娱乐圈那几个女人为争个"一姐"闹得不可开交。

平心而论，张姐对安卉算是有提携之恩的，就如A助理之于子骞一样，但张姐和A助理不一样的地方在于：A因为业绩突出，很快得到了提升，是老板的得力干将，销售部毕竟是公司赚钱部门，哪个不得好好伺候着；而张姐虽说是公司第一批员工，现在也只是个小主管，老板好像忘了她似的，很少夸也从不贬。在张姐的帮助下，安卉工作得得心应手、游刃有余，两人相处也算愉快。有一次，公司想竞标一家海外公司的大单，要求各部门拿出一套方案，大家忙得焦头烂额。那时候刚过试用期，部门就没让安卉参加，为了检验自己，安卉查资料、找朋友，通宵达旦地准备了一套方案。最后，张姐他们的方案被一一毙掉，而安卉的方案却为公司立下了汗马功劳。老板在中层干部会议上当众宣布："奖励安卉一万块钱，以及一周带薪假。"

安卉没有要那个带薪假，因为她知道自己刚来不久，需要学的东西还很多，哪能休假呢！安卉变得更加努力，天天早上班晚下班。可是，之后办公室的气氛与从前变得有些不同起来。那天早晨，安卉进办公室的时候，正好看见张姐在倒水，就热情地跟她打招呼："张姐，早上好。"谁知，她怪怪地看了安卉一眼，"哦"了一声就走了，弄得安卉一头雾水。拿到奖励后，安卉诚心诚意地请大家吃饭，没想到，大家都像早就约好了一样，纷纷找借口推辞了。

但是在面子上，大家还是和和气气地。有段时间，大家变得

第十三律 应对得宜：打赢职场嫉妒战

相亲相爱起来，那就是安卉因穿错衣服搞砸公司业务那次，似乎每个人都对她表示同情和安慰，不过，安卉只是被经理和老板臭骂一顿就正常上班后，大家又变了。有一次，安卉向张姐请教一些模棱两可的数据，她神情淡淡地指点过后，当着大家的面一撇嘴，半开玩笑半认真地说："你可是公司公认的精英，不会连这些数据都不能把握吧？"她的话刚落，安卉便隐隐听到一片嘲笑声，安卉尴尬地笑笑。多米诺骨牌一张被推倒，接下来倒的就是一大片了，其他同事也在有意回避安卉，搞得安卉连工作上正常的配合与合作也不敢轻易开口了，也就是在那段时间，和子骞成了无话不谈的"哥们儿"，众人都认为他俩能成为一对儿，他俩不仅辜负了人民群众的希望，还在这个时间冒出了莫凡——精干帅气的莫凡，销售部经理莫凡，事情似乎更加复杂起来。

安卉反复检点自己的言行，觉得自己并没有做错什么，怎么就遭到他们如此冷淡的态度呢？

年后上班，安卉从家乡带来大包小包的特产，凡认识的人都有份，给张姐的那份更大，整个办公室沐浴在尚未散去的年味儿中，开始新一轮的紧张工作。

这天下班的时候，安卉在洗手间台板上拾到一部手机，华贵精美，不用说，这是安娜的，安娜爱追求新潮，一有新的数码产品肯定会手痒痒，这个手机是刚花了七千块买的，上午安娜还在办公室炫耀了，所以记得清楚。安卉毫不犹豫就装进包里了，大楼下班后有保洁员打扫卫生，还有保安巡查，"路不拾遗"的结果只能是永远遗失。第二天上班，安卉把手机还给安娜的时候，安娜蹦了老高，一个劲地说谢谢，还一定要请安卉吃饭。"安卉，难道你真的不知道张姐他们对你骤然冷淡的原因吗？"席间，安娜像下了很大决心。安卉迎着她的目光，疑惑地点点头。安娜叹了一声，"算起来，这些已经是发生在去年的事了。要不是人怀这个人情，我真不想管这个闲事。我告诉你，你受到垂青后，遭到了张姐的妒忌，因为她来公司这几年也止步于主管这个位置，看不出老板有任何提拔的意思，而你一个新人就受到表扬，张姐面子上挂不住。再后来，你有薪假却不休，被张姐说成'装'，再后来，你犯错的时候，很多人就等着看你被辞退，这被一些人说成老板被你迷住了，才没有辞退你。你也知道，平日里大家对张姐多是忌惮加尊重，所以在这种情况下，大家也跟着疏远你了。"

和安娜分手后，安卉颓丧地回到自己租的小屋子里，瘫软在床上。脑中乱成一团麻，理不出个头绪。万万没有预料到，自己刚刚做出一点成绩，妒忌却像河水，哗啦啦地向安卉涌来，安卉开始想念起家乡，这个城市皑皑白雪寒风肆虐，而家乡温暖如春，辞职的念头在安卉脑海中徘徊。

第二天，安卉就给妈妈打了电话，听了安卉的诉苦，妈妈很是心疼，但一听说安卉有了辞职的念头，妈妈却不同意了："女儿，如果你是因为这些事情才想回家乡工作，那你就是逃避苦难，更何况，这些情况，你到哪里都是逃不掉的，在任何单位，有人的地方就有竞争，而你一旦从竞争中脱颖而出，同事中难免会有妒忌你的人。所以，当我们在职场遭遇人际隔阂时，唯一的选择就是正确地应对隔阂，选择适当的方法化解隔阂……"

安卉考虑再三，决定以自己的诚恳去化解同事们的嫉妒。

此后，上下班，安卉总是笑着和每位同事招呼一声；工作忙时，从不提请同事们帮忙，而哪个同事工作忙了，安卉就主动留下来帮忙。刚开始大家不领情，不过知道了他们的心态，安卉也不生气，还是陪着他们把工作做完。工作上，若是与人配合中出现了某个环节的差错，经理责问起来，安卉实事求是，是自己的错，就主动揽下来；如若是同事的错，安卉就说是自己没有配合好，从不把责任推卸给同事。

第十三律 应对得宜：打赢职场嫉妒战

有一次，由阿珍和安卉共同起草了份文案，双双把一个关键的地方疏漏了。按照责任划分，安卉和阿珍都有不可推卸的责任，不过安卉想到阿珍最近工作总出差错，这次要运气不好，就有炒鱿鱼的厄运，所以就将责任全部承担下来，这件事情被张姐抓住小辫子，极力诋毁安卉，使安卉损失了当月奖金，并记过一次，但事后，阿珍向安卉表示了深深的感激之情。

除此外，在生活中，安卉也以诚恳的心充分向同事们示好。一次，萌萌生病在家。安卉闻知消息，马上捧着一大束洁白的百合上门去。萌萌和安卉一样，家在南方，但因为是在这个城市毕业，所以就留在这里工作了，病中的她，十分孤单，所以，见到安卉的那一刻，眼中流露出惊喜、感动的色彩，渐渐地，两人就成了朋友。

渐渐地，安卉的"以诚恳示好"的兵法收到了明显的效果。除了张姐之外，部里的大部分同事都改变了对安卉的嫉妒。但由于张姐在部里的影响，怕得罪她，大家对安卉还是"犹抱琵琶半遮面"——当着张姐的面，不敢和安卉走得太近。

对于张姐，安卉决定换招数：崇拜＋赞美。每完成一份市场策划书，安卉就会说一些类似这样的话："张姐，您的工作能力好强哦！不过我觉得，您的人格魅力更吸引人。我可知道咱们外事部个个对您都是无比崇拜的！"

不久，安卉又因为工作突出受到嘉奖，但这次，安卉已"吃一堑，长一智"。"安卉啊，你看老板多重视你，又受到嘉奖了。"张姐透着酸酸妒意的话语一出，安卉立马接口，"噢，我正想请您吃顿便饭以示酬谢。如果没有您的帮忙和指导，我肯定不能成功出炉那份策划书。张姐，真是谢谢您！我心知肚明，从进公司您就给了我巨大的帮助。这次要不是您帮我，我也做不出来呀！"这几句话说得张姐心里舒服许多，她的语气柔和了："不客气，我也没帮上什么忙。"

　　第二天，经理安排安卉和张姐合作，起草一份计划，一连几天，安卉都埋头在一堆数据里。可是，起草计划的前夕，尽管安卉已是胸有成竹，但却假装十分棘手地向张姐求助，把"功劳"让给她。安卉态度非常诚恳地说："张姐，我琢磨许久，这个计划很重要，我仔细斟酌后，还是您主笔吧。您的工作经验比我丰富，又有丰富的市场知识……""你的成绩是公司有目共睹的，每次开会老板总是以你为典型。所以，你不要太谦虚，还是你主笔吧。"张姐打断安卉的话，平淡地说。安卉对张姐的冷淡视而不见，忙不迭地笑着说："张姐，您的专业意见和操作经验才是最重要的。我可不想让辛苦做出的计划胎死腹中，然后遭领导的弹劾啊。您就辛苦一次吧，我保证尽力做好您的助手，计划完工后我请您到盛大吃饭。"张姐盯着安卉良久才说："好吧！"计划圆满完成后，经理十二分满意，连老板都在例行大会上夸赞："各部门之间配合如果都像张芸和安卉这样，那公司发展就会快得多。张芸啊，安卉说你为了计划书，总是加班到半夜三更，辛苦你了。以后可不能这样玩命，可要注意身体呀。"张姐对安卉投来善意的目光。安卉点了点头，微微一笑。

　　功夫不负有心人！安卉的"崇拜＋赞美"逐渐踢飞了张姐内心的嫉妒。随着交往合作越来越顺畅，和张芸的交际隔阂也就不复存在了。

　　回头审视这段职场经历，安卉深深地感到：职场里的最高境界是双赢。面对那些妒忌心强的同事，千万不要想着置对方于死地。巧妙地化解矛盾，真诚沟通，只要处理得当，不但能够化解隔阂，而且还能够巩固彼此的关系。

　　有人的地方就有竞争，有竞争的地方就有嫉妒。嫉妒产生的

第十三律 应对得宜：打赢职场嫉妒战

根源在于，自己的需要因为他人取而代之，或者他人不同程度得到相同需要的满足，而不能满足与获取，产生了失望感或挫折感，并对"他人"产生了排斥感甚至怨恨情绪，更有甚者，会采取下绊子、离间、中伤，或者采用其他不正当的手段来打击"他人"。

曾听一位优秀女士说起自己创业的收获：在我眼里，嫉妒永远是份最好的礼物，是一点儿也不掺假的认可，是衡量我是否成功最可靠的标志。一个人处于优势地位时，常常会有人来挑衅，因为他自卑，要通过战胜你来获得自信。从某种意义上讲，我这个人就是被不理解和妒忌造就的，要知道，对像我这样的人来说，被踩，是比被捧还要高级的造就。对那些自己做不好，又看不得别人做得好的人，反唇相讥，或他打你一拳，你回他一脚，都是凭空抬举了他，最好的回应就是交出自己的成绩来，其他姿势一概浪费！

应对嫉妒

一般来说，嫉妒心产生的对象主要有三类人：一类是同事。彼此大致处在同一个起跑线上，在提拔、提薪、获得表彰等等方面，因为他人的捷足先登，都导致自己的失望，因而产生对他人的嫉妒；另一类是下属，上级总是从下属中提拔上来的，作为上司常常有危机感，对于下属的一举一动、一言一行都比较敏感，一旦感觉会危及或已经危及自己的地位、威信，就会产生嫉妒情绪；第三类是视为同事的上级。那些原来是同事后来提拔为自己上司的人，自己迟迟没有在心理上承认对方的现有地位，对方当初受到提拔时产生的嫉妒心理一直没有消除，甚至还有所加重。

首先，消除自己嫉妒之心。有一个故事是这样子的：两只老鹰，一只飞得快，一只飞得慢；那只飞得慢的嫉妒那只飞得快的。一次，飞得慢的老鹰对一个猎人说："前面有只老鹰飞得很快，你能射死它吗?"猎人说:"可以,只是我的箭上缺少一根羽毛,请拔下你身上的一根。"老鹰就拔下一根让猎人射,但未射中。猎人说:"还得再拔一根。"老鹰说:"好。"便又拔了一根,然而猎人又未射中。这样,一支一支地射去,鹰毛一根一根地拔下。飞得慢的老鹰把羽毛拔完了,猎人也没射中飞得快的鹰;见没希望了,它便想飞离,可怎么也飞不起来了。结果,它自己成了猎人的猎物。

所以说,嫉妒是心灵的地狱,是笼罩在人生道路上的乌云,总是以恨人开始,以害己告终。嫉妒的人总是拿别人的优点来折磨自己,无端生出许多怨恨,自寻烦恼。正如巴尔扎克所说:"嫉妒者比任何不幸的人更为痛苦,别人的幸福和他自己的不幸,都将使他痛苦万分。"

一旦产生了嫉妒情绪时,要立刻自省、内省、反省、分析原因,判断是非,这样就能积累经验,下一次遇到类似的情况时,能较好地规避嫉妒情绪的产生。培根说过:"每一个埋头沉入自己事业的人,是没有功夫去嫉妒别人的,享有它的只能是闲人"。他所说的"埋头沉入自己事业",也就是积极进取,发展自己的事业,取得不亚于嫉妒对象的成功,这也许是根除嫉妒唯一正确的途径。

其次,当你遭遇别人嫉妒的时候,要保持良好的心态,所谓"不招人妒是庸才",能招人妒忌也不是丢面子的事。这时候,你可以采取以下几种做法:

走自己的路,让别人去说

与有嫉妒心的人相处时,最好不要特意采取一些方式方法来对付有嫉妒心的人。因嫉妒心理本身就是多疑的、爱猜忌的。所以,倒不如将有嫉妒心的人当作普通人来看待,俗话说,见怪不怪,其怪自败。与其说费尽心思去琢磨,不如来个"无为而治",

落得个"无为而无不为"的效果。

采取妥协和退让的必要策略——大智若愚，难得糊涂

孔子曾说：聪明圣智，守之以愚；功被天下，守之以让；勇力抚世，守之以情；富有四海，守之以谦。这不仅是一种单纯的策略，事实是，当一个人在鲜花与掌声中时，更需谦虚、谨慎，这不仅防备被嫉妒，而且能从根本上调整自己。

另一方面，每个人都希望得到别人的赞许，但并不是要让自己的言行不出一丝纰漏，时时刻刻保持完美的形象。相反，如果你时常犯一些小错误，或者公开地谈一些自己做过的"傻事"，别人才容易与你亲近。

以爱化恨，以让抑争

以爱化恨法主要是以真诚的爱心去感化嫉妒者，从而消除和化解嫉妒。

当你取得一些成就时，言谈中不要忘了感谢同伴的支持。当你得到公司的奖励时，拿出一些跟同事一起分享。这种非正式场合的交流，比在办公室里谈话更有作用。当你有出色的表现，老板定会给你更多的机会，此时你最好在感谢老板器重的同时，提出其他同事帮忙，一起合作完成，在任务完成之后，不忘当着老板和同事的面夸奖同事。

老百姓常说："恨是离心药，爱是胶合剂。"因此，当你遇人嫉妒时，如果能够以德报怨，用爱心去感化嫉妒者，恩怨也就自然会化解了。

以有原则的忍让来抑制无原则的争斗，这是根治双向嫉妒和多向嫉妒的关键之举。如果嫉妒者向你发出挑战，你不但不迎战，反而退避三舍，以不失原则的适度忍让来求大同存小异，或是求大同存大异，都不失为化解嫉妒、免遭嫉妒的好方式。

说服、鼓励的对策

有些嫉妒是因误会而产生时，就需要进行说服和交流。否则，误会越来越深，以至严重干扰和破坏人际关系的正常交往。在说服时要注意心平气和，也要做好多次未能说服的准备。

对嫉妒者还要采取鼓励的态度。因为嫉妒者是在处于劣势时产生的心理失落和不平衡，虽表面气壮如牛，但内心是空虚的，且隐含着一种悲观情绪。所以对嫉妒者采取鼓励的态度十分必要，主要是客观地分析他的长处，强化他的信心，转变他的错误想法，而且还要在力所能及的情况下，为嫉妒者提供一些实质性的帮助，使嫉妒转向公平竞争。

"职场嫉妒症"是客观存在的，但是它的轻重与否，是与一个企业的企业文化优秀与否相适应的。也就是说，企业文化越优秀，它的职场嫉妒症越轻；企业文化越落后，它的职场嫉妒症越重；甚至一个非常优秀的企业文化，会形成良性的机制，消除嫉妒症产生的源头与渠道。

结语：

嫉妒产生的根本原因是某种事实平衡被打破。所以，只要我们重建立新的事实平衡，作为失衡心态的嫉妒就会失去存在的基础。

第十四律 不贴派系标签，拒做"夹心派"

> 你的两位上司之间发生矛盾时，你该向左向右？"两虎相争"时，你跟谁呢？这是职场中一个避不开的话题。要在办公室的丛林中生存、发展，要掌握技能和智慧，学会办公室政治艺术，这样才能适应生存的丛林规则，才能做到进退自如，发展自我。

夹心派的苦恼

有人的地方就有恩怨，有恩怨的地方就有争斗，而当这种恩怨出现在两位上司之间时，那就很容易引发一场派系斗争。你来我往，明争暗斗，一不小心就有可能成为牺牲品。

在职场中，最常见的情况是：副职想挤掉正职，正职则在拼命地压抑副职，弥漫的办公室硝烟中，可怜的你成了这场政治斗争的暂时武器和牺牲品。接受这个上司的拉拢吗？可那位上司才是一步步把你培养起来的"恩人"，不接受吗？眼看恩人上司就要泥菩萨过河自身难保。倒戈还是不倒戈？有可能到时候你谁都贴不上。

还有更"激烈"的。两个上司都是烈性子，谁也不"尿"谁，你认为你正确我认为我没错，下属贯彻了这个上司的思想就得罪那个上司，做了那个上司吩咐的工作就被这个上司否定，最后弄成了"猪八戒照镜子——里外不是人。"碰了满鼻子灰还被人在背后骂"活该"。

你抹一把碰出的鼻血一脸委屈：我招谁惹谁了！凭什么这倒霉事儿都让我碰上啊？

事后，安卉对自己处理事情的能力还是比较满意的，她想，她们不过是因为妒忌所以冷落自己，这种事情很常见，她们的心眼儿毕竟不是坏的，所以，莫凡的到来，只是加重了别人对安卉的嫉妒，但子骞那边就不是那样简单的事了。

销售助理那个位置说出去是没什么地位可言的，因为大家都知道，现在的公司哪怕只是在招一个普通的销售人员，在招聘职位表上都会写成"销售助理"。一般意义上的销售助理，也就是销售经理的助理，也就是销售经理的秘书，所以，当上销售助理算不上是提升，好在莘德的"司情"有点跟外面不一样，"助理"相当于副职，也就是说，部门经理是班长，经理助理就是副班长，说不上来老板当初这样设置有什么意义，大概是将"助理销售经理"和"销售经理助理"看成是一个意思了吧。A的销售能力强，又有很强的团结组织能力，当上副职之后，下一个目标就是转正。没想到，经理离职后，老板决定对外招聘，A心里不满意也不敢公然跟老板对抗，不敢跟老板对抗可不意味着不敢跟莫凡对抗，比如他私下里跟自己的亲信说："他凭什么！我们公司有谁比我的业务多！我一个人就为公司拉来了几千万的业务！"从莫凡到任后，销售部迅速分为三派：一派支持新领导，占少数；一派支持A，人数比前一派多；第三派人数是最多的，中立派，所谓的中立派，也就是"墙头草"派，在暂时不知道哪方会胜利的情况下先保全自己，专家说了："股市有风险，入行需谨慎。"

第十四律　不贴派系标签，拒做"夹心派"

　　子骞在这件事情上为难一点，因为 A 的知遇之恩，本来该是 A 的人，可由于做了莫凡和安卉之间的"红娘"（虽然尚未事成，但始终是牵线人），而安卉和子骞素来亲密，无话不谈，所以有人认为他是莫凡的人。子骞在心里也是不愿意站在任何一方的，论资历论能力，自己都没有资格去插手"大佬"们的事，而且自己对职场政治没有任何经验，所以也想中立。不过江湖中的事，向来不是"小弟"能做主的。刚开始，莫凡和 A 都向子骞伸出橄榄枝，子骞决定两边都不接，但凡是"大佬"安排的事，自己尽力做好，两边都不得罪。哪知道，两边都不得罪也就意味着两边都得罪，A 认为子骞忘恩负义，莫凡认为子骞不讲义气。

　　平时部门的工作总结报告都是先交给助理审查，然后交给销售经理批阅。但有一天，莫凡找到子骞，让他把工作报告直接交给他"过目"，子骞虽然觉得不合适，但没有拒绝的权力。几天后，A 就质问子骞报告为什么还没交给他？子骞只得解释说莫凡要先看一下，A 立刻大发雷霆："谁让你把报告拿给他了？你自作哪门子主张？"恨恨地瞪了子骞一眼就走了。子骞丈二和尚摸不着头脑，两个都是上司，到底该听谁的呀？

　　至此后，A 认定子骞已经"倒戈"于莫凡，刁难倒是少了，但看子骞的眼神却是失望中带着愤恨，就像自己一手带大的儿子长大后经过 DNA 检验却是仇人家儿子，而且跟仇人老爹打得火热，把这个养父扔在了一边，子骞觉得自己特无辜，又无从辩解，只有老老实实地做自己的事。

　　事实上，莫凡和 A 都讨厌这种内斗，幸好大家在公司利益这点上保持高度的一致性，所以内斗也没影响到销售业绩，而只要不影响到公司业绩，老板当然乐得壁上观，甚至一团和气地拍着莫凡肩膀说："这种事情，我相信你能应付得来，你要用实际行动证明我的眼光不会错。"所以莫凡在老板这里，就变成了"莫奈何"。对 A 呢，老板会安抚："公司的业绩还不主要是靠你嘛，这点我都知道，年终的时候会用奖金体现的。"A 心里质问知道业绩好为什么不是自己当经理，脸上却笑得跟吃了蜜似的，谦虚地说都是公司栽培。

企业中的"人事斗争"让很多职场中人吃尽苦头，从源头上说，上司之间的争斗，通常都是由于以下几种情况而产生：1. 上司刚刚调走，位置空缺。然后有两个或多个旗鼓相当的"候选人"竞争，或者这些候选人都有一定的"背景"，谁也不服谁，大家开始暗自争夺或干脆成立"帮派"。2. 正职不太能干而副职非常能干，能力的对比和职权的对比不协调。正职只能用权力来打压副职或者干脆就"睁一只眼闭一只眼"，当就算是"绥靖"也心有不甘，总想排挤走副职。3. 多头管理。几个职权相近的上司都有发言权但观点却又完全不同，而且谁也影响不了谁。4. 领导者之间表面和谐。实际上他们暗自里却互相拆台。

逃不开的劫

许多人对于"人事斗争"的第一反应是避而远之，不要卷入其中，但那恐怕只是你一厢情愿的想法，通常你在成为某次斗争牺牲品之前，你还浑然不觉，最后还是没有逃离是非圈，而很多时候，是你根本无法选择，无法脱身。

子骞将自己的苦恼倾诉给安卉听，期间还夹杂沉重的叹息，只差声泪俱下了。看子骞一脸痛苦的样子，安卉想水深火热也不过就是这样了，只是不知道因为自己和莫凡毫无关系的关系，导致子骞在旋涡中拔不出身来，对于自己无心犯下的罪过，安卉觉得自己有义务将子骞从苦海中拉出来，所以建议道："我看你干

第十四律 不贴派系标签，拒做"夹心派"

脆投靠一方算了，选一棵好乘凉的大树！"

子骞连连摆手："使不得使不得，你没听过小唱的故事吗？估计你不知道谁是小唱，那是我初中一哥们儿，初中毕业后上了一所技校，那个年代，学技术出来好找活儿呀！"

"小唱以前在一家规模不大的股份制公司工作，由于年轻、肯吃苦、专业知识过硬，很快成了公司须臾不可缺少的技术骨干。老总和副总都先后对他表示了栽培之意，小唱高兴极了，自己的成绩得到了领导的肯定，前途一定是不可限量！可高兴劲儿很快就过去了，一位老员工悄悄给他递话：'你没看出来啊？老总和副总不合，站哪边，你看着办吧……'小唱懵了，刚从学校出来，遇到这种事情，还真不知道该怎么处理。他仔细盘算了一番，决定严守中立，任何一方都不掺和。小唱天真地想：'只要干好自己的本职工作，谁能挑我的刺？'

"不过小唱的如意算盘落了空。公司小，老总和副总都喜欢越级交代工作。虽然任务压得人喘不过气来，但小唱决定，宁可自己加班加点，也要做到两边不得罪。几个星期下来，小唱累得够呛，但两位领导似乎并不怎么领情。他们开始变得热衷于教训他，经常是这边骂挨完又去那边接着挨。

"小唱不知道自己招谁惹谁了，百般烦恼之际，部门经理看不下去了，走过来点拨了一下：'公司现在离不开你，你帮谁，谁的位子就坐得牢。你都不帮，两边都得罪，何苦？'

"小唱冥思苦想一整夜，终于想通了：受夹板气的日子太难受了，还是得找个靠山，通俗地说，就是得有人'罩着'。他想，当初是老总一眼相中他的，有知遇之恩，今后就跟着老总吧！第二天，副总又过来交代任务，小唱一反常态，冷冷地说：'您今后有什么事，还是向我的经理交代吧，需要我做的，经理自然会分派。'副总一怔，恨恨地走了。

"从此以后，小唱的日子的确好过了很多。副总再想找他的茬，老总总会挺身而出为他说话，他终于体会到'大树底下好乘凉'的滋味了！

"但是好景不长。这天下班，老总邀请'老总派'全体人员去唱歌。大家正唱在兴头上，老总突然接过话筒说：'今天，我递交了辞职报告。'大家顿时惊呆了。原来，老总在和副总的斗争中落马了，副总取得了董事会的支持，马上要"扶正"，而老总只能出局。老总告诉大家，他将去另一家公司担任老总，希望大家都跟他一起走。

"小唱当时心里乱极了，他不愿意走，作为元老和技术骨干，公司从无到有、发展壮大，每一点成长，都浸透着他的心血。这次老总带走一大半人马，公司无疑会受到重创，自己真是不忍哪。但得罪了副总，以后在公司的日子也不好过，小唱为此郁闷了好久。"

说到这儿，子骞顿了顿，给安卉一点消化故事的时间。安卉慢慢地缓过神，说："那是因为小唱站错队了嘛！"

子骞反问："当初要是跟着那个副总，你就能保证他不会走到今天这个局面？实话跟你说，像咱们这种没什么高层背景的普通职员，跟哪个部门老板结成同盟都是幼稚的想法，公司的事情和秘密永远比你想象的还要复杂和深奥。"

安卉握紧了拳头又松开："我得承认你说的是对的。那小唱后来的结局怎样了？老总走了，该想方设法修复和副总的关系吧？！"

子骞鄙夷道："幼稚！他这时候改换门庭，不被人说成是见利忘义的墙头草才怪呢！不过小唱毕竟是人才，在这个节骨眼，老总和副总又轮番上阵，展开攻心战。副总说，只要你留下，我不计前嫌，升职加薪不在话下；老总说，副总这人睚眦必报，你

第十四律 不贴派系标签，拒做"夹心派"

留下不会有好日子过，跟着我，保证不会亏待你。几番拉锯之后，小唱的天平还是向老总倾斜了。好在老总说到做到，果然对小唱相当照顾，让小唱如坐春风。小唱迅速适应了新公司的节奏，并再次成为技术骨干。"

安卉拍手叫道："这下总该拨开云雾见日出了吧？"

子骞又鄙夷："天真！从前面的故事中，你就该知道，这个老总不是个善角色，跟着他走，就相当于是跟着斗争走嘛！所以喽，那个老总到了新地方不久，就和一个部门经理起了摩擦，当场就吵翻脸了。下班后，部门经理约小唱去酒吧喝酒。小唱没看见吵架一幕，不了解情况，心想同事之间，喝喝酒又何妨？于是去了。没想到第二天一上班，就有同事把他叫到一边，说：'你真不怕死呀？怎么跟部门经理搅在一块？他今天可是当着所有人的面找老总摊牌了。他说，你最得力的手下都和我私下交好，你镇得住谁？'小唱一听，心口都凉了半截。昨天还打电话问我要不要去向老总解释呢！"

安卉摸摸额头，说："当然要去解释呀！哎呀，说句话你可别生气！我看这个小唱自己也有问题！没跟对人，没做对事，这是他最失败的地方！"

子骞点点头："可不是吧！我也让他去，但谁知道结果会是什么样子呢？咳，不过我有什么资格给他提建议呀，我现在是泥菩萨过江，自身难保哟！"

安卉也是第一次听到遇到这种事，自己的小脑袋虽然聪明，也不敢对毫无经验的事乱发议论。

子骞早知道是这么一个结果，做了一个认命的表情，随即忽然想起了什么似的，一把拉住安卉，说："给你说了这么多，你可千万别告诉我们莫总呀！"安卉扯出自己胳膊，有种不被信任的挫败感："你把我当什么人了？再说了，那个莫凡和我有什么关系，我可不待见他。"子骞听这话更蔫了，耷拉着脑袋来来回回地踱步，其实心里还是希望安卉能将自己的处境婉转告诉一下莫凡，结果好的话还能减掉一方压力，不至于狼狈到两边不是人，这下子是真完了。

安卉以为子骞是对自己不放心，再次拍拍胸脯，义薄云天的架势："子骞，我告诉你，凭咱俩的关系我都把不住这个嘴，那我在这个世界也不混了！"

子骞咧嘴苦笑："我当然相信你！"

只要办公室存在，你就无法逃避办公室里形形色色的斗争和矛盾。唯一可以做的，就是尽量避免这种状况发生，而一旦发生，就一定要对目前情况有一个清醒认识，不要希望自己能超脱于矛盾之外或左右逢源。这种看上去很聪明的选择，其实是一种最危险、也是让人精疲力竭的选择。你会发现自己不但没有避开这些矛盾，反而有可能成为他们共同的对立面，给自己增加了新的职业矛盾和职业难度。更不要寄希望于用逃避来化解这种职业问题。严格来说，这种职业问题在任何一个企业内或多或少都存在，只是程度不同而已。

那到底应该怎么做呢？在此建议大家不妨参照以下几种方案：

1. 能保持中立尽量保持中立，而且能保持多长时间就保持多长时间。因为上司都是从宏观和战略的高度去看问题，你卷进去也不过是一只替罪羊而已。

2. 服从"掌权者"。也就是学会"见风使舵"。看谁最有希望赢出这场斗争就服从谁。

3. 越级服从。当不能确定究竟谁能胜出这场斗争时，干脆就越过他们直接向他们的上级"抛媚眼"，越级服从"命令"。

4. 胸怀公司。越是在这种情况下，越是要学会从大局的角度看待你遇到的问题。毕竟，上司会喜欢能"想公司所想，急公司所急"的员工，这样的员工才能与企业共患难，从根本上对企业有益。

5. 无论你作何选择，要切记一点，那就是这种选择只是工作重心的倾斜，只是工作上的选择，在日常交往中，还需有礼有节，以一个职业人的作风和态度面对人或事。

深陷派系斗争又不知所措的职业人通常都会在焦头烂额中考虑去留问题，那不妨从以下几个方面来考虑：

其一，看公司本身发展前景如何。如果公司发展良好，在行业内占有一席之地，公司的名头含金量很高，那么不到万不得已，还是咬紧牙关继续历练，静待拨云见日的一天。

其二，看个人发展空间如何。如果公司有着相对完善的晋升机制，个人价值有体现的可能，不妨在公司内部寻找机会。

其三，看个人职业发展方向如何。如果喜欢这份工作，并且有志于在这个领域发展，就不要因为人事纷争而轻易离去。

其四，看自己是否有足够的竞争力参与人才市场角逐。即使公司没有什么值得留恋的了，若你还不能确保自己能找到一份更称心的工作，建议你还是等内功练扎实了以后，再与旧东家说byebye。

结语：

学会使用成熟的、理性的方法看待问题，这样才能帮助你在公司的"权力斗争"中立于不败之地。

第十五律　防意如城：远离"龙门阵"

> 好奇是人类的共性，"龙门阵"成为生活中必不可少的调味剂，可是言者无心听者有意，你不知道哪句话会给自己或别人带来困扰和压力，而你说出去的一句话，说不定就会成为自己亲手埋下的一颗定时炸弹。

管好你的嘴

语言的第一作用是沟通，不是要成为人类的束缚，在办公室那么一个小圈子里，更要多多发挥其沟通作用，流言飞语损人伤人之言少说为妙，别忘了，病从口入，祸从口出。

安卉就在这种环境中有滋有味地生长，对于一个毕业才半年的女孩子来说，生活是这般的无忧无虑，每个月赚的钱不多，但是交了房租煤气水电等等，还能买一两件自己喜欢的衣服或化妆品，而且安卉对这方面的需求不旺也不高，买衣服去便宜的大商场，化妆品一般用雅芳，每个月零零散散地存点钱，过年或是爸妈生日还能买些礼物，对于未来，安卉没想过。

经一事长一智，安卉是个善于总结经验教训的人，虽然为自己苹德过关感到得意，但对办公室众生相开始注意起来。人与人之间的差异很大，就像男人来自火星女人来自金星，而同是女人有的温婉如水有的冷硬如钢，但是安卉终于发现一个共性——摆

第十五律　防意如城：远离"龙门阵"

龙门阵。安卉大一时，宿舍有一个四川女生，在宿舍熄灯准备卧谈时，就会说一句开场白："咱们来摆龙门阵吧！"后来她转走了，但安卉却学会了这个四川方言词汇——摆龙门阵，虽然摆龙门阵实际上就是闲聊的意思，但安卉却认为这个词意义丰富，简直就是博大精深。"摆"这个字，原本就有铺排陈列之意，比如摆摊、摆席、摆谱、摆阔、摆架子、摆擂台，都非铺陈排比不可，那说话用一个"摆"，就有了"铺成说开"的意思，原原本本正正经经地说一件事，算不上"摆"。"龙门阵"更不得了，据说原本是唐朝薛仁贵东征时摆下的一个阵势，据说此阵变幻多端、复杂曲折、波澜壮阔。"摆龙门阵"讲功夫，再简单的事，也能七拐八拐天上地下海上陆地给你铺排开成一串串开花开朵的故事来，再平淡无奇的事，经这么一渲染，就多了生动多了曲折，很多事情就脱离了原本面目，既神奇又神气。"摆龙门阵"，不光是普普通通地聊天了，运用恰当，就有"诋毁"的意思。比如说："今天难得悠闲，七大姑八大姨聚在一起摆龙门阵"，这就指"闲谈"；"七姑和八姨坐在角落里摆三姑娘的龙门阵"，那就是"说闲话"外带"八卦"的意思了。所以，安卉为四川人民的智慧所折服。

安卉所在部门是忙起来脚底翻天闲下来斗地主斗到眼皮发酸，有人的地方就有是非，更何况是女人多的地方。既"摆"之，则安之，大家一般也就是说一些家长里短，安卉认为没什么大不了。不过现在安卉知道，在职场里，"摆龙门"通常取后种意思了，闲聊变成说闲话，闲话变成流言，流言变成事实。一步步，量变到质变，压得你翻不了身喘不了气。

这天，安卉正对着电脑发呆，昨晚妈妈又打电话催自己的终身大事，终身人事是催就能催出来的吗？自己正当大好年华才不想过早踏进婚姻坟墓，跟忆茹说起，忆茹还说风凉话，什么有坟墓总比死无葬身之地强，得，年纪轻轻就谈什么死呀坟墓呀什么的,晦气。正想着呢,阿珍神秘兮兮地凑过来:"知道吗?经理要走了,老板和经理向来不合,前年……(省去1000字,叙述经理和老板之间发生的种种矛盾)眼下合同就要到期,所以两下干净。看来张姐要熬出头了……"临了,安娜还拽了拽安卉衣服说:"千万别告诉别人。"安卉如小鸡啄米似的拼命点头,这么大的秘密怎么可以告诉别人。午饭过后,萌萌过来叫安卉一起出去散步,走着走着,萌萌看四下无人,眯起小眼睛说:"和你说件事……(省去2000字)"内容和萌萌说的大同小异,快到公司楼下时,萌萌推推安卉说:"千万别告诉别人。"安卉点了点头,不露声色。下午在茶水间遇到阿珍,她同样是见四下无人,告诉安卉一个看似惊天的秘密,内容还是那个。安卉耐着性子听完刚想走,阿珍拉住了安卉,刚要张口,安卉便先声夺人:"放心,我不会告诉别人的!"一天下来,一个不可说的"秘密"安卉就听了三次,安卉得出一个结论:当同事和你说"千万别告诉别人"的时候,你可别太当真,保不准这其实已经是人人皆知的秘密。

龙门阵既然是阵,就会有千变万化。今天听到的故事,明天已经演绎成N种版本,且每一个都栩栩如生,即便那些事情发生在主人公家里的卧室,也仿佛他们就现场目击了整个过程。久而久之,安卉对别人的私下议论有了一定的免疫力,只要不涉及自己,就不发表任何看法。饶是如此,安卉也没能逃出阵去。

阿珍比安卉早到一年,资历深,能力却不及安卉。阿珍有一个神通,就是对公司大小事务了如指掌,嘴巴也不牢靠,遇到这样一个人,好处是你可以及时得到任何你想要的消息,坏处就是你的任何信息也能被及时得到,所以阿珍的地位就是不上不下,表面上任何人对她都客客气气,实际上每个人对她都防范,安卉不知深浅,只觉得自己行得正坐得端身上也没什么可以"摆"的,这样一来安卉虽然无意,却成为一堆同事中和阿珍走得最近的人。

第十五律 防意如城：远离"龙门阵"

"好呀安卉，去克莱星喝咖啡也不叫上我？"萌萌一大早就对安卉表示不满。"什么克莱星？"安卉被问得有点心虚，"还装蒜，昨天下班和莫凡去哪儿了，哼，还朋友呢。"萌萌撇撇嘴。安卉昨天的确是和莫凡去克莱星了，莫凡对安卉的情意，是个人都能看出来，莫凡偏是不点破，这也是做销售的高明之处，莫凡知道安卉对自己没什么特殊感觉，所以不疾不徐，不缠不放，搞得安卉倒不好意思起来，虽说遇到邀约还是能拒就拒，但借口很快就用完了，自己又不是国家主席日程排得满满的，所以有时也会一起吃吃饭喝喝茶，也都尽量避着同事。"我没想过要瞒你，只是觉得这件事没任何新闻价值，所以没跟你说呀。"安卉一副君子坦荡荡的样子，萌萌扔过一记白眼："呷，大小姐，谁想听你这些事了，不过有人每天跟我说，想不听都难嘛。谁不知道你现在有了个经理男友，越发得意起来了。"

安卉一听，知道是阿珍，不说别的，昨天出去喝咖啡，一路谨慎还是遇上了她。心里虽然知道没什么大事，但有点气结，于是走到阿珍桌子前，按下阿珍敲键盘的手，嘻嘻笑道："阿珍，你说我会不会有一天登上什么报纸的头版头条呀？"阿珍没反应过来，安卉接着启发："行程会被记者追踪报道，事无巨细外带添油加醋，我觉得自己是个大明星呢！能和我相提并论的，也就张柏芝，今天家人吃饭啦，吃的什么饭在哪儿吃的，席间发生了什么事，嗨，报道的比我的还要详细，我都嫉妒！阿珍，你是我的好朋友，你一定要帮我扳回这个败局。"说完，安卉就笑盈盈地走了。

木几，安卉觉得刚才说的话很没水平，又加了些气恼，心里就怪起莫凡来。话说老板心情不好的时候，到各部门转悠，其实就是打着慰问之名行视察之实，众人摸清状况后都在这时装出很忙的样子，既显出自己工作勤奋又避免和老板搭话，安卉这会儿正失神，压根儿没注意到老板的到来，老板拿手在安卉眼前晃了晃，安卉才注意到自己失态，嘴里蹦出一句："老板好"，说出口又懊恼了，平日里哪跟老板这样打过招呼呀，这样太正式太规范所以反而不专业，鬼使神差了今天。老板皮笑肉不笑："日上三竿光耀照人了，你还不工作？"安卉一听，心里咯噔一下，暗暗叫苦，再看别人都忙着自己的事耳朵却竖得一个比一个长。

这句话是有出处的，前天在网上看到一个帖子，将各部门的员工做了详细的分类和描述，安卉看得兴起，指着电脑对阿珍说："你看，这些说得都挺好，缺点就是分得不够全说得不够细。"阿珍问："怎么不全？各个部门都涉及了呀？"安卉有点得意，说："没将老板加进去呀！按我说，应该将老板加进去：老板——最风光却内心最煎熬的人，有一帮子难对付的员工，有变化莫测的外部市场，还有剪不断理还乱的内部协调和管理，或许还有个别养在外面的金丝雀，问题错综复杂千丝万缕纠缠不清，所以皇帝也会感慨'谁似这做天子的官差不自由'（出自马致远《汉宫秋》）。"阿珍竖起大拇指叫佩服，安卉顺着得意劲儿，接着说："所以你看咱老板，头发日渐稀疏，想来是在烦恼的时候挠一挠，一天薅一根儿，到现在已是日上三竿光耀照人了。"调侃老板，今天要遭报应了，到这份上，安卉最会装傻，摆出死猪不怕开水烫架势再加上迷人的微笑和无辜的眼神，老板轻轻摇头就走了。

安卉紧接着想起昨天老板"雷人"的事，昨天下午有点发烧，想请假经理又不在，张姐不管这事儿，所以安卉硬着头皮找了老板，对话是这样子的：

"张总，我今天事情做完了，去医院打个点滴。"

"怎么啦？生病啦？"张总眯起眼睛，关心地问。

"嗯，发烧38°。"

"哦，小病，没关系，我肾结石还坐这工作呢！"

呛得安卉不知道怎么回答，又不能跟老板争辩说发烧和肾结

第十五律 防意如城：远离"龙门阵"

石有什么关联，不过领会到老板的意思是不放自己早下班，只好悻悻地回到座位，偏偏自己不争气，烧一会儿就退了！

现在终于知道为何向来实行人性化管理的老板会说出惊人之语了，安卉狠狠地瞪了一眼阿珍，没想到阿珍是见过"大世面"的人，不仅漠视，还朝安卉无辜地眨着眼睛。

晚上跟忆茹说起一天的遭遇，忆茹在那边着急了："安卉，你记住，以后可别在人前乱说话了。你不知道呀，我们单位一个资深员工今天刚遭到辞退，原因是总发牢骚诋毁公司，其实听得出来，他说那些话仅仅是一种宣泄，并不是真对公司有意见。但是，哎，说得多了别人也会当真，而且那些话添油加醋地传到了老总耳里，那还了得，老总说：'付你工资可不是想买你的一肚子牢骚！'"

安卉吐了吐舌："还好还好，我没有说太多。"

忆茹换了个舒服的姿势，将手机放到左耳边："不管怎样以后注意就是了！你们公司那个阿珍，嘴巴上不上锁哈。"

安卉说："阿珍这个人其实不坏。"

忆茹嘻嘻一笑："那倒是！至少不是毒蛇妇，哪像我们公司的 Lisa 呀。"

Lisa 是人事部经理的大学同学的妹妹的小姑，这关系够远的，但那位大学同学出面让人事经理帮忙，碍于面子人事部经理将她介绍进来，在行政部当了个打字员。此女一进公司，即刻掀起不少波澜。搞到公司是非满天飞，人神共憎。

丽莎生相奇丑，满面暗疮兼点点黑色雀斑，嘴翘眼小，手脚粗短，人贩子都卖不出的那种，还非让人家叫她"Lisa"，她觉得英文名字洋气。人丑倒还没什么，最可怕的是她搅弄是非之功力，憎人富贵，厌人穷之阴暗心理，无人能比。

Lisa 年已 30 岁出头，却尚未婚配，在公司遇到帅哥，必定眉开眼笑，纠缠不已，这倒也没什么，最出奇的是，她对女同事的态度和对男同事的态度有着天壤之别，冷若冰霜不止，还喜欢背后说长道短，无故造谣中伤。比如若是有人赞某女漂亮，她必定伏耳："你知道吗？她曾经在某处某处整过容，鼻子垫过，眼睛割过双眼皮才那么大的！以前啊，不知道有多丑呢！怎么？你不相信？是人家亲自和我说的呢！"接着必定是一番绘声绘色的描述，说得跟真的似的。看见人家穿的衣服好看，若有人赞好看的话，Lisa也必定撇撇尖嘴："切，那不过是地摊货罢了，昨天我还在某处的隧道里的地摊看见这种衣服呢，有什么了不起啊！"

市场部阿丽的相貌和身材都很出众，是公司男同事们公认的梦中情人。Lisa竟然四处造谣，说人家阿丽亲口跟她说，曾经做过隆胸手术，这样的谣言被她迅速传播，很快传到阿丽耳中，阿丽脾气火暴，找到Lisa，二话不说，就是两记重重的耳光，当着全办公室人的面，Lisa不得不承认，当即被所有人吐口水，骂个半死。

"这个Lisa果然够可恨，不过打耳光的事情我可做不出来。阿珍再有不是，最多是传小道消息，可不是恶意中伤呀。"安卉觉得自己公司的人就是好，"后来怎么样？"

忆茹见安卉消气了，放宽了心："公司的人知道了Lisa的德行，再没有人理睬她，听她嚼舌头，没有了是非嚼，Lisa竟然有点郁郁寡欢了。不过最近Lisa又开始活跃起来了，这又得扯到另一件事了，哎，我能不能不说了？这个故事很长。"

安卉不依不饶："不行不行，你这话起了一半戛然而止，是最痛苦不过了。"

忆茹听到安卉撒娇，乐得一笑："你好奇心真强，就因为好奇心太盛，所以助长了'龙门阵'的盛行。"不待安卉反驳，忆茹就接着说："话说公司不时的有一些八九成新的小轿车作为其他

第十五律 防意如城：远离"龙门阵"

单位抵押贷款给我们公司的，公司就用低价配备给公司中层干部，都是些很不错的还很新的小车，什么帕萨特、广本、佳美等，停车场在办公楼的背面，有很多大树遮阴，应该说环境不错，但最近一段时间，大家的车子频频被划花，开始大家都没在意，以为是在外面什么地方停车时被人恶意划花的，因为在公司里停车从未发生过这样的事情。

这样的情况过了一个多星期，大家才感觉不对，停在公司的小车都被划花，大家都没买全保，喷一次油漆都得自己掏钱，划痕又粗又深又长，光是补漆肯定不行，钜漆花费的时间起码要放车子在车行两天才搞得定。每次我们在办公室说起这事都很恼恨时，Lisa 就很兴奋地来问长问短，嘴里说着可惜啊可惜，但掩饰不了她那种眉飞色舞的高兴劲。

后来保安部主任谁也没告诉，自己悄悄地守了几天停车场，一个开夜班的晚上，终于把这个划车贼抓到了，当保安主任把这个猥琐的小人拉到办公楼见老总时，全部人都跑去看，原来这个划车的贼就是 Lisa！她包里还装着一把宽口起子，上面还沾有刚才划车沾上的漆粉。大家都恨不得上去揍她一顿解恨。

老总当着大家的面把 Lisa 骂个狗血淋头，然后把人事部经理叫来，当场炒了 Lisa 的鱿鱼，当月工资扣了做我们的修车费，不够的从人事部经理的工资里扣，总算是替大家出了一口气。可怜的人事部经理，介绍了这么一个人进来，Lisa 在下手的时候可没放过经理的车，现在却要连带受责。欣慰的是，这个人精离开公司以后，公司又恢复了以往平静谐和的气氛。"

"忆茹，你们公司有这么一个'宝贝'在，怎么没见你提过？"安卉有点怀疑故事的真实性。

忆茹打了个哈欠，揉了揉发酸的眼睛说："因为本姑娘不喜欢搬弄是非呀！"

安卉听这话不对劲："和着你的意思是本小姐今儿晚上给你说的那些是在搬弄是非呀？"

忆茹忙打哈哈，"用词不当，请多见谅。不过我真是困啦，要去呼呼了，大小姐要想算账就先记下，等秋后一并解决吧。"

"我告诉你一个秘密，你千万别跟别人讲"仿佛像一道魔咒，总是牵引着我们的好奇心，总是放纵自己的耳朵去捕捉任何小秘密，接着又因为要守"秘密"而增添心理负担，工作已经很累的我们，为什么还要加重自己身上的负担呢？

不能说的秘密

办公室里是闲话的滋生地，工作间歇，大家很愿意找些话题来放松一会儿，但有些话是不能说的，之所以不能说，是因为一旦出口，会招来不必要的麻烦。以下话题是你"不能说的秘密"：

● 薪水问题

很多公司不喜欢职员之间打听薪水，因为同事之间工资往往有不小差别，所以发薪时老板有意单线联系，不公开数额，并叮嘱不让他人知道。同工不同酬是老板常用的手法，用好了，是奖优罚劣的一大法宝，但它是把双刃剑，用不好，就容易触发员工之间的矛盾，而且最终会掉转刀口朝上，矛头直指老板，这当然是他所不想见的，所以对"包打听"之类的人总是格外防备。

有的人打探别人时喜欢先亮出自己（其实这样的人亮出来的价值也不大，主动亮牌的往往没好牌），比如先说"我这月工资……奖金……你呢？"如果她比你钱多，她会假装同情，心里却暗自得意。如果她没你多，她就会心理不平衡了，表面上可能是一脸羡慕，私底下往往不服，这时候你就该小心了。背后做小动作的人通常是你开始不设防的人。

首先不做这样的人。其次如果你碰上有这样的同事，最好早做打算，当她把话题往工资上引时，你要尽早打断她，说公司有纪律不谈薪水；如果不幸她语速很快，没等你拦住就把话都说了，也不要紧，用外交辞令冷处理："对不起，我不想谈这个问题。"有来无回一次，就不会有下次了。

与上司及其家人的私交

在同事面前表现出和上司超越一般上下级的关系，炫耀和上司及其家人的私交，只会造成别人对你能力的怀疑，当你取得成绩的时候，别人关注的不是你在背后的努力而是你背后的关系，更可怕的是，一旦某个同事被上司抓住把柄，你还要承担告密者这一罪名。

家庭财产之类的私人秘密

不是你不坦率，坦率是要分人和分事的，从来就没有不分原则的坦率，什么该说什么不该说，心里必须有谱。

就算你刚刚新买了别墅或利用假期去欧洲玩了一趟，也没必要拿到办公室来炫耀，有些快乐，分享的圈子越小越好。被人妒忌的滋味并不好，因为容易招人算计。

无论露富还是哭穷，在办公室里都显得做作，与其讨人嫌，不如知趣一点，不该说的话不说。

私人生活

无论失恋还是热恋，别把情绪带到工作中来，更别把故事带进来。办公室里容易聊天，说起来只图痛快，不看对象，事后往往懊悔不迭。可惜说出口的话泼出去的水，再也收不回来了。

把同事当知己的害处很多，职场是竞技场，每个人都可能成为你的对手，即便是合作很好的搭档，也可能突然变脸，他知道你越多越容易攻击你，你暴露得越多越容易被击中。

比如你曾告诉她男友跟别人好了，她这时候就有说头："进老公都不能搞定的人，公司的事情怎么放心交给她。"职场上风云变幻，环境险恶，你不害人，同时也不得不防人，把自己的私域圈起来当成办公室话题的禁区，轻易不让公域场上的人涉足，其实是非常明智的一招，是竞争压力下的自我保护。"己所不欲，勿施于人"，如果你不先开口打听别人的私事，自己的秘密也不易被打听。

千万别聊私人问题，也别议论公司里的是非短长。你以为议论别人没关系，用不了几个来回就能绕到你自己身上，引火烧身，那时再逃跑就显得被动。

◎ 野心勃勃的话

在办公室里大谈人生理想显然滑稽，打工就安心打工，雄心壮志回去和家人、朋友说。在公司里，要是你没事整天念叨"我要当老板，自己置办产业"，很容易被老板当成敌人，或被同事看作异己。如果你说"在公司我的水平至少够副总"或者"35岁时我必须干到部门经理"，那你很容易把自己放在同事的对立面。

因为野心人人都有，但是位子有限。你公开自己的进取心，就等于公开向公司里的同僚挑战。僧多粥少，树大招风，何苦被人处处提防，被同事或上司看成威胁。做人低姿态一点，是自我保护的好方法。你的价值体现在做多少事上，在该表现时表现，不该表现时就算韬晦一点也没什么不好，能人能在做大事上，而不在大话上。

◎ 抱怨

工作占据了职场人每天大部分的时间，而日常工作中充斥着一个个矛盾，需要职场人凭借自己的能力和努力去解决、协调。在这个过程中，一旦无法做到内心的平衡，抱怨就会随口而出或者在脑海中闪现，当这种矛盾积累到无法疏解的时候，职场人会发现自己真的成了"祥林嫂"。过多的抱怨会给人们的身心健康带来消极影响,不停向别人抱怨也会留给别人非常消极负面的印象。在职场中职业化非常重要,积极正面的情绪及行为举止是职场人需要具备的基本素质,也是职场人职业发展的助推剂。职场人应能够在工作中、生活中散发出积极正面的能量,而不应只是一味抱怨。要记住一句话:牢骚太盛防肠断,风物长宜放眼量。

对付特别喜欢打听别人隐私的同事要"有礼有节",不想说的可以礼貌坚决地说不,对有伤名誉的传言一定要表现坚决的反对态度,同时注意言语还要有风度。如果回答得巧妙,就不但不会伤害同事间的和气,又保护了自己不想谈论的事情。但也没必要草木皆兵,凡工作之外的问题全部三缄其口,这样很容易让人以为你这个人不近情理。有时候,拿自己的私人小节自嘲一把,或者和大家一起对别人开自己的无伤大雅的玩笑,呵呵一乐,会让人觉得你有气度、够亲切。

当你听到别人谈论"秘密"时,采取"四不原则"——不参与、不评论、不传播、不作为评判标准。

结语:

宁愿因脚绊倒,也不要因舌头绊倒。尽量做到守口如瓶,防意如城,尤其是不要非议领导。逢人只说三分话,不可全抛一片心,只有说正确的话,正确地说话,才不会给别人留下把柄。

第十六律　你想成为什么样的人，就能成为什么样的人

> 我们每天都该问自己两个问题：你想成为什么样的人？你的人生目标是什么？一个人要是没有目标，那就像是在暗夜里行走，惴惴然，茫然，凄然，面对岔路的时候惶恐地抉择，然后就要面临由犹疑而带来的诸多副作用——悔恨、更多的迷茫、失望、自我否定、绝望，从而影响以后一系列的生活和工作行动。

尽力而为还不够

在美国西雅图的一所著名教堂里，有一位德高望重的牧师——戴尔·泰勒。有一天，他向教会学校一个班的学生们讲了下面这个故事。

那年冬天，猎人带着猎狗去打猎。猎人一枪击中了一只兔子的后腿，受伤的兔子拼命地逃生，猎狗在其后穷追不舍。可是追了一阵子，兔子跑得越来越远了。猎狗知道实在是追不上了，只好悻悻地回到猎人身边。猎人气急败坏地说："你真没用，连一只受伤的兔子都追不到！"

猎狗听了很不服气地辩解道："我已经尽力而为了呀！"

再说兔子带着枪伤成功地逃生回家了，兄弟们都围过来惊讶地问它："那只猎狗很凶呀，你又带了伤，是怎么甩掉它的呢？"

第十六律 你想成为什么样的人，就能成为什么样的人

兔子说："它是尽力而为，我是竭尽全力呀！它没追上我，最多挨一顿骂，而我若不竭尽全力地跑，可就没命了呀！"

泰勒牧师讲完故事之后，又向全班郑重其事地承诺：谁要是能背出《圣经·马太福音》中第五章到第七章的全部内容，他就邀请谁去西雅图的"太空针"高塔餐厅参加免费聚餐会。

《圣经·马太福音》中第五章到第七章的全部内容有几万字，而且不押韵，要背诵其全文无疑有相当大的难度。尽管参加免费聚餐会是许多学生梦寐以求的事情，但是几乎所有的人都浅尝辄止，望而却步了。

几天后，班中一个 11 岁的男孩，胸有成竹地站在泰勒牧师的面前，从头到尾地按要求背诵下来，竟然一字不漏，没出一点差错，而且到了最后，简直成了声情并茂的朗诵。

泰勒牧师比别人更清楚，就是在成年的信徒中，能背诵这些篇幅的人也是罕见的，何况是一个孩子。泰勒牧师在赞叹男孩那惊人记忆力的同时，不禁好奇地问："你为什么能背下这么长的文字呢？"

这个男孩不假思索地回答道："我竭尽全力。"

16 年后，这个男孩成了世界著名软件公司的老板。他就是比尔·盖茨。

泰勒牧师讲的故事和比尔·盖茨的成功背诵对人很有启示：每个人都有极大的潜能。正如心理学家所指出的，一般人的潜能只开发了 2%~8% 左右，像爱因斯坦那样伟大的大科学家，也只开发了 12% 左右。一个人如果开发了 50% 的潜能，就可以背诵 400 本教科书，可以学完十几所大学的课程，还可以掌握二十来种不同国家的语言。这就是说，我们还有 90% 的潜能处于沉睡状态。谁要想出类拔萃、创造奇迹，仅仅做到尽力而为还远远不够，必须竭尽全力才行。

激发你的潜能

每个人都是一座巨大的"潜能金矿",普通人往往忽视自身的潜能,没有意识到自己的潜在价值,而成功者大多善于发现自己的价值,所以才达到一般人所不能达到的高度。

阳光明媚的午后,安卉站在写字楼大大的落地窗前,迎着阳光摊开手掌,看菲薄的阳光从指缝穿过,没了夏日里的群尘乱舞,冬日的阳光显得特别干净而温暖,要能采集一点过冬就好了。窗外,依旧川流不息。从第一次踏进这栋写字楼到现在,安卉清楚地记得一路行来所受的种种委屈。

第一次被经理训斥,忍不住要哭的时候,刘罡扔来一包纸巾,厌恶地说:"要哭,去卫生间!"从办公室出来,同事们又是蔑视又是同情的目光扎得她生疼。因为心情不好,安卉在周六早上收拾好背包,准备来个一个人的旅行,摊开地图,三小时路程的农家庄园是最合适的,有山有水还不远,而且很切合目前心境:归去来兮!田园将芜,胡不归?归去,归去!

果然是个山清水秀的世外桃源,没有钢筋水泥铜墙铁壁的保护,也不用忍受空调干干的风,更没有尔虞我诈偷奸耍滑,在这里,可以将自己的心灵放飞老高老高。当晚,安卉就住下了。星期天的早晨,安卉起得很迟,村口的池塘里已经游满了大大小小的鸭子,几只晚来的拖着肥胖的身体还在公路上摇摇摆摆,夹在稀疏的路人中显得有些滑稽。安卉恶作剧地走进鸭群,突然猛一跺脚,受惊的鸭子四处逃窜,"嘎嘎"地叫着,有的还张开了翅膀,扑打着,来了个趔趄。

可突然之间,安卉惊呆了,她看到了一只飞行的鸭子!它的飞行姿态并不敏捷,双翅的每一次扑动都显得很吃力,很笨拙,

第十六律 你想成为什么样的人，就能成为什么样的人

简直像是在空中爬行。它飞得很慢，仿佛随时都可能落下来。但是它却一直在飞着，扑啦扑啦地，越过安卉的头顶，向东飞去，一直飞到西面的池塘上空，双翅一敛，落了下去。

安卉莫名兴奋，不由自主地追过去，一池绿水，半塘灰鸭，一样的安详，她辨不出是哪一只刚刚经过了那摄人心魄的飞翔。安卉相信自己决不会看错，它分明就落在了池塘里；它也绝不会是一只普通的家鸭，家鸭不可能会飞，更不可能连续飞行近200米！安卉决心要找到这只会飞的鸭子，于是拣起池塘边的一块大石头，用力向池塘中央抛去，随着哗啦一声响，鸭群四散开来，其中一只飞起来落到一农户家里。安卉紧追到农户家，表示要看一看这只会飞的鸭子。主人漫不经心地说，其实没有什么好看的，这只鸭子连条腿都没有。原来，这只鸭子在很小的时候，就被老鼠咬掉了双脚，主人以为必死无疑，也没去理会它。谁知，它不但没有死，还慢慢长大了，而且学会了飞行！每天早晨，它就从巢里直接起飞，到200米外的池塘里游泳，晚上再飞回来。

鸭子，没腿，会飞；鸭子所以会飞，是因为没有腿。安卉望着那只没腿的鸭子，心里充满了敬意。从农户家出来，安卉直奔旅店，收拾好背包打道回府。

从那以后，安卉有天大的委屈，也笑靥如花。

就在今天早上，张芸说安卉长大了。"长大"不光是指年龄的增长，在职场，"长大"是一个含义丰富的词语，可以指心智的成熟，也就是说指懂人情世故了，也可以指技能的成熟，可以独当一面了。安卉不清楚张芸指的是哪一种"长大"，所以安卉只能浅浅地笑。不管怎么样，长大毕竟是件好事，天知道为了这种成长自己付出了多少艰辛努力。

哭解决不了任何问题，要想被人看得起，要想在丛林里生存，首先就要自身强大，否则被欺负了，仅仅只是弱弱地表示抗议或

求得到人道主义同情是没用的,安卉告诉自己:"别人能做到的事,我同样可以做到!"于是,安卉每天早出晚归,厚着脸皮跟在一个又一个同事后面请教,经常抱着一摞资料看着看着就睡着了,经常因此落枕。渐渐地,她做出来的Case常常让别人眼前一亮,再上谈判桌已能侃侃而谈,同事们对她有了钦佩,以及稍稍的嫉妒。

金融危机的大风刮过,好几个员工被刮走了,空前的危机意识弥漫在每个人的脸上,很多人开始了"充电",张三偷偷报了日语培训班,在一次和日本客户洽谈会上耀眼地亮了一把;李四抱着注册会计师资格证又马不停蹄地准备ACCA,就连经理近来也神神秘秘,据说在攻读EMBA。

不过我是不会服输的!安卉昂起小脑袋,在阳光下眯起双眼。对了,忆茹昨天打电话死皮赖脸地约她一起考驾照,这个社会真是疯狂了,那小妮子上了街连东西南北都分不清,她要是开车上路,行人该多危险!不过,小妮子的建议还是很好呀,这纳入近期规划吧!

看看表,上班时间到了,安卉露出愉悦的笑容,轻快地向办公室走去,高跟鞋的"咯噔"声在走廊里回响,诉说着一路的优雅。

每个人都有潜能,只是很容易被习惯所掩盖,被时间所迷离,被惰性所消磨。发挥潜能,已被越来越多的人理解和接受,但是怎样才能发挥自己的潜能呢?排除外在因素,从自身方面讲,应注意以下几点:

首先,了解自己。这一点经常会提到,可见其重要性。要了解自己的优缺点,了解自身的感受,了解自身对某件事的真实看法和感受。通过自省,可以增加人的独立感,还能使人充分地信任自己,不被他人对自己的评价左右。

其次,学会思索。学会从客观角度看问题,摆脱习惯性思维,

第十六律 你想成为什么样的人，就能成为什么样的人

并在自己思维的引导下深入地了解事物，给自己启发。思索的种子在心底长出根须，潜能的幼芽就会萌发。

再次，有创意即付诸行动。再好的想法，再高的创意，若不付诸行动，便毫无价值可言。我们不应忽略自己的任何创意，不妨抱着试一试的心理，也许会有意想不到的收获。

第四，积极争取高峰体验。马斯洛说，高峰体验是生活中最为奇妙的时刻，也就是生活中最快乐、最欣喜的时刻，它可视为激发个人潜能的踏脚石。积极经验引起的高峰体验，能增加人的自信，使人们以更为积极的态度面对未来的生活。

最后，不要力求完美。懂得能力的限度才会产生自信。我们仔细回顾，会发现周围有多少完美无缺的东西呢？每件事都可能有不足之处，都可能需要改善，甚至可以说，这个世界就是由不完美的事物组成的，总是对准完美无缺的目标，实际上总要失败。许多人往往为了把事做得更好，反而迟迟不敢着手去做。他们为了追求每件事的完美，结果反而一事无成。其实，完美只是一个最终的理想，唯有通过每一件事的"完成"，才能使整个人生更趋于"完美"。

要有决心，更要有行动

人的主观能动性很大，希望自己成为什么样的人，就能成为什么样的人。

《许三多》红极一时，不在于剧情有多吸引人，而在于其中所折射出来的道理：

许三多，原本是一个平庸得不能再平庸的人。并非他真的那么平庸，可是每个人都说他平庸，他爸也说他是龟儿子。他自己也以为自己平庸，于是，他成了龟儿子。

部队招兵，班长看到了他，也想到了以前的自己，于是把他

带走，带到了部队。

这个时候，他还是觉得自己很差，所以随着新兵连的结束，他被分到了好兵的坟墓，孬兵的天堂，三连五班。

新兵连的时候，班长跟他说过活着就要做有意义的事情。

不过，他还是显得很平庸，成了班上的吊车尾，拖着班上的成绩。

但是他知道，如果他不能做好，他的班长，唯一相信他的班长就必须离开部队。

他不想他的班长离开，于是他成了全连最好的兵。

终于，他的班长离开了部队，七连也解散，他没有了依靠。老A的部队将他招去。

他想留在老A，因为为了进入老A，很多人付出了巨大的代价。

为了这些人，他必须留在老A，要留在老A就必须成为最优秀的兵，于是他成为最优秀的兵，完成了训练，留在了老A。自然他成为优秀的军人。

但是，光有决心是不够的，俗语说得好：有志之人立长志，无志之人常立志。后半句话就是批判那些只立志而不去行动的人。

清朝时期四川有两个和尚，一个穷，一个富。一天，穷和尚对富和尚说，他想到南海去一趟。富和尚说："你靠什么去呢?"穷和尚说："我靠这一瓶一钵就足够了。"富和尚说："我这几年来一直想买条船去南海，至今未能成行。你仅靠这一瓶一钵就想去，简直是开玩笑。"一年后，二人又见面了，而穷和尚已经去过南海了。富和尚非常惭愧。富和尚有钱，却没有去成；穷和尚没有钱；却实现了自己的愿望。

这说明，要成功，除了有目标，还要有积极心态以及不断的努力。

记住：Anything is possible!（一切皆有可能!）

第十六律 你想成为什么样的人，就能成为什么样的人

结语：

要成为什么样的人，不在于别人的推动，更不在于他人的"给予"，而完全取决于你想成为怎样的一个人。虽然你想成为什么样的人不一定能够如愿以偿，但如果连这种想的意愿都没有，那你根本就成为不了那样的人，而且永远也不可能。

第十七律　在正确的时机做最正确的选择

> 生活中我们经常不知不觉地走到"十字"甚至"米字"路口，让你去选择，正是这一次次的选择决定了我们今天的社会位置和人生状况。正如杨澜所说：决定你是什么的，不是你拥有的能力，而是你的选择。

给自己准确定位

这是一件真实的事情。有一个26岁的小伙子，硕士毕业后好不容易找到一份工作，却发现这份工作并不令自己满意，苦恼之余跑去向以前的导师咨询。

导师听到来意，问："那么，你到底想做点什么呢？"

"我也说不太清楚，"年轻人犹豫不决地说，"我还从没有考虑过这个问题。我只知道我的目标不是现在的这个样子。"

"那么你的爱好和特长是什么呢？"导师接着问，"对于你来说，最重要的是什么？"

"我也不知道，"年轻人回答说，"这一点我也没有仔细考虑过。"

"如果让你选择，你想做什么呢？你真正想做的是什么？"导师对这个问题穷追不舍。

"我真的说不准，"年轻人很困惑，"我真的不知道我究竟喜

第十七律 在正确的时机做最正确的选择

欢什么,我从没有仔细考虑这个问题。我想我确实应该好好考虑考虑了。"

"那么,你看看这里吧,"导师笑着说,"你想离开现在所在的位置,到其他地方去。但是你不知道你想去哪里,你不知道你喜欢做什么,也不知道你到底能做什么。如果你真的想做点什么的话,你应该对这些有一个了解!"

外事部业务混乱、权责不清晰,在中层会议上被屡次谈及,特别是刘罡经理当着众人不断向老板发牢骚之后,老板问刘罡:"依你看,外事部现在最主要的问题是什么?"刘罡皱了皱眉,这个问题被无数次提及,老板居然还要问!不过还是认真回答:"外事部的部门职责是负责公司对外接待和宣传活动的策划、组织工作,提升公司知名度,以及树立品牌形象。而市场部的部门职责是制定年度营销目标计划,制定产品企划方案……"刘罡一口气念下来,老板习惯性地眯起眼睛,装作没听懂:"这些没说明什么问题呀?"刘罡不知道为这个问题说多少次了,老板问话的套路也不能变一下?这些牢骚话都能背下来了:"外事部和市场部是两个不同的部门,问题是我们外事部现在却在干着市场部的事儿!"老板看着刘罡隐忍的眼神,嘴角开始上扬,接着说:"咱们要建设有芊德特色的部门结构嘛,外事部就兼顾市场部的事。"刘罡内心要爆炸了,却深知和狐狸斗千万不能乱了阵脚,于是调整呼吸,坐直身子,打算这次一定要和老板谈清楚:"老板,你也知道,我们部门现在就这么七个人,要干两个部门的事可以想见有多累!""狐狸"似笑非笑:"那依你看,应该怎么解决?"刘罡深吸一口气:"三种方案,一是工资加倍;二是扩充员工;三是独立出一个市场部。"刘罡说得这些,"狐狸"怎会不知道,外事部的员工都抱怨"女的当男的使,男的当牲口使",就那么几个人要完成那么多活，可是招人也好加薪也好，对资本家来说，只意味着一个词，那就是"成本增加"，所以"狐狸"在这件事情上一直不表态，可拖下去也不是办法，军心一旦涣散就不好收场，所以"狐狸"决定改变这一局面，给公司注入新鲜血液，鼓舞士气。人都有这么一个毛病：在求不到正当利益成为常态的时候，人们会习惯这一现象，所以一旦正当利益得到实现，人们会高呼万岁。

虽然决定改变，但"狐狸"不打算轻易松口，否则就没有"施恩"的效果，所以"狐狸"故意带着试探的语气问刘罡："你认为哪种方案最有效？"这还用问？有点头脑的都知道当然是第三种方案呀，加薪不能从实质上解决人力疲劳问题，既然是扩招员工何不干脆将这部门事务独立出去，这样公司部门结构也会更加合理。刘罡觉得"狐狸"在这个问题上过于装蒜，也知道了自己和老板的差距在那里，方案是自己提的是自己定的，出了问题自己将是直接负责人，但也只好硬着头皮说："第三种。""狐狸"故作沉思，说："好，那你负责这件事情吧！李琛会配合你的。"人力资源部的李琛对着刘罡呵呵一笑："保证完成任务。"

当要独立出市场部的时候，外事部乐开了花，用安娜的话说，就是从此后内分泌系统终于恢复正常了，皮肤也会光泽，人也会漂亮很多。安卉跟着高兴，同时想，安娜龙门阵中要"跳龙门"的角，哪有半分要走的样子，这倒是好事，刘罡为人随和，上司当得不赖。

虽然刘罡一直在念叨外事部种种问题，但当老板放权下来，他才发现自己仅仅有大致方案但从来没认真想过具体怎么做，于是找李琛一起商讨。李琛笑着说："老刘，这很简单嘛。你首先确认一下你们外事部需要几个人？"

"五个人就够了。"刘罡很有信心地说。

第十七律 在正确的时机做最正确的选择

"那多余的三个员工就划到市场部好了,毕竟做过相关方面的东西,直接过去就能上手。至于谁走谁留,你自己结合实际情况和员工意见做决定。市场部需要几个人?"李琛一步接一步地问。

"说实话,这个问题我没有想过。"刘罡实话实说,平时市场策划或是文案起草都是张姐直接负责,于是两人将张姐叫过来。

张姐一听是这么一个问题,想了一下,说:"以咱们公司目前规模和具体业务,五个人就足够。但是咱们公司的发展势头很好,多招一两个作为后备力量还是可以的。"

李琛笑着道:"市场部需要五个,外事部多余三个,也就是再招两个就可以了,按照张芸的建议,多招一个,也就是招三个。"

张姐听到李琛的话心里一动,看了刘罡一眼就出去了。刘罡明白那一眼代表什么意思,张芸是最早一批跟着老板干的员工,论资排辈早就该升到经理一级,张姐各方面条件不错,再加上平时就是负责市场那一块的,不管从哪方面讲,都该推荐张姐去当这个市场部首任经理。但老板那关能过去吗?老板跟张姐无仇,但老板娘和张姐有怨,坊间传言当初老板和张姐有何种关系云云,当事人觉得清者自清,可闲言碎语传到老板娘耳里,碍着公司刚发展不好就辞退员工,但将张姐升为一个小主管后再不让老板提升了,知道这个内幕的人很少,又或者是知道这个内幕但敢于摆出来说的人很少,呃,是没有。刘罡甩甩头,这个问题眼下不用考虑。

"那办公室问题怎么解决?"刘罡问。

"这个就不用考虑了,做人力资源的连这点能耐都没有,就不用混了。你只需要回去核实你们部门那些员工'转移阵地'以及根据平常工作实践列出新招聘岗位及岗位职责,多问问张姐的意见吧。"李琛话有深意地补充一句。

刘罡回到办公室,将手底下的人员名单列出来,他将目光锁定在"张芸"这个名字上,他决定不管怎么样,还是将张芸推荐上去,但事先应该找她本人谈谈。"公司要组建市场部,你看经理这个职位应该怎么选才适合?"刘罡开门见山,没想到张芸根本不接招:"我认为这个问题应该由人力资源部来决定。"刘罡一听就知道张芸对这个职位是有意向的,但不便于直接表达。刘罡放弃这个问题,又觉得不该这么快就结束谈话,于是随口问道:"你觉得部门里哪个去市场部工作会更加顺手?""安卉。"这次张芸倒是直接回答了,让刘罡有点吃惊,但很快就反应过来,张芸的意思是自己去了市场部,需要有一个得力的助手辅助,安卉当然是最好的人选了。一来安卉本人性格外放,大气沉稳,而且写文案逻辑严密条理清晰,二来,公司谁不知道销售部经理莫凡对安卉有意思,往后的日子里,市场部和销售部会长期打交道呢,还有一点,那就是安卉算是张芸一手带起来的人,好用。

　　对于安卉,张芸觉得好用,刘罡何尝不这样觉得呢,来公司一年多的时间里,安卉的进步可以用"神速"来形容,所以从内心讲刘罡舍不得放安卉走,所以刘罡决定征求一下安卉的意见。安卉在心里将两个部门分析了一下,也说不出自己哪个比较擅长,但是安卉也隐隐觉得张姐肯定会去市场部,自己算是张姐一手栽培的人,从情理上来说会跟着过去,但市场部能做些什么?安卉知道忆茹的公司里,市场部只是销售部的一个陪衬,如果自己公司也是这样的话,那是不是意味着去了市场部,也没什么空间可以发展,所以安卉决定首先弄清楚公司独立出这个市场部能否让它有独立的地位,安卉说出了自己的疑问。

　　刘罡呵呵一笑,说:"先给你讲个故事吧。从前,有两个小伙子同时爱上同班的一位漂亮姑娘,而且爱得死去活来,一日不见,如隔三秋,他们开始行动了。小伙子A,非常热情,也很豪爽,天天追着姑娘,不分昼夜地表达他的爱意,几年之内光写信

第十七律 在正确的时机做最正确的选择

就写了100多封,而且每封都少不了'我爱你'。有一天晚上已经12点了,小伙子还去敲这位姑娘的门,不幸被宿舍管理人员抓住,还在全校范围被通报批评。"说到这里,刘罡故意顿了顿:"你要是这个姑娘,会被A所打动吗?"

安卉想了想,说:"有人相信精诚所至金石为开,但本人不喜欢这种死缠烂打。"

刘罡微微一笑,继续说:"小伙子B却相对内向,他没有那么直白,而先研究她的喜好:

1. 她到底喜欢什么样的男人?
2. 她最大的爱好是什么?
3. 她什么时候最容易接近?

后来得到了这样的结论:

1. 她喜欢学习成绩超群的、诚实的、具有'大哥'风范的男人;
2. 她最喜欢读琼瑶的小说;
3. 最容易接近的时间是周末。"

"于是,他将A作为竞争对手,学习上下大工夫,每次考试超出A很多分,并多次拿全班第一。言谈举止和穿着打扮上也很平实,不张扬,而姑娘需要帮助的时候,他总是第一个伸手;他不仅对姑娘好,还在当她宿舍的女同学遇到困难的时候也热心帮助。有一次她的好友生病,需要输血时,他挺身而出,献了血。"

"他还给姑娘买了三部琼瑶的经典小说珍藏版,并在上面用诚实的语言对小说核心思想做了点评。他还为了在最佳时间和姑娘在一起,一般提前1~2天预约姑娘,几乎每个周末都没有让给A。"

"几年过去了,答案揭晓了。小伙子A失恋了,而小伙子B和这位漂亮的姑娘一起到祖国最需要的地方,开始了他们的幸福生活……"

"这段小故事,可以给我们一些启发。故事里的A是典型的销售导向,他总是急着把自己'推销'给姑娘。而B却是营销导向,他很重视对症下药,处处让姑娘感动,最后让姑娘深深地爱上了他。他有足够的'市场研究'(对三个问题的研究),然后对自己'规划'了良好的'品牌定位'(塑造姑娘喜欢的男人形象),开发了消费者难以拒绝的'产品'(学习全班第一)。并采用了恰到好处的'宣传方式'(送琼瑶小说),同时开展丰富多彩的'推广活动'(为其好友献血),并占领了最好的'销售渠道'(周末)。市场部就是这样的。这个部门只要企业存在一天,就像小伙子B那样做事情,为企业建立竞争优势,打造强势品牌,从而夺回对手的市场份额。如果销售部做的是'我爱你',市场部做的就是'你爱我'。这就是市场部的使命所在。"

看安卉不接话,刘罡接着说:"之前,销售部在做好销售的同时,还要做市场规划等等工作,造成精力分散,而咱们部门又在做一些市场推广方面的工作。既然要组建市场部,当然会最大限度地发挥它的职能。"

安卉觉得刘罡一席话虽然解释了市场部职能,但是对于市场部组建后的发展问题还是含糊不清,有故意撇开之嫌。刘罡不知道安卉在想些什么,于是问:"有什么启示?"安卉也决定打个马虎眼,笑着说:"听君一席话,胜读十年书。我正在策划怎样去追一个我心仪已久的男生呀!"

刘罡见安卉在打趣,想调侃一下莫凡的事,但担心会偏离了本次谈话的中心议题,于是呵呵一笑,说:"安卉,依你个人意愿,是想继续留在外事部还是想去市场部呢?"

安卉摸不清张姐的动向和刘罡的意思,见刘罡发问,安卉也只能含糊地回答:"听从公司安排"。

安卉没有意见而张姐开口要人,刘罡就只能忍痛割爱,总不能为这件事和张芸闹个不愉快，不说大家在一个公司上班低头不见抬头见，也要为日后部门之间的愉快合作打好基础。

很快，刘罡将部门人员做了一个大致分析，并列出日后需要和市场部交接的事宜，拿出初步方案呈交给老板。人力资源部的招聘工作已经展开，据李琛说，一共招了四个人，视实习期个人表现决定留两个或三个，这也是当初张芸的意思。

深入思考，看是否还有更大的骨头

有三个人要被关进监狱三年，监狱长让他们三个人提一个要求。美国人爱抽雪茄，要了三箱雪茄。法国人最浪漫，要一个美丽的女子相伴。而犹太人说，他要一部与外界沟通的电话。

三年过后，第一个冲出来的是美国人，嘴里鼻孔里塞满了雪茄，大喊道："给我火，给我火！"原来他忘了要火了。

接着出来的是法国人。只见他手里抱着一个小孩子，美丽女子手里牵着一个小孩子，肚子里还怀着第三个。

最后出来的是犹太人，他紧紧握住监狱长的手说："这三年来我每天与外界联系，我的生意不但没有停顿，反而增长了200%，为了表示感谢，我送你一辆劳斯莱斯！"

这个故事告诉我们：什么样的选择决定什么样的生活。今天的生活是由三年前我们的选择决定的，而今天我们的抉择将决定我们三年后的生活。我们要选择接触最新的信息，了解最新的趋势，从而更好地创造自己的将来。

人生的道路，其实就是不断进行各种选择的过程，有人选择物质，有人选择精神；有人临渊羡鱼，有人退而结网；有人寅吃卯粮，及时行乐，也有人选择零存整取，以日积月累的耕耘，去收获最后果实累累的金秋。不要只看到眼前的利益，也许后面还有更肥的果实。

有3个年轻人都想发财，于是一同结伴外出寻找机会。

他们来到一个偏僻的山镇，发现这里种植着大量品质优良的苹果，但是由于交通不发达，信息闭塞，所以苹果的销量十分有限，而且几乎都在当地销售，售价十分便宜。

第一个年轻人兴奋极了，马上掏出所有的钱，买了10吨最好的苹果。运回家乡后，高价售出。就这样，买卖了几次后，他成了家乡第一个万元户。

第二个人也很高兴，他脑子一转，决定用一半的钱购买100颗最好的苹果苗。把这些苹果苗运回家乡后，他就开始忙碌了。他承包了一片山坡，种上所有的果苗，然后悉心照看。3年后，苹果丰收了。

第三个年轻人，看到满山的苹果树，并没有急于掏钱，而是在当地逗留了一晚。他在果树下仔细研究、分析，然后找到果园的主人，用手指着果树的下面："我想买这里的泥土。"

主人一愣，当即缓过神来，连忙摇头说："不卖，不卖。泥土卖了，苹果就没法种了！"

年轻人在地上捧起一把泥土，恳求说："我只要这一把，你就卖给我吧！"

主人看着他执著的样子笑了，说："你给1块钱就拿走吧！"

年轻人高兴极了，他马上带着泥土返回了家乡。他把泥土送到农业科技研究所，化验分析出泥土的各种成分、湿度等。然后，他用非常低廉的价钱承包了一片荒山，花了整整3年，认真地开垦、培育出与那把泥土一样的土壤。最后，他在山上种上了苹果树苗。

一晃10年过去了，这3位一同外出寻找发财机会的年轻人也有了迥然不同的命运。

第一位买苹果的年轻人每年往返于山镇和家乡之间，买卖苹果。前几年他赚到了不少钱。可是后来贩卖苹果的人越来越多，山镇的交通和信息也发达起来了，所以年轻人赚的钱越来越少，最后甚至到了赔钱的地步。

第二位买树苗的年轻人经过努力，总算有了自己的果园。但由于土壤不同，他种出来的苹果并没有什么特色，卖不到很高的价钱。尽管如此，果园也为他带来了可观的收入。

第三位买泥土的年轻人，在努力了几年后，曾经的荒山结满了品质优良的苹果，和那个偏僻的山镇上的苹果没什么两样。每年来他这里买苹果的人络绎不绝，而且利润十分可观。

很多时候，我们发现眼前的利益就是最大和最好的，而等到我们把事情做完才发现不是那么回事。如果用同等的机会，把目光放得更远一些，才能收获更大的成功。

选你所爱，爱你所选

在做选择的时候，要记住：合适的才是最好的。

狗熊和黄鼠狼聊天，互相抱怨自己的房子。熊说："我的房子太小了，刚刚放得下我，一起身就会碰头，睡觉的时候翻身还会蹭着身子。"黄鼠狼说："我的房子太大了，寒风不断地吹进来，有时候一打滚就从房子里出去了，还常爬进来一些小虫咬我。""那么咱们换换吧。"熊来到黄鼠狼的家，天哪！他的房子才能容下自己的一只手掌，熊在外面冻了一夜。黄鼠狼住进了熊的家，这儿比自己的家还要大100倍！这么大的房子，晚上要是有大故闯进来把自己叼走怎么办？他也没有住，在树上趴了一夜。第二天他们又见面了，熊觉得还是自己的家好，黄鼠狼也愿意搬回自己家住。

所以，选择如同穿鞋，大小合适最重要。人都有好大喜功的心理，却往往做了许多完全没有必要的事，买电脑追求功能齐全、配置高，花了不少钱，许多功能其实根本用不上，白白浪费了，有人只花一半钱，却享受了同样的功能，因为他们知道够用就行。

一旦作出选择之后，就要全心全意把它做好。一位智者说过。即使是最弱小的生命，一旦把全部精力集中到一个目标上也会有所成就，而最强大的生命如果把精力分散开来，最终也将一事无成。

很久很久以前，在峨嵋山上住着一只猴子。

有一天，它跑下山来，信步走到一个菜园里，那个园子里种满了苞谷，苞谷已经成熟了，猴子看着满园的苞谷非常高兴，就伸手摘了一个背在肩膀上，得意洋洋地往前走了。

一路上，它看到很多很多新鲜稀奇的东西。在路过的地方，只要它对那个东西感兴趣，都要停下来瞧一瞧，心里想着难得有一次下山的机会，它决定好好地玩一玩，看一看，一定要带些好东西回山上去。

过了一会儿，它走到一片桃林里，桃树一棵接一棵，看不到边。而且所有的树上都结满了又红又大的桃子。猴子觉得这些桃子实在是太好了，就随手把苞谷丢在一边，爬到树上去摘桃子。

摘了桃子之后，它又接着往前走，走着走着就到了一个西瓜园。满园子的西瓜又大又圆，馋得猴子直流口水。它马上就把桃子丢在地上，伸手去摘了一个大大的西瓜。这时候，天渐渐黑了下来，猴子打算要回家去了，就转过身来，出了西瓜园，背着西瓜兴高采烈地上路了。

在回去的路上，猴子走着走着，突然遇见了一只兔子。它看着兔子蹦蹦跳跳，非常可爱，就想要去逮住那只兔子，所以就又把西瓜扔掉了，急急忙忙地去追赶兔子。

可是追着追着，兔子突然跑进了树林子，在树丛间跳来跳去，一下子就不见了踪影，猴子着急地在树林里找来找去，可不管怎么找都找不到那只兔子了。这时天已经黑了，这只可怜的猴子既没有追到兔子,也已经丢掉了西瓜、桃子和苞谷,它只好两手空空地回家。

放弃是一种智慧

父亲给孩子带来一则消息,某一知名跨国公司正在招聘计算机网络人才,录用后薪水自然是丰厚的,还因为这家公司很有发展潜力,近些年新推出的产品在市场上十分走俏。孩子当然是很想应聘的。可在职校培训已近尾声了,这要真的给聘用了,一年的培训就算夭折了,连张结业证书都拿不上。孩子犹豫了。父亲笑了,说要和孩子做个游戏。他把刚买的两个大西瓜一一放在孩子面前。让他先抱起一个,然后,要他再抱起另一个。孩子瞪圆了眼,一筹莫展。抱一个已经够沉的了,两个是没法抱住的。"那你怎么把第二个抱住呢?"

父亲追问。孩子愣神了,还是想不出招来。父亲叹了口气:"哎,你不能把手上的那个放下来吗?"孩子似乎缓过神来,是呀,放下一个,不就能抱上另一个了吗?孩子这么做了。父亲于是提醒:这两个总得放弃一个,才能获得另一个,就看你自己怎么选择了。孩子顿悟,最终选择了应聘,放弃了培训。后来,如愿以偿,成了那家跨国公司的职员。

一个人身上背负着许多东西,单腿立地。这人说:"我实在坚持不住了,怎么办呢?"方法很简单,把腿放下来不就行了吗?生活中的人们总是单腿立地的,因为这是一种奔跑的姿势。

人活着,会有许多责任和许多欲望,这些东西要是拿掉了,人生就会变得轻飘、无意义,可老背着它们,最终有可能累死在路上。生活原本是非常纯朴、简单的,学会舍弃自己不特别需要、对人生益处不大的东西,学会放下你的另一条腿,保持一颗简单和明朗的心,你会觉得其实在奔跑中也可以很沉稳。

人，正因为不懂得舍弃才会有许多痛苦。当自己有了舍弃和清扫自己的智慧时，就会豁然开朗，生命会马上向你展现出另外一个截然不同的景致。

《卧虎藏龙》里有一句很经典的话：当你紧握双手，里面什么也没有，当你打开双手，世界就在你手中。很多时候我们都应该懂得舍弃，生活中鱼和熊掌都能兼得的时候很少，每一次放弃是为了下一次得到更多的回报。紧握双手，肯定是什么也没有，打开双手，至少还有希望。

勇于放弃者精明，乐于放弃者聪明，善于放弃者高明。学会放弃吧，放弃失落带来的痛楚，放弃屈辱留下的仇恨，放弃心中所有难言的负荷，放弃耗费精力的争吵，放弃没完没了的解释，放弃对权力的角逐，放弃对金钱的贪欲，放弃对虚名的争夺——放弃烦恼，摆脱纠缠，使整个身心沉浸到轻松、宁静中去。

倘若蝌蚪总是炫耀自己的尾巴而舍不得放弃，那它将始终长不成自由跳跃的青蛙；倘若一只小鸟在翅膀上挂满金子，那它永远也飞不起来。请别忘记，放弃是为了更好地拥有。放弃是一种超脱，是一种气度，更是一种升华，一种境界。放弃，也是一种成本，经济学上称其为机会成本。在做出某个选择的时候，实际上，也是投入了这一机会成本的，不懂得放弃，什么都不想放弃，那又何来心想事成，梦想成真呢？

结语：

如果你想实现自己的人生价值，千万别忘了选择。因为只有选择才会给你的生命不断注入激情；只有选择才能使你拥有把握人生命运的伟大力量；只有选择才能把你人生的美好梦想变成辉煌的现实。

第十八律　懂得换位，切忌一个方向走到黑

> 换位思考是人对人的一种心理体验过程。将心比心，设身处地，是达成理解不可缺少的心理机制。它客观上要求我们将自己的内心世界，如情感体验、思维方式等与对方联系起来，站在对方的立场上体验和思考问题，从而与对方在情感上得到沟通，为增进理解奠定基础。它既是一种理解，也是一种关爱！

媳妇也有熬成婆的时候

婆都是从小媳妇熬上来的，小媳妇总有一天会熬成婆。小媳妇熬的过程充满了心酸，终于成婆了，会有两种选择：

一是用过去的婆对待自己的方式对待自己的媳妇，熬了这么多年，终于自己成婆了，一定要把自己过去受过的苦和难发泄出来——这是大多数成婆的小媳妇选择的。

二是因为自己经历了做媳妇的不易，因此善待自己的媳妇，不让自己的苦难重演——只有少数成婆的媳妇这样做。

企业里也有类似的现象，就像你由职场新人变为老人，由被管理者变为管理者。

正如同有两种不同的成婆的媳妇，职场中也有两种不同的管理者。第一种管理者因为在被别人管时受了苦和难，就发泄到自

己管理的员工身上。第二种管理者深刻体会了自己原来的管理者的诸多不当行为，而修正自己的管理行为。

要重新组建一个部门需要多少精力和时间，又会有多少曲折复杂的事，作为一个"小老百姓"，安卉并不知道，她只知道最近加班成了常态，心想终于有正当理由拒绝莫凡的邀请了，可一想起莫凡，安卉才发现莫凡已经好几天没在眼前晃悠了，不知是知难而退还是和Ａ都忙得抽不开身。

张姐被正式任命为市场部经理，没什么悬念也就没什么惊喜可言，在象征性地表示了惊喜之后大家似乎都忘记了这件事，连阿珍都不愿在这件事情上浪费唇舌。

一切按部就班，要说有什么新鲜的事，那就是安卉带的新人——莫小米，不错，安卉虽然才工作一年，但面对刚出茅庐的莫小米，已经是"老人"了。莫小米第一次来公司时，扎个马尾辫，走起路来一蹦一蹦的，好像脚下踩着弹簧一样，偏又穿了一双高跟鞋和职业套装，安卉从她身上看到自己当年的影子，觉得有些亲切，就告诉莫小米说："小米，以后穿着可以随意些。当年我第一次上班也是穿着一身套装，结果成了当天的焦点。"莫小米一下没弄明白这个因果关系，但她不是一个揣着糊涂装明白的人，于是问："为什么？"安卉呵呵一笑："因为就我穿得正式呀！那天我一进公司，老周就拿斜眼看我：'新来的吧？'我想人家老周是保安嘛，对进出的人都认识，所以知道我是新来的。中午去食堂吃饭，阿姨给我打的饭比别人多，我说谢谢，阿姨笑嘻嘻地说：'照顾新人。'到后来，我就跟着公司的穿衣风格走，大家都是职业中带点随性，不会刻意穿套装来的，弄得跟在银行上班一样。"莫小米听出来安卉是编一个自己的故事对自己说理，感激地朝安卉笑了一下，就蹦着走了。

第十八律 懂得换位，切忌一个方向走到黑

很快，安卉就被莫小米弄得哭笑不得了。一天，安卉正埋头工作，莫小米蹦过来说："安卉，不好了，传真机坏了，可经理让我马上将文件传真给xx（一家媒体的名字），这可怎么办呀？"莫小米急得鼻尖冒汗了，安卉立马放下手头工作，检查了传真机，发现是好好的，所以疑惑地问莫小米："没坏，好好的。"莫小米一听更急了，指着手里拿着的一摞文件说："真坏了，你看，我的文件没传过去！"安卉决定从事情源头找原因："你是怎么传的？"莫小米脸红了，说"我是按照'百度'里说的步骤做的。"莫小米的电脑上那个网页还开着，上面是这样写的：要发送一份传真，1.把要发的文件放进传真机内；2.拨通对方的传真号；3.让对方给个信号（如果是自动传真，对方电话会直接给出信号）；4.按"启动"键；5.按"启动"键后，不用等对方接收，直接挂机即可（小键盘上的传真号不用拨）。

"步骤是对的！是什么让你认为传真机坏了？"安卉问问题步步深入。

莫小米很认真地说："我按百度操作，眼睁睁地看着文件从上面'嘎嘎'传送着，却从下面又出来了。一直试了好几遍，发现传送的文件总是又从下面回来了。"说着又非常严肃地给安卉演示了一遍，指着从传真机里吐出来的文件说："看，又没传过去！"语气都绝望了。

安卉哭笑不得："打个电话问问，那边肯定收到了！"

正准备拨，电话就来了："一份文件，你们传这么多遍干吗？不花钱呀！"一个泼辣的声音说。

莫小米瞪大眼睛，一脸不相信的样子，提口气正准备发问，安卉心想麻烦大了，还得解释传真机的工作原理，瞥见百度网页开着，赶紧拍了拍莫小米的肩："有问题，找百度。"说完就闪人了。

安卉意识到莫小米连基本的办公室设备都不会用，于是抽出

一下午的时间从打印机传真机到复印机碎纸机一一介绍了一遍，莫小米一脸谦虚地听，还不断点头，虽然会时不时问一些小问题，但在安卉能力范围之内都是可以解决的。其实安卉发现莫小米虽然"无知"了点，但好学上进，遇到不懂的会马上问，即使问的问题幼稚得让人翻白眼，你也不得不佩服人家的勇气。

当天晚上，安卉向忆茹说起莫小米雷人事迹。自从转到市场部之后，给忆茹打的电话就特别多，主要是探讨（其实是请教，但安卉不这么说）市场部的工作情况，毕竟人家早早地升到了市场部助理位置。安卉讲故事是个高手，能将情景最大限度地再现，妙趣横生，把忆茹逗得哈哈大笑，当然，是善意的。不过忆茹又一本正经地说："安卉，你的确是应该首先教人家一下设备的用法，谁会在读大学的时候接触那些东西呀！而且嚯，我就因为这种小事被我们经理训斥过。话说西西刚进来的时候，我就没想过要教她这些，有天我还在外面办事呢，就接到经理电话，语气颇为不耐，责问我为什么不教给西西办公室设备的用法。后来，西西告诉我，那天经理让她打印一份东西传至深圳，可是，打印机突然没墨水了。西西左研究、右研究，百度GOOGLE都用过了，就是弄不清楚如何给打印机换墨盒。于是，文件无法打印，只能如实汇报领导。经理自信地说，他能搞定，没问题。结果，他折腾半天，也没找到墨盒到底在打印机的哪个位置。估计是面子上挂不住了，火冒三丈地打电话给我，训了我一顿。我挺委屈的，但是想想也对，西西是自己带的，她出了问题可不就是我的问题嘛。唉！"

安卉放下电话后，在自己的工作笔记上画了一座茅草屋，旁边批注：在没下雨之前，将房顶修好。这也是安卉最近养成的又一个习惯：不再是流水账似的记录，会加入一些新鲜东西，或信手涂鸦，或痴人呓语，她觉得这样也很快乐。

第十八律　懂得换位，切忌一个方向走到黑

　　这一批新招进来的其他三个人分别是王弘毅、景甜、范兆飞。景甜和莫小米一样，是刚毕业的学生仔仔，而王弘毅和范兆飞则有一两年相关的工作经验了，所以很快就进入状态。景甜人如其名，长得甜甜的，见人先是甜甜一笑，这样的女孩子走到哪里都会受欢迎，安卉对她印象很好。王弘毅个子不高，不苟言笑，嘴唇时时刻刻紧闭使得脸部线条显得刚毅起来，王弘毅介绍自己的话是："士不可以不弘毅，任重而道远。"人如其名，言如其人。而范兆飞相貌英俊，见第一面时安卉在心里小小地花痴了一下，据阿珍说，范兆飞出生于高干家庭，安卉对此翻了个白眼，阿珍说的话，要打个折扣（能打多少打多少）再相信。听说要淘汰一两个，没有任何工作经验的莫小米和景甜格外卖力，现在就业情况不好，去哪儿找一个这么待遇好领导好工作环境好同事也不错的地方！

　　随着时间推移，安卉发现范兆飞策划能力很强，虽然有不够成熟的地方，但是点子新，角度刁钻，就是有点骄傲——底气十足的骄傲，说话办事很少顾及别人的感受。一次，范兆飞拿了一首署名"李白"的"诗"，以十分诚恳的口气请求莫小米给大家念一遍，莫小米有点受宠若惊，一字一句地念道："卧梅又闻花，质使相肿第，遥吻卧使睡，卧使达春绿。"办公室的同事们个个如同看了一出方言演出的小品般大笑不止，莫小米的脑袋反应总比别人慢半拍，待明白个中含义小脸刷地就红了，眼眶里泛起一层泪光。安卉看着心里来气，自己又没资格批评范兆飞，装有事赶紧领着莫小米走了。此后，莫小米再不和范兆飞说话，即使是工作需要，也不过相互发E-mail，言简意赅，范兆飞认为莫小米太小气，也很不开心。

　　有一次，莫小米接到一个客户的电话找范兆飞，便转到他的分机上。没想到客户问的问题范兆飞解答不了，范兆飞借题发挥，

"一天到晚就知道瞎转电话,不想接就别接,把耳朵竖起来听听清楚。"莫小米生气了:"你说话注意点,自重点。"拂袖而去。

第二天,莫小米用完复印机后没有复位,范兆飞恰好去印一些东西,说:"谁呀,设置了放大的比例。"莫小米连忙道歉:"噢,我忘了按 RESET。"没想范兆飞阴阳怪气地来了一句:"呵,懂几句英文就放上'洋屁了。"女孩愣了一下,便顺着他的话接了一句:"难道你是在放'土屁'?"同事窃笑不止,范兆飞脸色很难看。

后来,范兆飞再也没敢对莫小米说什么不敬的话。莫小米私下对安卉说:"当着一屋子同事的面,他这么无礼地对我,而我却一言不发,那么以后每个人可能都会这样毫不尊重地指责我。"

安卉自己也是"80后",像莫小米这样的不屈不从不服输的精神,经过一年的社会教化,如今已习惯了服从和忍让,习惯了"以大局为重"。

王弘毅依旧踏踏实实,按部就班。莫小米依旧脑袋短路,刻苦上进。范兆飞依旧自命不凡,自信十足。景甜虽然是由维尼带的,但总爱往安卉这儿跑,维尼几次眼光杀人,对安卉牙齿切切。安卉在心里窃笑,维尼人不错,对老婆和儿子疼爱有加,不过男儿本"色",还好止于欣赏。景甜和莫小米走得很近,但安卉对莫小米照顾得多些,毕竟莫小米才是自己该带的人,还有一点,实习期结束,淘汰名额会在景甜和莫小米之间产生似乎是必然的事,也就是说景甜和莫小米之间存在竞争,安卉无心帮任何一个人,可眼下景甜这种不惜背叛师门求教自己,心里反倒有点小心思了,觉得景甜学了维尼的"手艺"又来学自己的,落得爱学的美名,还能检查莫小米同学的进度,一箭数雕。看着景甜甜甜又无害的笑,安卉又觉得自己心眼太小。

那天公司下午要开例会,讨论一件新产品的推出。开会之前,

第十八律　懂得换位，切忌一个方向走到黑

景甜非常谦虚地来向安卉讨教。安卉自己也不知道怎么的，被这个小女生几句话一吹捧，一股脑儿把自己对于这个产品的看法和市场分析都作为范例给她举例子了。

下午开会的时候，正式员工的发言还没有结束，景甜自己要求发言，张经理非常喜欢新人的这股闯劲，没想到景甜说的都是之前安卉说的想法，让经理和众人刮目相看，轮到安卉说话的时候，只有支吾过场。会议结束，景甜更加亲热地来同安卉套近乎，好像什么都没有发生过，完全无视安卉震惊的神色，安卉心里气堵，又不好发挥，再说这事儿说出去也没人信。隔了几天，安卉安排她写一份调查报告，她的回答是："到底有用吗？没有用你就不要叫我写了，我还有一大堆其他的事情呢！"恍惚之间，安卉简直忘了谁是那个新人。

不过随后发生的一件不愉快的事，反倒叫安卉从心底接受了景甜，要说莫小米是大脑短路，反应慢，那景甜就是大脑少筋，没心机。

某一天公司搞周年庆祝活动，向一家百货公司借来一大堆道具。活动结束，维尼安排景甜去归还这些东西，因为那家百货公司离景甜住处最近。第二天，景甜十点半才到办公室，那些东西没有还掉。她抱着那堆东西来找维尼，说她进了那家百货公司，就是找不到维尼说的那个柜台。维尼愤然之下，斥责她："你这样做事是不行的。"没等维尼继续批评，景甜居然笑笑说："那我不干好了。"说完就走，给维尼一个傲然的背影。

维尼当然没有权力决定一个新人的去留。景甜还真的就不来了，让维尼尴尬极了，好像自己刻薄新人一样，在安卉的劝说下，维尼给景甜打电话，说："你不要一时冲动，意气用事。你回来，我的话还没有说完呢。"过了两个小时，这个年轻人又出现在办公室里，仿佛她从来没有说过不干了一样。当然，之前的争执不了

了之，维尼还得替景甜去补台。事后维尼看见景甜往安卉那里跑，已经是一副终于将"瘟神"送走了的轻松表情。

有个成语叫：重蹈覆辙，意思是重新走上翻过车的老路。比喻不吸取教训，再走失败的老路。但是作为不同年龄段的个体而言，你走的正是前人走过的路，你经历的正是前人所经历的，而在我们身后，也有一大群人踏着沿着这种路子走来。

话说，有那么五只猴子关在一个笼子里，笼子里吊着一串香蕉。实验人员装了一个自动装置，一旦有猴子要去拿香蕉，马上就会有水喷向笼子，这五只猴子都会被全身淋湿。关进笼子的猴子们一看到香蕉，就连蹦带跳地想去抢香蕉吃。但马上就有冷水喷了出来，把它们都淋湿了。猴子们莫名其妙，随后，在经过多次实验后，猴子们终于明白了：不要去试着拿那串香蕉，否则大家都会被冷水浇透。一段时间后，实验人员把其中的一只猴子放出笼子，换进去一只新猴子 A。猴子 A 看到香蕉，马上想要去拿，但还没等它够着香蕉，其他四只猴子就一拥而上，猛揍它一顿。因为其他四只猴子知道，如果这家伙碰香蕉，大家就会全被淋到，所以要制止它。猴子 A 被痛殴一顿后，不明就里。过一会儿，它忍不住还要去拿香蕉，自然，它又被其他猴子给揍了回来。尝试了几次后，猴子 A 明白了：不管为什么，反正这串香蕉是不能动的。动，就要挨打。当然了，这五只猴子就没有再被冷水淋透过。后来，实验人员再把一只旧猴子释放，换上另外一只新猴子 B。于是，猴子 A 的经历又重复了一遍。而且特别值得一提的是，猴子 A 打猴子 B 时特别用力，尽管直到此时它仍是只知其然而不知所以然，不知道为什么不能动香蕉。猴子 B 试了几次总是被打得很惨，也开始守规矩了。慢慢地，一只又一只，所有的旧猴子都换成新猴子了，同样的故事上演了一遍又一遍。最后，大家都不

第十八律 懂得换位，切忌一个方向走到黑

敢去动那串香蕉，但是它们都不知道为什么，只知道如果去动香蕉就会被其他猴子痛打一顿。

换位思考，能出奇制胜

某个犯人被单独监禁。有关当局已经拿走了他的鞋带和腰带，他们不想他伤害自己（他们要留着他，以后有用）。这个不幸的人用左手提着裤子，在单人牢房里无精打采地走来走去。他提着裤子，不仅因为他失去了腰带，而且因为失去了15磅的体重。从铁门下面塞进来的食物是些残羹剩饭。他拒绝吃，但是现在，当他用手摸着自己的肋骨的时候，他嗅到了一种万宝路香烟的香味。他喜欢万宝路这种牌子。

通过门上一个很小的窗口，他看到门廊里那个孤独的卫兵深深地吸了一口烟，然后美滋滋地吐出来，这个囚犯很想要一支香烟，所以，他用他的右手指关节客气地敲了敲门。

卫兵慢慢地走过来，傲慢地哼道："想要什么？"

囚犯回答说："对不起。请给我一支香烟……就是你抽的那种：万宝路。"

卫兵错误地认为囚犯没有权利，所以，他嘲弄地哼了一声，就转身走开了。

这个囚犯却不这么看待自己的处境。他认为自己有选择权，他愿意冒险检验一下他的判断，所以他又用右手指关节敲了敲门，这一次，他的态度很威严。

那个卫兵吐出一口烟雾，恼怒地扭过头，问道："你又想要什么？"

囚犯回答："对不起，请你在30秒之内把你的烟给我一支，否则，我就用头撞这泥墙，直到弄得自己血肉模糊，失去知觉为止。如果监狱当局把我从地板上弄起来，让我醒过来，我就发誓

说这是你干的，当然，他们不会相信我。但是，想一想你必须出席每一次听证会，你必须向每一个听证委员会证明你自己是无辜的；想一想你必须填写一式三份报告；想一想你将卷入的事件吧——所有这些都只是因为你拒绝给我一支万宝路！就一支烟，我保证不再给你添麻烦了。"

卫兵会从小窗里塞给他一支烟吗？当然给了。他替囚犯点上烟了吗？当然点上了。为什么呢？因为这个卫兵马上明白了事情的得失利弊。

这个囚犯看穿了卫兵的立场和禁忌，或者叫弱点，因此满足了自己的要求——获得一支香烟。

所以，当我们和人相处特别是与人争锋之时，要多问问自己：如果我站在对方的立场看问题，不就可以知道他们在想什么、想得到什么、不想失去什么了吗？

站在对方的立场考虑问题，你会发现，你变成了别人肚子里的蛔虫，他所思所想、所喜所忌，都进入你的视线中。在各种交往中，你都可以从容应对，要么伸出理解的援手，要么防范对方的恶招。对于围棋高手来讲：对方的好点就是我方的好点，一旦知道对方出什么招，大概就胜券在握了。

当然，有太多的人不懂得如何运用这条规则，这是导致他们人生失败的一大原因。可是，也许他们到死都不知道，由于不懂得站在对方的立场考虑问题，他们丧失了许多可以成功的机会，因为没有人教他们。

换个角度看问题

一头猪、一只绵羊和一头奶牛，被牧人关在同一个畜栏里。有一天，牧人将猪从畜栏里捉了出去，只听猪大声号叫，强烈地反抗。绵羊和奶牛讨厌它的号叫，于是抱怨道："我们经常被牧

第十八律 懂得换位，切忌一个方向走到黑

人捉去，都没像你这样大呼小叫的。"猪听了回应道："捉你们和捉我完全是两回事，他捉你们，只是分你们的毛和乳汁，但是捉住我，却是分我的命啊！"

立场不同，所处环境不同的人，是很难了解对方的感受的。因此，对他人的失意、挫折和伤痛，我们应进行换位思考，以一颗宽容的心去了解、关心他人。

被领导批评了，你伤心、难过，对领导恨之入骨，恨不得辞职走人，可是没有办法，要生活要工作啊。于是，你忍着心里的痛苦，每天对领导视而不见，对工作敷衍了事。时间一久，领导或许不再批评你，可是你的这份工作离结束的日期也不远了。一旦被辞退，心里那个痛，又不是一顿批评所能比得了的。一路下去，尽是痛苦。

被批评的时候，换个角度想想：领导之所以会批评你，是因为对你抱有很大的期望，认为你很有培养价值，是为了你有更大的进步，批评你无非是恨铁不成钢。如果你已经不适合这份工作了，领导何必浪费时间和精力，苦口婆心地对你进行批评教育，直接让你卷铺盖走人不简单得多吗？

这样一来，心情是不是会好很多？承蒙领导看得起，工作自然更加卖力。领导不是傻瓜，你卖力工作，他看在眼里喜在心头，升职加薪总不会少了你的份，心情还能够不好吗？

有一位老太太整天愁眉苦脸的，一天，佛祖问她为什么事呀？她说：我有两个儿子，大儿子是卖雨伞的，二儿子是修鞋的。晴天的时候，大儿子的雨伞卖不出去，所以愁；雨天的时候，二儿子修鞋就没有生意做，所以也愁。所以就整天都愁了。

"横看成岭侧成峰，远近高低各不同。"换个角度看问题，是避免自己考虑问题的时候走入死胡同，在阴暗的角落里暗自神伤，转换心情最好的办法。每天沿着同一条线路上班，时间久了，难

免枯燥乏味，某天下班的时候，换一条线路，会发现很多不一样的色彩，心情也会为之大好。

换个角度看问题，其实就是这样简单。只要你放下自己的偏见、固执，在处理问题的时候从各个方面去看看，不要因循守旧，会发现很多事情都有它另外的一面，有时候还能从中得到意外的惊喜。

一个人，每天都要吃苹果，总是习惯性地从苹果的结蒂处落刀，一分为二，习以为常。这天，他的儿子学着他的样子切苹果，却是将苹果横放在桌上，然后拦腰切开，他一看，竟然发现苹果里有一个清晰的五角形图案，顿时叹为观止。人生的奇妙何其多，仅仅是换一种切法，就发现了鲜为人知的秘密，快乐的秘诀也在于此。

生活中的很多事情都是如此，讨厌一个人，自然是讨厌他的缺点，如做作、虚伪、自私、小气之类。这时候，转换一下角度，看看他的优点（任何人都有他的优点），会发现，原来这个人也不是那么没有可取之处，他还是有值得我们学习的地方的，心情自然会好起来，看人的神色都会发生改变。一味看着别人不好的地方，非但自己的心情不好，跟别人的人际关系也会处理得很糟糕，那又是一件给心里'添堵'的事儿。

"人不是被事物本身所困扰，而是被其对事物的看法所困扰。"要想拥有一个好心情，要学会从多方面、多角度地看问题。任何事情都不是绝对的，就看你怎么去对待它。换个角度，常能海阔天空。

结语：
换位思考是人类经过长期博弈后总结出的黄金法则，换位思考的结果是双赢。

第十九律　机遇无处不在，关键在于发现和把握

> 在职场上，经常听到许多职场人士抱怨世上缺乏发现人才的伯乐使自己难以有施展的平台，或者领导偏心眼、不公正，不给自己提供机会。可是，那么多放在眼前的机遇，你都看不见吗？

思维盲点中的机遇

生活中常常有这样的例子：你苦思冥想不能解决的难题，别人独辟蹊径很容易就解决了，你对此感慨万千："这点子我怎么没想到？"大多数人对自己的思维能力自以为是，很不明智地听任思维漏洞的存在，事后才悔恨自己应当发现这种漏洞并予以纠正，悔恨后却习惯性地继续"一贯的思维"。

莫凡和A的暗战还在继续，就像当今国际局势一样，地区冲突虽不断，但和平与发展是主题。莫凡进公司半年了，不仅将销售部的事打理得井井有条，做业务也有"两把刷子"，刷刷刷，手底下不管是挺A派倒A派还是中间派的销售代表们被刷得心服口服，子骞感到黎明已经到来。

一天，客服部接到一个电话，说某个产品出现了问题。核对

资料后，发现这个客人不是直接客人，他购买的产品是通过公司的经销商的，既然有问题回馈，售后服务人员还是回了电话，发现问题很简单，口头阐述了解决方法，问题就解决了。本来这只是一个小插曲，但巧的是，当时莫凡在场。莫凡对客服部经理建议：派个人去吧，我们要树立公司形象。客服部经理Susan一听不高兴了：问题都解决了为什么还要派人去？你来找茬的你？你来动我的奶酪的你？Susan口才了得，三个问句一气呵成，连句号都不打一个，气势咄咄逼人。客服部的人平时忍气吞声，心里其实一肚子火呢，这下逮着机会就井喷。

　　莫凡恼着回到销售部，说了刚才遇到的事，坚持要派一个人过去，莫凡审视了一圈，员工个个低头不理。的确，客户购买的商品是通过公司的经销商的，而且问题已经得到了解决。就算真是本公司的责任，那也该是客服部派人过去，他莫凡揽这活儿是吃饱了撑的没事儿干吧！A决定做个出头鸟，笑着说："经理，客服部的事咱们去管，不合适吧？"A略去了"需不需要管"这个问题，而是转到"该不该管"上，莫凡不说话，将目光对准子骞，子骞头皮发麻，决定誓死不开口。不过该来的始终会来，莫凡开金口："子骞，你去！"子骞无奈地和行政联系，买了晚上的飞机票。

　　A看莫凡对自己的意见置之不理，傲劲上来了：不该管的事，咱们管那么多干吗？

　　莫凡笑：经销商也算是咱们的客户，出问题的也算是咱们的间接客户，和客户打交道，正是销售部的事呀。

　　A：事情都已经解决了，为什么还要派人去？

　　莫凡：一个电话就能解决问题？咱们要维护公司形象！

　　A：你在浪费人力物力！

　　莫凡：你怎么知道我在浪费人力物力？公司的形象能拿人力

第十九律　机遇无处不在，关键在于发现和把握

物力来衡量吗？

子骞可怜分分的，票买了，两个头头还在争论去还是不去。但他没办法，还是赶到了机场，直到上飞机前争论还是没有停，临登机，子骞实在没办法，电话给了张总："我这趟差要不要出呀？"老总四两拨千斤："我不想让你去，但你直属领导让你去，而且也不远。你自己拿主意吧！"

这时候，莫凡打来的电话将子骞推上了飞机：你到那里后，把对方的公司资料多拿点回来！

子骞到现在，才真正佩服起莫凡来。当别人关注于是不是自己职责和该不该去这等问题的时候，莫凡却看见了背后的商机。

子骞回公司已经是三天后的事，还没来得及向莫凡报告，总经理秘书丽丽就找他说老板有事要他立即去一趟。昨天打电话给老板后，子骞就后悔，早听说过越级汇报是职场一大忌讳，更何况不是什么大事，这会儿老板该是要对自己进行思想教育了。子骞忐忑地走进总经办，果然见老板一脸严肃地抽着烟，目光四下搜索，子骞眼尖知道老板是在找烟灰缸，老板有个习惯，平时串部门的时候随身带上烟灰缸，哪儿坐哪儿抽，烟抽完后对烟灰缸就不上心了，所以哪儿抽哪儿放。

子骞赶紧跑到隔壁人力资源部经理李琛的办公室拿来一个放在总经理桌上，总经理看了一眼子骞，皮笑肉不笑地问："听说你昨天还是上飞机了！"子骞打了个冷战，假装不经意瞥了一眼窗外，五月的阳光怎么一下了没影了呢！子骞讪笑道："是的。"老板吐了个烟圈："你觉得莫凡怎么样？"子骞尚摸不清深浅，试探性地回答："不错。"老板眼一瞪："不错？那就是还有待提高喽？"子骞从来不知道"不错"还能有这样的解释，但不想因此对莫凡造成不良影响，所以很认真地说："莫凡是一个出色的经理。"老板这才点头，说："我不是怀疑莫凡的能力。当初招聘的

时候，我打电话给他前公司已经摸过底了！他做事认真，活泛，本来我对他很放心。可我担心他水土不服呀！"子骞听明白原来老板指的是莫凡和A之间的暗斗，昨天这件事更成为导火线，看样子A投诉到老板这儿来了，子骞呵呵一笑："老板，金子到了哪里都是金子。就拿这件事来说吧，刚开始我也觉得经理管得宽，做得有些过了。但经理给我打的电话让我心甘情愿地上了飞机，他说，叫我过去多考察一下那家公司！"老板是个明白人，一下就明白了玄机，眼睛一亮，狐狸本色又出来了："对！果然聪明！"子骞趁热打铁："老板，我今天还拿回来一笔大订单！对方觉得咱们公司信誉度好，而且定价要比从经销商那里拿便宜很多，虽然目前没有合作需求，但已经有了合作意向，他保证下次会跟咱们合作。另外，他将咱们公司推荐给了他的一个朋友，那家毫不犹豫就签单了！""狐狸"拍案叫绝："这个机遇抓得好！莫凡果然不凡呐！"

"狐狸"微笑着，神色憧憬："销售部有莫凡和A带领，我就放心了！一个公司，干业务的是真正给公司拿利润的，他们做好了，公司才会壮大呀！"

见老板提起A，子骞就想起A所遭受到的不平，如果没有莫凡，A照样会是一个优秀的销售经理。于是试探性地夸道："A做销售很有一套！我从他身上学到了很多东西。""狐狸"听出子骞话里的意思，点点头，说："A能力很强，我也知道，很多人因为他没被扶正而感到不平，这也是我为莫凡感到担心的原因之一，万一不能服众那将拖累整个公司。不过，我也有我的考虑呀！"

这时的"狐狸"变得深沉起来，像一位跟你推心置腹的朋友："我早就知道有猎头公司在跟毕生（前任销售经理）联系，所以我心底也是打算要培养A的。有一次我需要到北京参加一个会议，当时A正在那边出差，我就给他透露了自己第二天八点左右要参

第十九律　机遇无处不在，关键在于发现和把握

加会议的信息。到北京后由于需要拜访一个朋友，所以就在朋友家附近找了一个酒店入住，但是一查地图，却发现所住的酒店离开会的地方有一个多小时的路程。在酒店与朋友聊了一会儿后，朋友邀请到他家去参观一下他的新家。由于我的名片用完了，第二天开会需要再准备一些名片，所以在准备去朋友家之前，我把Ａ叫了过来，告诉他把Ｕ盘里的会议邀请函给打印出来，另外我的名片用完了去帮我做一盒名片。

在朋友家玩了会儿后，晚七点左右，朋友要请客一起吃饭，我就打电话让Ａ也一起过来吃饭。很长时间没有见面了，所以在吃饭的时候就多说了会儿话，回到酒店时就已经晚上九点多了。为了看一下名片的质量，我让Ａ把邀请函和名片给我，谁知他居然说他没去做。

我一听就蒙了，急忙拿上Ｕ盘冲出酒店，到外面的街上去找打字复印店去打印邀请函和做名片，但是由于时间太晚，街上打字复印店基本都关门了。没办法我只得挨街去找，谢天谢地，找了几条街后有一家打字复印店由于给客户赶一份资料还没有关门。

在邀请函打印了后，我给店老板说打印名片的事，店老板讲时间太晚了，名片即使做也得第二天拿。可开会时间不允许，就百般给老板说好话，而且为了节省时间，我说名片内容设计得简单一些，再三恳求才以双倍的价钱谈了下来。三个小时后拿到名片，那已经是凌晨一点了！回到酒店发现Ａ忐忑地等我回来，我强压怒火说要是下午就将名片做出来哪有这么多麻烦，没想到Ａ却表示委屈，原因是我交代的时候没有说急用。

我听到他的辩解，更是生气，我反驳他说：1. 在接到这项安排时，你可以问我这些东西是否急用；2. 在来北京的路上，已经告知过你明天八点半要参加会议，而且在安排做名片时，我已经说了我现有的名片已经用完了，如果对于一个有心的人来讲，这

些信息就足以判断出我所要的东西是急用的；3. 如果我要求的东西没做，在一块吃饭时，你可以告诉我安排的东西没做，这样我就可以提前吃完饭去做这些东西，避免我可能找不到打字复印店影响明天的会议；4. 当我发现东西没做时应该赶紧想办法去补救，要么自己赶紧出去做这些东西或者一块儿去做，而不是我出去了，你还在宾馆待着。

当时 A 被我说得面无人色。后来想了想，这件事我也有责任，所以我也就没再批评他，谁叫我定下时间限制呢！下属有了错，当老板的肯定有问题。不过说实话，那件事情让我看到，A 能力虽强，但在对事件的把握上，还有改进的空间。"

老板长长地叹了口气："希望 A 不要因此怪我！哎！你赶紧回销售部报到吧！"

在这个时候，说什么话都是多余的，子骞说声告辞就回到销售部，听说带回一笔大单，众人无不雀跃，A 脸色不太好看，但自此再无二意。

每个人都有自己的思维，不同的人会有不同的思维方式，要想自己能够在适者生存的环境里不被淘汰，就要在不同的阶段，有自己不同的思维。没有一个人是全能的，在这里我们就要向很多的人学习，在学习的过程中，找到自己的思维盲点，不要让他给自己的生存带来危害，那样就很不值了。

要想走出自己的一条路，你就要不断学习，学习前人的经验，学习强者的人生哲理。每个人都有自己的个性，不过，你一味强调了个性，没有共性，那样社会是不会承认的，那样的你也就失去了你个性的意义了，要怎么样做自己，找到自己的不足，在这个知识经济的时代，知识的运用是由思维组织的，你要说一句话，也要经过它。

第十九律 机遇无处不在，关键在于发现和把握

有很多的人，智商很高不过他还是不能在这个社会有好的表现，那是因为他的情商不高，这个情商，就是这个人的思维盲点，走出自己的思维盲点，可以让你在这个世界过得更精彩。

破除思维定势

记得在学校的时候，一次，老师在黑板上用粉笔画了一个大大的白圈，然后指着黑板问同学们："你们看到了什么？"所有的同学一齐回答："一个白圈。"老师惊讶地说："只有一个白圈吗？这么大的一块黑板就没有人看到吗？"……

下面的人面面相觑，为什么所有的人都看到那个白圈，而对整整一面墙视而不见呢？其实这就是思维的惯性。如果一个人受惯性思维的影响，在看问题的时候得出来的结果往往是大同小异的。这种思维不是不对，但如果长期局限于这样的思维模式，会抑制一个人创造力的发挥。在遇到问题的时候容易钻牛角尖，跟自己过不去。

这也就是为什么很多自诩经验丰富的人，反而不容易有创新。

联合利华引进了一条香皂包装生产线，结果发现这条生产线有个缺陷：常常会有盒子里没装入香皂。总不能把空盒子卖给顾客啊，他们只得请了一个学自动化的博士后设计一个方案来分拣空的香皂盒。博士后拉起了一个十几人的科研攻关小组，综合采用了机械、微电子、自动化、X射线探测等技术，花了几十万，成功解决了问题。每当生产线上有空香皂盒通过，两旁的探测器会检测到，并且驱动一只机械手把空皂盒推走。

中国南方有个乡镇企业也买了同样的生产线，老板发现这个问题后大为恼火，找了个小工来说："你他妈给老子把这个搞定，不然你给老子爬走。"工友们用很同情的眼光看着这个小工，谁都知道他连初中都没有毕业，又怎么可能解决这种高科技难题呢？

不过，小工很快想出了办法：他花了90块钱在生产线旁边放了一台大功率电风扇猛吹，于是空皂盒都被吹走了。

与此相似的案例是：据说美国宇航员上太空之后发现钢笔在没有引力的地方不能用，美国宇航局就悬赏10万美金向全世界征集设计一种既能朝上也能朝下写，不用吸水，不受地球引力限制，可以较长时间供宇航员在太空使用的笔的方案。许多人认为这种笔要求那么多一定很先进，科技含量一定很高，于是全世界许多人设计了许多科技含量很高的笔，但通过使用都不符合要求。一个德国科学家突破了常人认为"需高科技"的思维定式，给美国宇航局写了一封信，信中写道：用铅笔。宇航局的事件过程未必是真，失重环境下最怕掉屑的东西，铅笔就是其中之一，铅笔中的碳是导电的，那个粉尘到处飞，更危险。但是现在俄国和中国的太空宇航员确实使用铅笔（美国不清楚）。

所以说，能够把人限制住的，只有人自己。人的思维空间是无限的，像曲别针一样，至少有亿万种可能的变化。也许我们正被困在一个看似走投无路的境地，也许我们正囿于一种两难选择之间，这时一定要明白，这种境遇只是因为我们固执的定式思维所致，若勇于重新考虑，一定能够找到不止一条跳出困境的出路。

绝地重生：失败中暗藏机遇

西方有一句谚语："通往失败的路上，处处是错失了的机会。坐待幸运从前门进来的人，往往忽略了幸运也会从后窗进来。"

忆茹负责市场宣传，在一次组织的新品发布会中，她把邀请名单搞错了，漏掉了一位非常重要的大客户。自知闯了大祸的忆茹经过激烈的思想斗争，决定承认自己的错误，心情复杂地来到经理办公室，准备接受经理的狂轰滥炸。经理果然锤桌大怒：

第十九律 机遇无处不在,关键在于发现和把握

"你办事怎么这么不认真?给你反复强调过多少次你没长脑子呀?难道这点小事你都做不好?……"噼里啪啦一连串在忆茹脑袋里炸开了花。不怪经理生气,这是在他手里办的第一次大型发布会,公司上上下下都盯着她看呀!忆茹在这个时候出纰漏,更是让其他人看笑话!忆茹自知没理,低着脑袋不说话。经理就更生气了:"去,你亲自去向老板解释这件事,我可不帮你背这个黑锅!"

忆茹深吸一口气,忍住要掉下的泪水,敲响了老板的办公室:"我犯了一个非常严重的错误,真的非常抱歉,出现了这么大的疏忽,请您给我一个改正的机会。请相信,我一定会吸取教训,下次不会再犯了!"老板看到她诚恳地承认了错误,面色由愠怒转为平静,说:"事情已经发生,在这时候责备你也没用。但你必须想一个补救的办法!"

忆茹冥思苦想,终于想出一个办法,那就是为这位客户办一个专场新品发布会,并告诉他,由于多年的生意往来,合作相当愉快,希望能进一步加强与他的交流,所以单独邀请他,以方便他订货。至于额外的费用,忆茹准备自己承担一半。

这个想法得到经理的支持,经过加班加点,忆茹终于完成了这次专门的新品发布会。会上宾主尽欢,大客户看到公司专门为自己准备了一个发布会,更加信赖和支持这家公司,双方建立了更加亲密的合作关系。

事后,经理亲切地对忆茹说:"那天我气昏了,才发那么大的火,希望你不要有什么想法。"忆茹有点受宠若惊:"哪里哪里,是我错在先,还请经理不要介意才是。"见忆茹这么谦虚,经理夸奖说:"好好干!你很有潜力!"

有潜力的员工,会把错误当成是学习的机会,把失误变成机遇。被誉为"经营之神"的松下幸之助说,"偶尔犯了错误无可

厚非,但从处理错误的做法中,我们可以看清楚一个人。"老板所欣赏的是那种能够正确认识自己的错误,并及时加以补救的员工。

美国心理学家艾里斯曾提出一个叫"情绪困扰"的理论。他认为,引起人们情绪结果的因素不是事件本身,而是个人的信念。许多在现实中遭遇挫折的人,往往认为"自己倒霉","想不通",这些其实都是本人的片面认识和解释,正是这种认识才产生了情绪的困扰。

实际上,人们的烦恼和痛苦,常常与自己的情绪有关,与自己看问题的角度有关。同样是夜晚,你是看到无边无际的黑夜还是满天闪烁的繁星,这直接决定着你的心情。如果总从一个方向去看待一件事情,不会转换自己的思维方式,那么在面对"不幸"或者"倒霉"的事情的时候,永远也不可能高兴起来。正所谓"幸运的人总幸运,倒霉的人总倒霉。"

科学家早已证实,人与人之间智商的差距其实很小,更多的是情商方面的距离。所以,一个人"聪明"不"聪明"应该反映在他调控情绪的能力上。一个人是不是善于调控自己的情绪,遇到问题的时候,是不是能够从多角度、多方面,冷静理智地处理问题,在很大程度上决定着事情的结果。

机遇稍纵即逝

人生的得失常常就在于机遇的得失。有了一个机遇,抓住它、利用它,你的命运就会因此而发生改变;相反,忽略它、远离它,那么,你就可能一生都陷入平庸中。要知道,在人生的体验中,并不是所有骁勇善战的将帅都能稳操胜券,百战不殆;并不是所有技高一筹的运动员都能夺魁挂冠,获取金牌;也不是所有痴情迷恋的男女都能拥有完美的爱情,永浴爱河;更不是所有忠诚高尚的人都能幸运如意,一帆风顺。原因何在?

第十九律 机遇无处不在，关键在于发现和把握

要知道机遇是一种不可排斥的因素，很多时候就是因为我们不知道利用机遇，不知道机遇能改变我们的一生，不知道机遇会让我们一举成名。

有这样一个故事。

从前有个基督教徒，他相信上帝无时不在，无处不在。因此，他每天都十分虔诚地向上帝膜拜。

一次当地暴降大雨，很多地方都被淹没了，积水始终不退，于是人们都纷纷逃命去了。

但是，这位基督徒认为他是这么虔诚地信奉上帝，上帝应该会来救他的。因此，他没有和众人一起逃生。

他站在屋顶上这样想。所以，当救难队乘着救生艇来救他时，他拒绝了，因为他坚信上帝会来救他。

后来又来了一艘救生艇，他还是坚信上帝会来救他，所以，他还是毫不犹豫地拒绝了。

最后来了一架直升机，丢下一条绳索，他仍然想上帝一定会来救他的，所以他又拒绝了。

结果，大水把他淹死了。

他的灵魂到了天堂，正巧碰到上帝，于是他质问上帝："我对您那么虔诚，您为什么不救我？"

上帝回答说："我派救生艇、直升机去救你，是你自己不愿被救，才被淹死的，这能怪谁呢？"

是啊，自己没有把握住从身边溜走的每个机遇，结果被活活淹死，又能怪谁呢？这个故事告诉我们这样一个道理：机遇无处不在，它有时候改变的不仅仅是我们的命运，而且，还能关系到我们的生命。

并不是所有的人都相信机遇能改变自己的一生，能够让自己一举成名。于是，他们在机遇来临的时候，无法认识哪个是机遇，

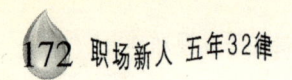

更不用说用机遇来改变自己命运了。

成功者之所以成功,是因为他敢于冲锋、主动进攻,善于抓住胜利的时机。机遇从来都不会落在守株待兔者的头上。

结语:
机遇从来都有,你抓不到,就让别人得到了。

第二十律　细节决定成败

> 西方流传的一首民谣对此作了形象的说明：丢失一个钉子，坏了一只蹄铁；坏了一只蹄铁，折了一匹战马；折了一匹战马，伤了一位骑士；伤了一位骑士，输了一场战斗；输了一场战斗，亡了一个帝国。在这里，损失被一点点放大，因为忽视了马蹄铁这样的细节而最终亡了一个帝国，这叫做"马蹄铁效应"。

魔鬼和天使都在细节中

泰山不拒细壤，故能成其高；江海不择细流，故能就其深。如果说宏伟的战略是一堵墙，那么细节就是一块砖，没有砌好这块砖，同样隐藏着坍塌的危险。比如水温升到 99 度，还不是开水，其价值有限；若再添一把火，在 99 度的基础上再升高 1 度，就会使水沸腾，并产生大量水蒸气来开动机器，从而获得巨大的经济效益。差那么一点点，往往是导致最大差别的关键。

经过几次和其他公司的业务洽谈，安卉觉得已经进入角色，迎来送往的事情对于热情而且又嘴甜的她来说游刃有余，况且自己还是一个靓丽的美眉，就算是有点瑕疵领导也会视而不见了，谁料这种自信以及领导的包容却着实给她找了个大麻烦。

安卉所在的公司从事的行业极广，避免不了和政府官员打交道，在中国这是很有特色的，一旦是这样，很多事情就有着特殊意义，连座次也成了标榜身份的象征，安卉虽然心细，但因为不谙人情世故，在这上边重重地栽了一个跟头。

　　上周六，公司竞标成功，配合政府开发市中心公园设计，公司能够脱颖而出是在安卉意料之中的，这完全靠的是公司的实力，这一点安卉从不怀疑。事情似乎到此已经没有了再叙述的意义，然而董事长和总经理却围在市长、市长助理、市委宣传部长和城市规划领导小组组长的周围。难道还有事情？安卉狐疑着。下午，市长等政府领导的坐骑出现在公司的停车场中，公司也毫不例外地打出"欢迎市领导莅临指导"的标语。安卉的直接上司传达了公司领导的通知，要在会议室召开一次会议，讨论最新竞标的项目合作问题，参会人就是这些父母官，叫安卉等人仔细筹备。安卉照例在会议室放上鲜花和果盘以及茶水，座次依照往常会议排列，为了使参会人员，尤其是为了对这个设计进行方案审查的领导就近观看幻灯片而特意安排双方领导都坐在两侧最靠近幻灯片的地方，如下图即图中Ａ7和Ｂ6的位置，也方便公司领导主持会议。当市政府的一帮子领导和专家入座的时候，对方的人员很迟疑，看着桌子上的座次牌不入座，直到市长坐在A7的位置，其他人才按照桌子上的座次牌入座。会后，一向温和儒雅的上司气冲冲地走到安卉桌前"问罪"："你是怎么搞的？有你这样安排座次的吗？"安卉丈二和尚摸不着头脑，"哪里出问题了吗？"安卉忐忑不安地小声问道。上司仍是一脸激动："问题？你不知道？你知不知道哪位是市长？"主管小心回答："Ａ7位置上的呀？"不说还好，听安卉这样回答，上司显然越发激动："这么说你是成心的了？你等着吧，要是这次出了问题，不仅是你，恐怕我都会因为失掉上亿元的项目而辞职呢！"上司说完沮丧离去。安卉愣愣地站在那，半天没有了感觉，她想不明白问题出在哪里。还是问问在国企工作的忆茹吧,老同学听完安卉的叙述说:你把座次安排错了,他们是政府领导,一般更是注重这些,因为对于不认识他们的大众而言,判断领导地位高低,属于哪个级别的通过座次就能反映出来,何况对于这次你们单位竞标成功,还有媒体和记者在场,难怪你的上司要一脸死灰般的表情。正确的座次如图:

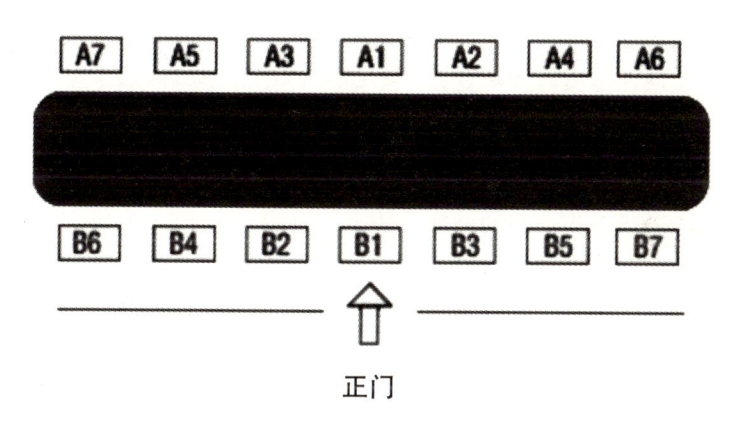

| A7 | A5 | A3 | A1 | A2 | A4 | A6 |

| B6 | B4 | B2 | B1 | B3 | B5 | B7 |

⇧
正门

(A 为政府一方,B 为公司一方) 投影仪在左侧最前端。

安卉恍然大悟,同时也感慨万千,想起大学时候一位老师讲到中国官僚的时候说:"中国是一个官本位的国家,中国人特别讲究论资排辈。君臣父子,长幼有序,不能有丝毫差池,否则就是大不敬,就是'竖子无知'。一句'你算老几?'足可以钱得你小脸黄里透白。座次,挑明了就是个论资排辈问题。国人骨子里的等级意识很严重,人们习惯于社会安排给自己的席位,习惯于社会棋盘上的活动点,习惯于人际关系宝塔中的层次。不属于我的位次,我不想;有了那个位次,就得给我坐。不给我坐,就等于不承认我,那是不能忍受的。"看来小事不小。这次竞标下来的项目近亿元,是安卉所在公司今年最大的一笔业务,如果这次设计方案不能通过,得不到市政府的审批,不仅意味着前期投资化为泡影，恐怕会影响到以后与市政府的合作，安卉也深知这帮人是得罪不起的，可是我也是一片好心呀。安卉正在胡思乱想，电话那边的忆茹"喂……"了半天听不到声音，有点着急："我说姑奶奶，你赶紧打听去，看看有没有什么补救措施，别在这儿发呆了。"一句话提醒了安卉，慌忙中连再见也没说就挂断了电话，飞跑着来到上司办公室。"正找你呢，你正好过来了。晚上在国贸大酒店宴请开会的领导和专家，你赶紧去安排一下，千万不要再出差错，能不能批下来就看今晚的了。"安卉没想到上司这么快就给自己一个将功赎罪的机会。赶紧按照座次礼仪安排，并详细摸清了参加宴会的人员、职务、级别，以及个人喜好，并为每个参会人员准备了不同的特殊礼物。

其实，接待客人属于外交范畴，讲究多一些。一般来讲接待客人分主客两方。主方至少要有两人，一人是"主陪"，另一人是"副陪"。"副陪"一般是"主陪"的朋友、同事或部下。"主陪"要坐在正对门的地方，以尽地主之谊，"副陪"坐在"主陪"的正对面，也就是靠近门口的地方。副陪既是具体负责招待工作的，也是比较能喝酒的。主陪右边应该是主宾，左边是副宾；副陪的右边是来宾中的第三号人物，左边是第四号人物。其他人员基本可以随便坐了。服务人员倒酒的时候，从主宾开始按顺时针依次进行。有时人多，还有一位或两位边陪。一位边陪就坐在主陪左方、副陪右方的中间位置，右边是第五号人物，左边是第六号人物；有两位边陪时，另一位坐在主陪左方、副陪右方的中间位置，来宾也是从右至左依次排列。如果主方是四位在场，第四位边陪在主陪的右方、副陪的左方，另一位边陪的对方，四位呈十字交叉状。但在北方，来宾有依次按一左一右排列的，所以应该倾向于前一种排列方式，如图所示：

第二十律 细节决定成败

```
         主陪
   主客       副客


   四客       三客
         副陪
```

　　安卉了解了座次礼仪，真是好好地上了一堂课。晚上在国贸大酒店中国风餐厅，温馨的莲花回环水晶吊灯，江山如此多娇布景的墙画，回族风情的新疆地毯应和着温和而又典雅的色调，在觥筹交错中，安卉施展开口吐莲花般的应酬本领，周旋于主客之间。安卉知道"生死系于一线之间"，红酒入喉已经感觉不到味道，安卉只是时时赔着笑脸。当市长端起酒杯对着公司老总说道："你们的方案很好，在保证发挥中央公园'绿肺'功能的同时，还具有文化传播的效用，一举两得，我看这个设计思路可行。市委会议决定通过你们的方案……"下边的话和老总的话安卉什么也听不清楚了，她突然感觉是那么的飘，那么的软，兴奋？还是喝醉了？安卉开心呀！她跑到洗手间呕吐起来。安卉总算又出色地完成任务，将功赎罪也好，死里逃生也罢，总之这件事让安卉深刻明白了一个道理：小事不小。谁又能知道就是这小小的座次也会折射出这么复杂的职场学问？差一点损失千金。

20世纪世界最伟大的建筑师之一的密斯·凡·德罗，在被要求用一句话来描述他成功的原因时，他也是只说了五个字："魔鬼在细节"，他反复地强调如果对细节的把握不到位，无论你的建筑设计方案如何恢弘大气，都不能称之为成功的作品。可见对细节的作用和重要性的认识，古已有之，中外共见。也就是所谓"一树一菩提，一沙一世界"，生活的一切原本都是由细节构成的，如果一切归于有序，决定成败的必将是微若沙砾的细节，细节的竞争才是最终和最高的竞争层面。成大业若烹小鲜，做大事必重细节。在中国，想做大事的人很多，但愿意把小事做细的人很少；其实，我们不缺少雄韬伟略的战略家，缺少的是精益求精的执行者；不缺少各类管理规章制度，缺少的是对规章条款不折不扣的执行。中国有句名言，"细微之处见精神"。细节，微小而细致，在市场竞争中它从来不会叱咤风云，也不会疯狂促销策略，立竿见影地使销量飙升；但细节的竞争，却如春风化雨润物无声。今天，大刀阔斧的竞争往往并不能做大市场，而细节上的竞争却将永无止境。一点一滴的关爱、一丝一毫的服务，都将铸就用户对品牌的信念。这就是细节的美，细节的魅力。

简单有效的职场细节

1. 不论你住得多么远，每天早上最少提前10分钟到办公室，如果是统一班车，也应提前5分钟赶到候车点。上班不迟到，少请假。

2. 在任何地方，碰到同事、熟人都要主动打招呼，要诚恳。

3. 在车上，要主动给年长者、领导、女同事让座。不要与任何人争上车先后、争座位。

4. 进入办公室应主动整理卫生，即使有专职清洁工，自己的办公桌也要自己清理。这一切都应在上班时间正式开始前完成。

5. 早餐应在办公室之外的地方、上班开始前的时间完成。

6. 每天工作开始前，应花 5 至 10 分钟时间对全天的工作做一个书面的安排，特别要注意昨天没完成的工作。

7. 每天都要把必须向领导汇报、必须同别人商量研究的工作安排在前面。

8. 找领导、同事汇报、联系工作，应事前预约，轻声敲门，热情打招呼。

9. 上班时间，不要安排处理私事的时间，特殊情况须提前向领导请示。

10. 工作需要之外，不要利用工作电脑聊天、玩游戏、看新闻。

11. 不可利用工作电话聊天。即使是工作需要通话，也应长话短说，礼貌用语。

12. 在办公室说话做事，都不应发出太大的声音，以不影响他人工作为宜。

13. 每天上班前都要准备好当天所需要的办公用品。不要把与工作无关的东西带进办公室。

14. 下班后，桌面上、电脑里不要放置工作文件、资料。下班前，应加密、上锁、关闭电源等，下班不早退。

15. 除必须随身携带的外，不要把工作文件、材料、资料、公司物品等带回宿舍。

16. 除工作需要外，与自己工作相关的技术、信息不能轻易告诉别人，哪怕是同事、领导。

17. 与别人同住一室，应注意寝室和个人卫生，充分尊重别人的生活习惯，彼此互相信任，友好相处。

18. 因公出差时，要绝对服从公司的人员、时间、经费、工作安排，不提与工作无关的要求，不借机办私事。

19. 出差在外，应礼貌待人，与领导、同事、客户、合作方见面、分手都要主动握手、问好、告别。

20. 与他人沟通、合作、交流、谈判时，须注意说话的语速和声调，不宜过快过大，更不能情绪失控造成不良后果。

21. 与同事、领导、客户、朋友一道乘车外出时，应礼貌谦让，随手关好车门。

22. 与同事、领导、客户、朋友一同赴宴时，应礼貌让座，必要时还应协助服务员做一些事情。

23. 酒席上应尊重领导、年长者、女士，礼貌敬酒，控制饮酒，严禁过量。

24. 与领导一同外出，遇事在领导发话之前不宜抢先说话，多帮忙不添乱。

25. 拜访领导、同事、客户、朋友时，对受到的热情接待应及时表示感谢。遇到条件、环境不好或接待不热情时，不要提出额外的要求。

26. 除非一个人独处，否则不要在上班时间和公共场合玩手机或频繁发短信、打电话。

27. 要坚持学习专业知识，每天睡觉前学习半小时，最少10分钟。天天坚持，不论在什么地方。

28. 要坚持接受新的信息，每天看电视半小时或阅读主流、专业报纸半小时或上网浏览半小时。坚持不懈，但应在下班后的时间。

29. 即使不是工作需要，也应定期与领导、同事进行沟通、交流。

30. 关注公司、部门工作与发展，如有想法和建议，应及时通过适当方式向上级乃至最高层反映。

31.适时总结自己的工作和生活,适当规划一段时期内的个人工作和生活。

32.同事、领导、朋友的红、白喜事,不应缩手缩脚,但也不宜太过张扬。

33.定期同家人、同学、老师、朋友联系,互通工作、生活信息。

34.生活尽量有规律,饮食均衡保证营养,平时穿着简洁大方。如有工作装,必须按要求着装。不要穿不干净、有补丁的衣服上班、会客、出差。

35.注意个人仪表,定期理发、剃须,天天擦鞋。

36.如果工作不能按时完成或出现意外,必须及时向领导通报,寻求新的解决方法,尽量避免损失。

37.生活发生困难时,要及时寻求同事或公司的帮助。

38.生病不能上班时,要及时请假,积极治疗,必要是寻求朋友帮助。

39.要养成主动干工作、简单过生活、结识好朋友的良好习惯。

40.以出色达成工作目标为准则,不要给自己额外的压力,要学会享受工作、享受生活。

结语:

老子说:天下难事,必做于易;天下大事,必做于细。所以,无论做人,做事,都要注重细节,从小事做起。细节是一种创造,细节是一种功力,细节表现修养,细节体现艺术,细节隐藏机会,细节凝结效率,细节产生效益,细节是铸就成功的翅膀,细节决定人生的成败!

第二十一律　打破性别定势：向能者学习

> 男人来自火星，女人来自金星，这两个不同的物种聚到一起，总会发生一些碰撞。男人有男人的优势，女人有女人的特长，我们倡导向他人学习，那么，我们是不是也该向他（她）学习呢？答案是肯定的。

职场男女大不同

虽然，越来越激烈的职场竞争，使男女之间的性别差异越来越被忽略，女性在职场上几乎丧失了被保护的特权，但是我们不得不承认，男人和女人之间还是存在着巨大的差异。如果我们能够理解和接受这样的事实，充分发挥男女各自的优势，那么我们一定会生活和工作得更轻松。

女人越聪明越脆弱，男人越聪明越大胆

聪明的女人通常是敏感的，敏感者对外界刺激的反应特别强烈。当一个女性感受到他人对自己的不良情绪、压力和一定的风险时，她可能因此而沮丧，而不安，而在职场上退却。聪明容易使女人成功，也容易使她不耐压力。相反，男性的聪明才智使他们在事业上得以成功，他们因而更加自信，更加大胆。女性因聪明而产生的脆弱，其实根源于"女子无才便是德"的男权文化，即便在今天，聪明女子在职场上很受欢迎，然而在家庭生活领域，

第二十一律　打破性别定势：向能者学习

聪明却往往不被看作是女人的优点。

女人的聪明是知识积累和信息时代进化的结果。我们再也无法回到女人不闻窗外事的过去了，女人只有接受和适应自己的聪明，才会有美好的前途和未来。

◎女人因为得到而焦虑，男人因为没有得到而焦虑

男性容易具有征服焦虑。当他们还没有得到某个职位或达到某个目的时，焦虑迫使他们千方百计去争取，而一旦得到，他们便漫不经心，表现出随意和松懈。女人却相反，当她没有得到时，她是潇洒的，而一旦得到，她就开始焦虑。女性不怕得不到，而是害怕得而复失。

◎女人越年轻越有价值，男人越成熟越有魅力

这种状态和男女的生育年龄有关。女人越年轻越容易生育，而男性的生育周期远比女性长得多。男人见了年轻女性可能会产生本能的冲动，这种冲动是生命冲动。在事业上，越成熟的男性越容易成功，所以，成功男性和年轻女性是互为吸引的对象。

然而，年长女性也不用失落，当红颜渐褪时，智慧就日益成长。智慧和美丽是女人魅力的两个重要组成部分，而智慧是更长久、更可靠的。

◎女人事业上越成功在情感上越依赖，男人事业上越成功在意志上越独立

从我们身边的一些事例中可以看到，事业成功的女性常常对男性怀着歉疚。一位事业成功的妻子，可能会因为没有时间为丈夫做饭而感到内疚，而"女强人"的称谓通常也是和婚姻不幸画等号的。女人追求事业的最初动机也许是为了丈夫和孩子，可一旦女人事业成功，就会在心理上失去自信。而男性却因为成功而自我感觉良好，因为不少男性是把成功当作自己生命的第一追求。

所以，要成为一个幸福的女人，既要在事业上执著而潇洒，

又要在生活中独立而自信。

◉女人容易偏激冲动，男人比较兼顾全局

女性常常为了赌气，而忽视实际利益。女人是重感觉的，为了感觉可以不顾其他，尤其是在受到委屈时。而绝大部分的男性是理性的，他们能够分析问题的利弊得失，为了利益可以忍辱负重。在心理上，男性承受压力的能力比女性强得多。在这方面，女性要向男性学习，学会控制自己的情绪，做到兼顾全局。

◉女人经常扮演弱者，男人多以强者自居

女人的柔弱是女性自我保护的武器。女人常常以弱势来调动男人的强势意识，以获得男性的保护，这也是以弱制强的一种策略。寻求保护是女人的本性，被保护是女人的体面，而男性甘愿充当保护神的角色，可能是因为中国传统观念认为女性是男性的附属物，女性为男性所拥有、所支配。在这一点上，女性顺其自然，以自己的柔弱巧妙制约着男性的强大。

◉女人以倾诉来消除焦虑，男人以独处来减缓紧张

女人的有效生命比男性短，比如女性的生殖生命比不过男性。但女人的绝对寿命比男人长，这是因为女性的减压能力比男性强，而女性自我减压的一种很好的方法就是倾诉。心事一旦说出来，就转移给了倾听者，而倾诉者便得到了很大的情绪舒缓。女性善于倾诉的心理根源，在于女性愿意承认自己的无能与软弱，并且积极处理自己的情绪。而男性受"有泪不轻弹"、"有苦不轻吐"的男权强势文化的影响，遇到压力自己硬挺，其结果是往往会受到不必要的伤害。有资料显示，男人习惯以独处来减缓紧张情绪，尤其是对于工作上的压力。因此，女人对于男人的这种特别的减压方式，也应该予以理解。

◉女人在乎过程，争取做得更好，男人重视结果，而不讲究方式

第二十一律　打破性别定势：向能者学习

女人做事，并非只为了最终的结果，相反，而是为了享受过程之中的乐趣。而男性常常是直奔主题，只为达到目的而不在意过程。女人是靠把玩感觉生活的，无论美丑老少，女人几乎个个都是理想主义者。梦想是女人生命中的阳光雨露，被人关注、被人呵护是女人天然的心理需求。而男性的目的性很强，这与男性对物欲的强烈追求直接相关。男性天生担负着"修身齐家治国平天下"的责任，所以他们好像永远奔波在路上，始终满怀目标，却常感焦虑。

其实，没有目标的女性不妨也给自己树立一个远大的目标。完成任务、达到目标是一种无比痛快的感觉，那是生命能量有效实现的畅快，也是个人意志充分表达的自由境界。

● **女人在乎他人的评价，男人重视自己的感觉**

女性在心理感受上是接近"自恋"的。女人对自己的形象追求始终是贪得无厌，对自己的品行也是斤斤计较。其中的原因就在于，女性无论是在婚姻家庭生活中，还是在社会和公共活动中，都常扮演被挑选的角色，而不是像男性那样去挑选别人。所以，经过生活和心理的沉淀，女性对自身的形象和品行很在乎，因为那直接关乎女人的命运。而男性作为社会和家庭的绝对主导者，他们的生命状态和心理感受是相对自由和自主的。男人的感受应了那句俗语：艺高人胆大，胆大艺更高。即便他失意了，他是个男人这件事本身也让他充满自信，这是一种潜在的心理优势。

在这一点上，女人要向男人学习，好感觉要从自身的心理感受中获得，而非来自于外界的评价。

● **女人厚积薄发，男人爆发力强**

在职场上，女性基本上都是"老黄牛式"的员工形象，她们对自己的业绩评价一般也是保守的（新生代除外）。这种现象的发生，还是和女性的自我贬抑心理有关。女性一方面在工作中努力勤奋，一方面又在潜意识里害怕自己的成长。改革开放早期，在引进的一些港台电视剧中，有相当一部分剧情就是职场女能人害怕自己变成"男人婆"。女人厚积薄发的心理根源，是对自己快速成长的恐惧，是对事业上太引人注目的顾虑，也是对职场压力的担忧。所以，女人在事业上的发展步履是保守的。而男性则相反，他们"临门一脚"的功夫尤其突出。这表现在不少男生平时读书不怎么用功，但是考试成绩却并不比女生差。男性的应激能力比女性强，对利益的向往也更直接、更迫切，因此男人大多拥有较强的爆发力。

其实，在当下的社会，女性在事业的竞争中也不必太客气，太谦虚，只要可能就应该向前冲刺。

◐ 女人不愿同性当上司，男人不愿异性当上司

这样的心理源于女性对女性的排斥。在典型的男权社会中，女性为获得更多的资源和机会，往往努力取悦男性，和女性展开争夺。在那样的情况下，女人帮助男人欺压女人的情形就不难理解了。同时，由于女性心理上的不自信，也投射到对女上司的不信任。还有一种滞留的心理习惯，那就是有的女性认为，只要臣服于男性，就能得到男性的保护，就能给自己带来安全感。而对男性下属而言，一般女上司在能力上没法使他信任，在心理上他也不愿意接受女性的领导。在这个方面有的男人会陷入两难冲突：要么女领导很强势，男人觉得很自卑；要么女领导水平不怎么样，男人又觉得很冤，觉得自己没有前途。

女人善待男人，更要善待女人。在女人和女人之间，只有真心接纳，才是最好的相处之道。

◐ 女人考虑如何让他人接受自己，男人习惯思考怎样征服他人

女人是隐忍的软性动物。女人愿意向内挤压自己，挤压自己

的目的就是为了证明自己。声誉对女性内在的感受很重要，它对女性外在的发展也同样重要。一个不被所在群体接受的女性，其心理感受一定是很糟糕的，而这样的负面情绪会妨碍她的成长。对于男性，他们更习惯整合自身的资源，直接以自我为中心，去征服外部世界。

女人关注他人的感受是一种善举，但是也要有足够的自信接纳自己。要像男性那样，发掘自身的潜力，去追求自己的目标。

女人更习惯揣摩自己，男人更愿意忖度别人

在自我理解方面，经常揣摩自己的感受几乎是女人的共性。女人是在感觉中存在的，女人的感觉远比男人发达。那是因为女人的生活空间和视角都要比男人狭窄，而女人又是善于思考的动物，所以她们通过"自我分析"、"自我觉察"来成长。那是一种可以不依靠别人而丰富自己的方法。男性忖度别人则是为了竞争，那是一种研究与较量，是为了展开行动而不仅仅是思考。

女人如果也能把精力集中对外，那么女人的成就则不可估量。

女人接受挑战，男人挑战别人

女人的强项是接受别人的挑战，这其中也包括别人带给她的苦难。女人承受苦难的能力是不可思议的，在这样的承受中，她会因虔诚而美丽，因坚强而温柔，因磨难而璀璨，因挫折而大放光芒。而对于男性来说，挑战别人则是他们升华自身的一个过程。

女性能够接受挑战是天赋的能力，但是女性也可以挑战自己和别人。那是一种能力的证明。能够挑战别人，是对女性的一种新的挑战，会使女性更柔韧、更强大。

女人关注上司的感觉，男人注重自己的权利

有人说，女人心中三个宝，老公、孩子和领导。这说明现实

生活中，上司和女性下属的关系确实非常密切。在与上司的相处中，女人以适应为主，男人则以应对为主。一般来说，男性下属不会在下班之后还揣摩领导的意图，他们只会在遇到问题时找出对策，给自己留个余地。而女性下属则对上司的想法很在乎，并经常修正自己，以适应上司的工作作风。这就是为什么一个男人可以成功领导一群女能人的原因。

女人是现实主义者，也是理想主义者，更是浪漫主义者。女性关注上司的感受，更应该关注自己的利益，关注自己的整体生活质量。

向男人学习

女性已经光鲜亮丽地站到了这个原本只属于男性的职场舞台上，但是女性在职场中的成就为什么总是不会与男性并驾齐驱？这不是因为专业能力高下有别，而是因为思维方式多有差异。在长期由男性主导的职场环境中，男性建立了专有的职场游戏规则。女性要分半壁江山，不妨从了解男性的职场游戏规则开始，试着像男性那样思考和行事：

◎ 直接要求

女性通常害怕遭到拒绝，所以很难说出自己心里真正的要求。

在职场中，当提案遭到主管退回时，对女性而言即代表绝对否定，没有机会，挫折；对男性而言，拒绝却代表了仍有许多其他的可能性，现在遭到拒绝，以后还有机会，可以换个方式再接再厉，根据问题点重新修正提案，总有被接受的机会。因此，女性应该转换自己敏感、脆弱，太过注重人际关系的特点，重新规划生活目标，不断地告诉自己一定要达到目标，自己有能力成功，将失败与挫折作为下一次机会。

第二十一律 打破性别定势：向能者学习

◎勇敢行事

男性从小就被鼓励做事要勇敢，要勇于表达自己的看法。他们参与各项比赛、运动竞赛等活动，早已习惯竞争和输赢，很多人也了解没有永远的赢家。女性则习惯准备所有的功课，虽然非常细心负责，却不擅长报告，往往是准备一百分，到最后的分数却大打折扣；而男性准备六十分，却常有表达到一百分的成绩。

你是否有类似的经验：男同事在会议中总是非常踊跃地发表意见，滔滔不绝，似乎有备而来。事实却可能是：他对提案没有你熟悉，而且你手上准备的资料也比他更周全。但你从没有机会表达你的意见，主管不知道你的存在，更难想象你的专业程度。最后的结果是，公司采用男同事的提案。除了充分的专业准备外，关键在于你是否掌握表达的机会，让自己站上舞台，发展实力。机会不会从天上掉下来，只有表达才有得分的机会。

◎掌握表达的技巧

开会是最有效的沟通方式之一，要让高层主管在有限的时间与注意力中专心倾听，你的报告必须简短有力。主管期待听到精彩的十分钟，而非啰嗦又没组织的三十分钟。女性往往会不自觉地模糊焦点，加上冗长的解释，让听众丧失耐心。

开场白应避免使用软弱的字句：“很抱歉打扰你的时间”、"大家一定都曾想过这个创意"。女性可以训练自己的报告技巧，学习如何自信地传达声音，以直接有力的开场白加上自信坚定有信心地回答问题。在会议报告中留下深刻的印象，就有机会获得主管的青睐。

◎主动出击，赢得注意力

男性惯于主导职场环境，一有机会便很自然地推荐自己，争取表现的机会，扮演火车头的角色。相较之下，女性比较习惯默默耕耘，等待主管的赏识。不要孤芳自赏，整天努力工作，然后待在办公室内，以为老板一定知道自己为公司鞠躬尽瘁。事实是：老板是不会注意的，除非你主动出击。

你可以主动定期向老板报告团队的最新工作绩效，反映自己优秀的领导能力。同时主动与其他相关部门建立关系，介绍你的职务，让他们了解你能为他们做什么，你有什么资源可以分享。

◌ 不要期待每个人都是朋友

当有同事直接向你表示：除了公事外，无意与你建立所谓的"朋友"关系时，女性的反应通常会感觉受伤，认为是其他原因所致，接下来也间接影响彼此工作上的合作与支援。对于这种状况，男性的反应常是无所谓，今天在会议中处于竞争对立的立场，明天却一起去唱卡拉OK，公私泾渭分明，两者无关，也不会产生矛盾。

反观女性，常常认为同事应在同一阵线，习惯将战友等于朋友。女性认为，若不是朋友，如何并肩作战？建议女性在职场中应以工作职务为标准，不要因为朋友的关系而影响了对公事该有的专业判断。即使彼此不是朋友，只要工作上能配合，能共同达成目的，就可以合作。夹杂私人感情在工作里，反而会影响工作效率。在公司内，如何与同事保持适当距离非常重要，若时时要顾及朋友情谊而误了公事，必定会产生负面效果。

◌ 随时准备接受新挑战

当公司赋予你新的职务，让你肩负更多的挑战与责任时，你的第一个反应是什么？多数女性会开始担心是否能胜任，压力随之而来，因为从未有过相关业务的经验，成绩可能不理想。男性面对相同的问题时，则会很乐观地接受新任务，虽然他自己也可能不知道从何着手，但他不会让别人知道。他相信自己一定能办到，不需担心。

新挑战意味着新的表现机会，其中充满了不确定性。女性应该增加对自己能力的信心，因为别人面对的问题与你一样。

◉ 接受风险

每一个决策的背后都有风险，但风险是可评估的，若不踏出新的一步，就没有成功的机会。你可能正在思考：如果我接受了新方案，万一失败了怎么办？如果我负责新业务，成绩不理想，会不会脸上挂不住？最后在多重考虑下，还是不冒险比较安全，但这样一来，你永远不会进步。

女性常为了安全感，保守地呆在原地，总有一天别人会轻易地夺取你的腹地。女性可训练自己逐步接受风险，不必害怕改变。学习的过程，甚至是失败的经验，都能帮助你承受更大的决策与风险。

◉ 扮演稳定的力量

当公司企图发展新事业时，领导人往往自己也不清楚该如何开始，此时他会指派一位主管作为新事业操盘人，开始所有的作业。一旦你成为新操盘人，即使没有丰富的经验，也不要为此心虚。若你一直害怕自己无法完成，就永远无法成功，而且你散发出的恐惧也会影响别人的支持和感受。应调整角度，相信自己绝对有足够的专业能力达成，因为这是老板选择你的原因。事实上，没有人能百分之百掌握正确答案，但他们都假设自己知道。所以你要停止担心，开始行动，踏出第一步。

◉ 小处着眼

男性在职场目标清晰，非常清楚终点目标的位置，不会偏离跑道，能以阶段性的方式完成各个短期目标，有效且精确地到达终点；女性则倾向于同时处理很多方面的事务，包括家庭与事业，希望能同时兼顾所有的事。正因为她们耗费很多心力在各项责任中，因此常感到工作过量，力不从心，承受较大的工作压力。建议女性在工作环境中，先确认首要目标，将焦点集中在首要目标上，完成后再逐步进行其他任务。理清工作中的轻重缓急，有助于提升工作绩效，引领你快速达到目标。

不要私下抱怨

工作碰到瓶颈或挫折时，女性习惯私下向朋友与同事表达各种抱怨与烦恼，最后可能全公司的人都知道你的挫折。结果是没有解决原有的困难，却换来团队成员对你的不信任。每个人都会遇到瓶颈，但男性不会向其他同事透露烦恼，也不会表现出自己焦虑的情绪，因为这无助于完成工作。

作为一个女性主管，不要期待别人替你解决烦恼。你要设法寻找其他平衡情绪、缓解压力的方法，不要让在公司里的抱怨变成自己的负担。

配合团队作业

女性通常因考虑太多，同时在自我保护的外衣下，排斥与别人分享资源，喜爱自行其是，因而无法共同达到团队目标。男性则比较能配合团队领导的指令，拿出最佳本领，协助主管完成任务。

女性应充分了解在团队整体目标的前提下，需舍弃自我的观念和坚持，因为团队领导人将担负所有的责任与压力，只要身为团队成员，都应尽全力协助领导人。

担负更多责任时，要获得更多权力

女性在企业里多担任副手、军师的角色，天生就乐于分担工作，虽然做的事愈来愈多，却不会主动要求享有更多的职权，以获得升迁的机会。反观男性，他们会在担负更多责任时，主动要求升迁，在职场中更上一层楼。

在担负更多责任的同时，切勿忘记要求有更多权力，这样不但可以让自己有更大的发挥，也会拥有更多资源，使工作更有效率。

向核心人物靠近

开会时，女性通常会选择后面的位置，与老板保持距离，或和朋友坐在一起，感到较有安全感。她们潜意识中认为，前面的位置是留给主管及老板的。相反的，男性则会非常自然地坐在前面。

选择会议的位置反映了你的自信。不论你有多么专业，坐在后面就显得自己较不重要。会议位置象征权力的奥妙转移，女性应该习惯会议室前半部分，让老板看得见你，有机会询问你的意见，对你有印象。

◎展现幽默与笑容

在各种公开场合中，多数女性会非常认真、严肃地看待所有的事，缺乏幽默感。若你过于严肃，别人往往不知如何开始沟通的第一步，容易与你保持距离。男性则擅长运用幽默缓和紧张的气氛，或让别人更易接受自己的看法。逻辑性甚至认为女性天生就不会讲笑话。因此女性在听到笑话时，应尽量展现你的笑容，表示你享受幽默的乐趣，接受较幽默的表达方式。有时，即使你已听过同样的笑话了，仍然可以展开笑容，营造幽默的气氛，这是表示赞同与鼓励的一种方式。

安卉第一次遇见老板娘是在年底公司聚餐的时候，她中等身材、干净利落。在安卉的印象中，不惑之年的女人，正值徐娘半老风韵犹存之际，这个时候的女人虽然没有了少女的清纯和青春的靓丽，但她经历了半生的风雨，那阅尽沧桑的成熟中应透着端庄与宁静之美！可是安卉并没有从老板娘脸上读到中年女人的神韵，因为她的整个人连眼角眉梢都透着冷杀之气，在她面前，总有一种被她冷冷审视的感觉。她笑的时候，你感觉不到温暖，却有种雪上加霜的感觉。好在她过着闲散的富太太生活，不染指公司的事务，几乎不到公司去。

从市场部独立之后,老板娘的影子开始出现在公司里。安卉在过道里遇见她,刚要微笑着打招呼,老板娘都不拿正眼看她一下,哼一声就走了,安卉的笑在脸上瞬间就结成了冰,尴尬得不知如何是好。如此几次之后,安卉经过过道的时候就有点战战兢兢,生怕遇见老板娘。

随着老板娘来公司的次数越来越多,安卉心里就越来越发毛。最郁闷的是:安卉发现别人遇见老板娘的时候,都很正常,老板娘甚至会很亲切地和员工说上几句话。唯一不正常的状况出现在自己和张姐身上。和自己不同的是,当张姐遇见老板娘的时候,两人也会笑着打招呼,但气温会降到零点,真是"相敬如冰"。

死守向来不是自己的风格,思前想后,安卉想起伟大的军事家孙子说过:知己知彼,才能百战不殆。要知彼,当然要找八卦婆——阿珍了。阿珍刚开始闪烁其词,在不断追问下,阿珍才老老实实地说:"我对老板娘所知不多,我只知道老板和老板娘都是从农村走出来的,算是患难夫妻,两人白手起家才有了今天的成就。公司刚成立的时候,属于'夫妻店'模式,男主外女主内,不过老板娘那会儿对公司的职员尤其是女性,管得很严,后来不知道发生了什么事,老板娘再不掺和公司的事了。"

安卉追问:"什么事?"

阿珍撇撇嘴,摇头道:"这个真不知道,不过据说和你们张经理有关。"

"老板和老板娘感情怎么样?"安卉有点鄙视自己的八卦,但还是问了。

阿珍阴阳怪气地说:"老板娘老板娘,就是老板的娘喽。感情当然好了。"

没得到任何有价值的情报,安卉垂着头走了。

张芸见安卉最近一直心不在焉,把她叫到自己办公室,和蔼

第二十一律 打破性别定势：向能者学习

地问："你最近工作不在状态，写的企划案毫无新意，是不是遇到什么困难了？"

安卉委屈地说："我觉得老板娘对我有意见！我不知道自己错在哪里。"

张芸笑道："她是老板娘，但不是公司的领导，她就算对你有意见，也影响不了你，你根本不用担心。"

安卉反驳道："可她是老板的领导呀！她可以影响老板。"

安卉说的是事实，张芸安慰她说："你放心，老板不是昏庸无能的人，他自有分寸。"

安卉见张芸一副欲言又止的样子，再想起阿珍说的话，就知道张芸一定知道内里隐情，所以试探地问道："经理，你是公司元老级人物，对老板娘了解多少？"

张芸看了安卉一眼，哼了哼。安卉脸红了，有点心虚。没想到张芸开口说："给你说个故事吧。我有个朋友，大学期间谈了对象，毕业后为了爱情选择留在这个城市工作，两人很快就结了婚。朋友找了份文秘的工作，但那家公司刚成立，处于起步阶段，所以她既做文秘又做供销，经常陪着老板到处跑。老板娘管公司的财务和行政，对员工也体贴有加，不过老板娘有一点不好的地方，那就是每进一名职员尤其是女性，都要经过她的一番'政审'。如果你五官太漂亮，如果你的服饰太新潮，如果你在老板面前太张扬……都要遭到她的白眼和非议。"

"工作很辛苦，不过看着公司一天比一天壮大，我朋友心里很高兴，但这时候，家庭却出现了矛盾，有一次她披星戴月回去，老公已经睡了，第二天早上她没敢吵醒老公就去上班了，下班回来，老公还在睡。她有点奇怪，转念一想，也许是老公这两天太累，没休息好吧。后来老公跟她大吵了一架，原因是头被摔伤后在床上昏迷24小时而枕边人却毫不知情。"

"有一次,她陪着老板在外面跑了一天后回到家时已经精疲力竭,丈夫上夜班去了,她刚要往床上躺就听见有人敲门,以为是丈夫回来了,穿上衣服去开门。让她吃了一惊的是,门外的不是丈夫而是老板的老婆——老板娘!更让她吃惊的是,她的第一句话是:'我来问你一件事情,我听说你跟老板……'老板娘讲得绘声绘色,我朋友听得一愣一愣的,对于无中生有的事立即否认。但老板娘说:'不要狡辩了,你说了也无所谓。'俨然像法官审问犯人。我朋友很生气:'没有就是没有,没有的事情你让我承认,我是不会承认的!'但老板娘说:'我看见你们发的短信了!什么'还有一个小时到''到了吗?'你们经常发信息的。'"

"我朋友差点呛死:'那个是前天晚上的事情,是一批外贸的货要发,货车是我联系的,人家那天晚上来运货,老板发短信过来问我什么时候到,我告诉他:'还有一个小时到'过了差不多一个小时他又发过来问:'怎么还没到,电话号码发过来!'可老板娘却说:'有人跟我说过了……你就别狡辩了!'"

"简直是不可理喻,想起平日里辛辛苦苦地工作却要遭受不白之冤,我朋友鼻子就酸酸的,说:'我和老板一直都只有业务上的事情接触,你这里工资不高、让我做的事情又多,我为什么还要在这里?因为我以为你和老板对我挺好的,你们对员工也很好,我一直把你们当长辈来喜欢、来尊重!'"

"老板娘看她都快哭了,才放心地说:'我就是相信你才来问你的,你不要告诉任何人我来过这里。'"

说到这里,张芸的眼圈有点红,平时口齿伶俐的安卉慌了神,喃喃地说:"这个老板娘太过分了!"

张芸叹了口气,说:"其实她也不容易。她是担心男人有钱就变坏,怕我这个朋友和老板接触的时间长了会和老板勾搭上。"

安卉不以为然:"夫妻之间应该有起码的信任!"

第二十一律 打破性别定势：向能者学习

张芸摇摇头说："你不懂。女人是很脆弱的，她其实只是担心男人的背叛，害怕失去。"

以安卉的年龄，还真不懂这些事："可你那位朋友受了多大的伤害呀！"

张姐点点头："是呀！所以她第二天就递交了辞呈，老板看到辞职书，让她考虑三天。朋友请了三天假，才发现一直为了工作，很久没为老公做过一顿可口的饭菜了，家里的卫生都是老公在打扫。思前想后，作出了离开公司的决定，不过还是有点不舍，毕竟付出这么多，现在产值不断往上走，前景一片光明。

三天后，老板问我朋友想清楚了没有，我朋友回答：想清楚了，辞职。

老板一开始以为她是一时说气话，没想到考虑了三天，仍然下定决心要走，他反倒冷静下来了：'虽然你没说，我也知道你辞职的原因。我只想告诉你，你们老板娘已经回家安心看孩子了！公司要想健康发展，必须要正规化管理。所以我希望你能留下来，和公司一起成长！'我朋友一听倒觉得不好意思，也很感动，头脑一热就答应不辞职。不过从那以后，没有特别紧急的事，我那朋友会准时上下班，毕竟作为女人，还是家庭重要呀！"

安卉若有所思地"哦"了一声："那位老板娘离开公司的时候，一定知道你那位朋友辞职的事，也一定认为是你那位朋友将事情告诉了老板！我想，那位老板娘到现在都对你那位朋友心怀恨意。"

安卉继续说："既然老板娘对你那位朋友心怀恨意，那也一定恨屋及乌，对你朋友的下属特别是亲信下属更没好脸色。"

张芸脸色变了变，安卉赶紧收住："谢谢经理给我讲了这么多，让我明白了很多道理！"

张芸抱起胳膊："你明白了什么？"

安卉没想到张芸会这么问,迅速反应:"让我明白老板不是昏庸无能的人,他自有分寸!"

张芸摆摆手:"工作去吧!我一会儿要和销售部莫经理一起找老板商量事情。"

最近一段时间,老板有点急功近利,明明产品在市场已经呈现饱和状态,将进入长销期,但老板固执己见一定要加大推销力度,用他的话说,就是要"抢占新的制高点"。张芸为了解决眼前难题,决定联合莫凡一起说服上司。正好莫凡那边也为老板压下来的销售任务喘不过气,所以两人一拍即合。他们在起草的报告书中一一列出了上司的想法怎么不切实际、无法实施的原因,并决定下午呈交给老板。

两个人在会议室门前交换了一下眼神,再次下定了决心,推门进去的时候,却发现老板娘也笑笑坐在那里。老板让二人说出来意,张芸见莫凡站着不动,只好按照原来的计划,很认真地将不可行性列举出来,试图说服老板。突然,老板娘擦掉笑容,站起身来直视张芸:"为什么这么消极!你们应该想一定能做到!心态都不对,能成什么事?"张芸瞪着老板娘,毫不示弱:"这种事不是说我心里想着能做到就能做到,而是要根据具体情况来分析,行就是行,不行就是不行!"老板娘冷冷地说:"你的意思是,老板在下决定的时候没有考虑过实际情况,是在建空中楼阁?"张芸也是经历过风雨的人,老板娘是想将斗争矛头转移到老板身上,自己才不会上这个当,其实老板就是没考虑实际情况,不过自己不会这么说,但老板娘这么说出来,自己反驳也不是顺应也不是,心里就急躁起来:"我今天是来跟老板说事儿的,不是要跟你斗嘴!"老板娘冷笑着说:"原来是找老板的,那我还得回避一下喽。"张芸闻言脸白,站在一边不说话。老板皱了皱眉,示意莫凡说话,莫凡无视张芸期待的眼神,定定地说:"老板,

第二十一律　打破性别定势：向能者学习

这件事我们还没有考虑周全，等我们制定好具体方案再向您报告嘛，"老板满意地点了一下头："好，那你们先出去吧！"

张芸气哼哼地转身走出会议室，莫凡从后面快步追上来，说："张姐，刚才的情况实在是迫不得已，还希望你能理解。"张芸冷笑了一下："我当然能够理解！明哲保身嘛！"莫凡讪笑，装作没听出张芸话里的嘲讽："张姐，我知道现在说什么你也听不进去。但我希望你能明白，我们的本意是说服老板，而不是和老板闹翻。"张芸大叫："我哪有要和老板闹翻？"莫凡想张姐今天怎么糊涂了呢，就提示道："那老板娘呢？"张芸暗暗一想，可不是嘛！当着老板的面和他老婆讲理，那岂不是叫老板难堪嘛，这样一来，自己本身是对是错已经不重要，因为在开始的时候就已经现了输像。

张芸为自己的行为感到好笑，论年龄，自己比莫凡要大几岁，可自己怎么一遇见老板娘就变得像刺猬一样，把事情搞得一塌糊涂，要不是莫凡刚才打了圆场，真不知要怎样收场。张芸不好意思地问莫凡："我太感情用事了。依你看，老板会不会听从咱们的意见？"莫凡担心张芸会自责，安慰她说："刚才出来的时候，我将咱们写的报告书给了老板，我相信老板知道利弊，一定会拿出让大家满意的方案来。"

张芸心里稍安，说起来，都是老板娘在心中留下的阴影作怪，给安卉说的那个故事的主人公其实就是七年前真实的自己。但自己和老板娘之间，说开了，只是误会一场，说不开，那就是怨仇。这些年，老板娘扮演着贤妻良母的角色，眼下唯一的女儿已经上大学，看样子她要回到公司来了，只是不知会以什么样的方式回归，又会回归到哪个位置。

老板最终撤销了要扩大销售的计划，为此老板娘还和老板闹了一阵。后来才知道，真正提出要追加销售力度的人是她，为的是有一个完美的回归。这下计划泡汤，她将怨气都转移到张芸身上，认为是这个市场部经理不配合领导决策，遇到困难就退缩等等，张姐也像变了个人似的，到了办公室就是埋头做自己的事，不再和大家说说笑笑，丽丽好几次过来说老板请她过去，张姐不冷不热地说："我现在忙，等下了班吧！"真到了下班时间，张姐早就溜得没影儿了。阿珍颠屁颠地跑过来跟安卉说悄悄话："张姐已经递交辞呈了！"安卉心里料想到有这么一个结果，但到底难掩心头的失落，阿珍捕捉到安卉的情绪变化，怅然叹道："唉！这事儿给弄的。"

　　结语：
　　工作面前人人平等，要让人尊重你的实力，而不是你的性别。

第二十二律　语言也需要化妆

> 化妆，本意指运用化妆品和工具，采取合乎规则的步骤和技巧，对人的面部、五官及其他部位进行渲染、描画、整理，增强立体印象，调整形色，掩饰缺陷，表现神采，从而达到美容目的。而在职场，你说出口的话语就是你的第二张脸，是素面朝天还是浓妆淡抹，你得自己拿捏。

善听弦外之音

有些人说话喜欢直来直往，"所说即所见"，如果时机对了，被人认为是心直口快，为人坦率，但有些时候也会造成当事人的尴尬。所以俗话说：一句话说得让人跳，一句话说得让人笑。

这半年来发生的一系列事情，让安卉慢慢成熟了起来。安卉决定要对自己23年的懵懵懂懂时光做个梳理，安卉想起高中的历史女老师，每当要串讲历史事件时，就会拿起粉笔大喝一声："来！咱们拉一线！"眼睛骨碌碌地转。好，自己也要拉一线！

生命在于运动，所以安卉决定今天下班后走着回家。路过一个学校，看见操场上挂着横幅："每天锻炼一小时，幸福生活一辈子！"安卉计算了一下，走着回去大概需要三十分钟，哈，半辈子的幸福到手了！安卉这才高兴起来，更高兴的是，经过私下慎查，她发现对面走来的是一个俊秀的男生，爱美之心人皆有之，虽然看模样只是个高中生，但帅哥是不受年龄和学历限制的。"阿姨，请问这附近有书店没？"男生定在安卉一米远的地方很有礼貌地问。安卉望了望周围，不确定地指着自己的鼻子："你在问我吗？"男生微笑着点了点头。安卉感到一阵眩晕，自己如花年龄就被人叫阿姨啦？更何况是一个比自己个头还高的男生！安卉定定神，露出一个自己认为最美的微笑："姐姐给你说哦，你继续往前走，到第二个路口的时候往右拐，就会看见一家新华书店了。"男生呵呵一笑："谢谢阿姨！"

这事对安卉刺激很大，半路杀出的陈咬金彻底搅乱了安卉的心志，也忘记自己该"拉一线"这个伟大的计划了。到家后早早洗漱，拿起镜子半天不放下，嗯，皮肤还很白很紧，弹性也不错，就是该死的眼角有了一丝丝皱纹了！安卉在眼睛周围涂了厚厚一层眼霜，才放心去睡觉。第二天起来的时候，眼皮上长了两颗脂肪粒。

到公司后，景甜笑嘻嘻地迎上来："安卉，今天气色不好哦。"安卉将昨天发生的事说了，景甜哈哈大笑，没心没肺的样子："不是你老了，而是那个男生太不会说话！"景甜就是有这个本事，能把自己的快乐迅速地传染给别人，安卉恢复了自信。景甜揶揄道："难怪我刚来的时候你不让我叫你姐，是怕自己被喊老了吧！"安卉笑着说："那倒不是，我觉得自己还没有资格当姐！不过，我真的不老吧？"景甜很严肃地说："不老！"安卉相信了。

莫凡发了信息：晚上能赏脸和我一起吃饭吗？^_^。安卉想都没想，就说：好。23岁的人了，莫凡也二十九了吧？不能这样把自己的感情拖着，觉得没意思早说清楚比较好，这也是对彼此的一种负责。

第二十二律 语言也需要化妆

安卉喜欢中式火锅，觉得热闹；而莫凡喜欢吃西餐，认为有氛围。从这一点说，两人就算在一起，日子也会过得坑坑洼洼，民以食为天，安卉撑起的半边天和莫凡的半边天拼不到一块儿，那还了得，天会塌的！晚餐莫凡按照安卉喜好将地点选在"重庆小天鹅"，不过兴致缺缺的样子。锅底端上来了，安卉举筷准备下菜，忽然发现汤里有一只苍蝇，莫凡扬手招来侍者，冷冷地讽刺道："这是你们店的特色锅底吗？不然这个家伙在我的汤里干什么？"侍者弯下腰，仔细看了半天，不好意思地说："先生，它是在仰泳！"安卉扑哧一笑，莫凡无奈地对安卉说："别人游泳咱们怎可以窥私，换一家吧？"安卉点头应允，要莫凡在一家有苍蝇的地方吃饭，那他会吐的。安卉怀疑莫凡有洁癖，但莫凡说有一次在大学食堂里吃饭，发现碗里有半只苍蝇，从此见到苍蝇就恶心——这很有可能是实情，安卉有亲身经历作证——有次吃得急，嘴里有个东西怎么也嚼不烂影响自己吃饭进度，于是吐了出来，OMG，那是一块创可贴，还是用过的，为此，安卉三天没吃下饭，到现在也不待见创可贴。

走到街上，一个提花篮的小女孩走过来："叔叔，买支玫瑰花吧！"莫凡拿眼望了望安卉，掏钱买了一支递递给安卉，小女孩很可爱，立即甜甜地说："谢谢叔叔！姐姐真漂亮！""哈哈哈"安卉忍不住大声笑出来，"你是叔叔唉，我是姐姐唉，咱俩隔着辈儿呢。"莫凡装凶要吓唬卖花小女孩，小女孩意识到说错了话早噔噔噔地跑远了。

转到街角，两人来到有名的"天使之家"，这家最大的特色是油汆龙虾，菜端上来了，安卉眼尖，立马发现菜盘里的龙虾少了一只虾螯。老板走过来，不断地表示歉意，并给出了解释："龙虾是一种残忍的动物。您的龙虾可能是在和它的同类打架时被咬掉了一只螯。"安卉乐了，便给老板一个台阶下。"请老板调换下,把那只打胜的给我。"

这顿饭两人吃得很开心,饭饱之后天色尚早,莫凡建议:"咱们去咖啡厅坐坐吧。"看着一个大男人期盼的眼神,安卉心一软,就答应了,何况,今天心情很好,喝杯咖啡有何不可?

咖啡厅里橘黄色的磨砂灯,发出温馨浪漫的光,窗台上流淌着漂亮的水帘,潺潺流水由上而下,晶莹的水珠欢快地跳跃着,真是个情侣约会的好地方。安卉斜睨了一下莫凡,此人脸上全是幸福,望着安卉不想说话。安卉清清嗓子,决定打破这种暧昧的气氛:"叔叔,您在想什么呢?"

莫凡色变:"不许叫我叔叔!"

安卉揶揄道:"卖花小女孩叫我姐姐,又叫你叔叔,根据数学类推公式,你——莫凡同志,我得叫你叔叔!"

莫凡无可奈何地说:"我'被叔叔'了。"

安卉哈哈大笑:"这就是语言的魅力呀!"

莫凡做了一个汗颜的手势:"我看是语言的陷阱。"

安卉来了劲:"说到陷阱,嘿,你们搞销售的,平时给客户下的陷阱还少吗?上回我陪朋友看房子,我的妈呀,那个售楼小姐把房子夸得天花乱坠,好像卖的不是房子,而是白金汉宫。"

"白金汉宫也是房子。"莫凡小声地纠正。

安卉气势汹汹地反问:"那房子能和白金汉宫相比吗?"

莫凡在安卉的嚣张气焰下作揖告饶:"对对对,不能比不能比。陷阱,绝对的陷阱!"

"哎哟,不愧是搞销售的,转变得这么快,连草稿都不打一下。"

莫凡嘿嘿干笑,意有所指地说:"一句话说错就可能导致整个生意泡汤!还是小心为妙。不过,你的话语里,充满了对搞销售的不屑呀!"

"哪里哪里，我最钦佩搞销售的人，嘴皮子利索，脚板子勤快，思维活跃，头脑灵活，扛得麻袋吃得粗粮，上得天堂下得苏杭……"

莫凡摆手："得得得，越说越不像话。你这么能说，我看也是块搞销售的料。"

安卉揶揄莫凡："呀！你这哪是在表扬我呀！变着法地夸奖自己口才好！你的意思是做你们这一行的都挺能说喽？"

莫凡越来越佩服面前女子的伶牙俐齿了，难怪老祖宗说："好男不跟女斗"，多么经典的语言。莫凡拽了拽领带，一本正经地想教训一下眼前的小女孩，"光能说也不行，甚至会坏事，你不知道祸从口出的古训吗？说话得看场合，看对象，看时机，看颜色……总之，不能光能说，还得会说，说话也是一门艺术。说啥很重要，同样一句话说的方式不同，意思都能完全变了。"

安卉看他一本正经的样子，大笑"危言耸听，故弄玄虚。"

"我给你讲一个笑话：说是有一个同学，医学院毕业后分配到某医院。第一天上班，主治医师对他说：'116病房的xxx患者得的是晚期肝癌，他只能活六个月了，你去病房对他说一下病情。'带着初次上班的兴奋，这个同学跑到病房大声宣布：'xxx患者，你只能活六个月啦！'患者接受不了打击，当场惊吓而死。主治医生知道后就批评他太不会说话，这种事情应该含蓄地告诉病人嘛！不久又有一人得了不治之症，主治医生为了锻炼他的说话能力还是让他去通知，他这回小心翼翼不敢乱说话，他来到病人房里，在病人耳边压低声音悄声说：'你猜，这回轮谁了？'"

"哈哈哈哈……"安卉笑得将咖啡喷了出来。

莫凡怔怔地看着安卉，脸上挂着难以琢磨的微笑。

安卉尴尬地擦着嘴角的咖啡，一边说："说话方式还真是应该注意呀！不对如果别人也不直接表达自己的思想，而是换个方式来说,我想我不一定能明白呀,这有点麻烦。"

莫凡想了想,说:"这好办。其实人们说话还是有一定规律可循的。比如别人说:'我不确定这样是不是能够实行……'那他的意思很可能是:'这根本狗屁不通。'如果他说:'或许你可以去询问一下别人的看法……',那意思可能是:'你等着看谁会睬你!'如果他说:'我当然也很关心……',他可能是想说:'谁有空管你啊?'如果他说:'你可能还不太了解……'其实他心里在骂:'你脑袋里装的是糨糊吗?'"

莫凡看安卉一脸错愕的样子,继续说:"还有很多,可以算是职场黑话吧!就比如咱们公司里,你跟老板说一个方案的时候,如果他说:'哦,这听起来……有点意思',那他就是在委婉地表达不认同,但又不好意思直接批评。"

安卉很赞同:"这一点我也发现了。我第一次写的文案,老板说有意思,我满怀欣喜地等老板批准,结果从此再没下文了。"

莫凡饶有兴趣地问:"那你来公司这么长时间,老板有没有夸过你很有潜力?"

安卉冥想了一下,说:"没有。"

莫凡笑着说:"那就对了!进公司后老板反复提醒我,在这里从来不能说别人笨。倘若某人在某方面实在太差,告诉他时有一句标准用语:'你在这个方面很有潜力。'所以如果老板告诉你,你很有潜力,你可千万别高兴。"

安卉哈哈大笑,连叫高明。

莫凡有点痴痴地望着安卉,刚到公司就对这个美丽活泼的女孩子心生好感,只是新官上任脚跟尚未站稳,这件事就放到了一边,如今一切步入正轨,也该处理处理个人事务,和安卉之间的窗户纸此时不捅破何时捅破呢?月色正好,气氛正好,佳人正好。

莫凡清清嗓子,说:"安卉,我跟你说件事,我喜欢一个女孩子很久了。"

安卉心里慌乱了一下，但很快镇定下来，装无知是自己的本行："谁呀？能得到你莫大帅哥青睐。"

莫凡从怀中掏出一个精致的小盒子，递给安卉，说："你打开就知道了。"

安卉迟疑着打开盒子，里面是一块镜子，清清楚楚地印着安卉俏丽的容颜。安卉心里一惊，该来的总会来，不过自己也算是"百花丛中过，片叶不沾身"的高手，当下嘻嘻一笑："原来你喜欢镜子呀，改天送你一打。"

这世上有两种人你对他无可奈何，一种是真傻，一种是装傻。遇到安卉这种揣着明白装糊涂的人，莫凡也没有办法，不甘心地启发："你在镜子里看见了谁？"

安卉盖上盖子，向前微微倾着身子，神色凝重地说："我看见了格格巫。"

这个答案让莫凡哭笑不得。格格巫，鹰钩鼻子、秃顶、瘦高之中年黑人男性巫师，《蓝精灵》中著名的反派，被安卉无厘头地搬到了这种场合。

莫凡搅了一下咖啡，掩饰着心中的失落，不过来日方长，对做销售的人来说，也就是打一场"攻坚战"而已，所以莫凡不急不恼："明晚咱们一起看电影吧，最近有很多大片上映。"去影院看一场电影至少花一百五十两银子，安卉心疼钱，从来舍不得看，反正过不多久网络上DVD高清版就出来了，何必急在一时，所以对于这个毫无吸引力的建议安卉觉得犯不着搭人情，所以头也不抬："明天莫小米约我一起逛街，你不知道，小米最近对服装痴迷得很。"

莫凡知道自己在安卉心中还没什么位置，自尊心有点受打击，不满地说："我可不是那种随随便便就邀请女孩子看电影的人呀！"

"我也不是那种随随便便就接受任何一位男士邀请的女孩子呀。"安卉微笑着将话头挡回去。

莫凡若有所思："你觉得我这个人怎么样？"

安卉将莫凡上下打量了一番，很认真地说："你是貌比潘安，富比石崇，才比柳永，诗比李白，词比苏轼，气比曹操。总之，很完美！反观我，就可怜了，眼睛小得沙粒也挤不进来，嘴巴大得气吞山河，声音粗得像路边的电线杆，脸大如脸盆，鼻子塌得像被压路机平整过，耳朵大得可以扇风。人已经胖得横行天下了，连我的鞋子也可以拿来当航空母舰了。"安卉说的，属于"情场黑话"，通过抬高对方和踩踏自己的方式来表明一个观点，那就是：我和你不是一对人！安卉希望莫凡能明白自己的意思，有些话若是挑明了说，以后会连朋友都没得做。

莫凡听完安卉一番评论，哭笑不得，但安卉的态度自己算是彻底明白了，心里叹口气，看看表说："时间不早了，我送你回去吧！"

化妆进行时

为了节省你的时间，我们将日常言语中需要化妆的33个地方一一列举出来，存储在你的脑海里，随时取用吧！

◉ 赞美行为而非个人

举例来说，如果对方是厨师，千万不要说："你真是了不起的厨师。"他心里知道有更多厨师比他还优秀。但如果你告诉他，你一星期有一半的时间会到他的餐厅吃饭，这就是非常高明的恭维。

◉ 通过第三者表达赞美

如果对方是经由他人间接听到你的称赞，比你直接告诉本人更多了一份惊喜。相反的，如果是批评对方，千万不要通过第三者告诉当事人，避免加油添醋。

◦ **客套话也要说得恰到好处**

客套话是表示你的恭敬和感激，所以要适可而止。有人替你做了一点点小事，你只要说"谢谢"、"对不起，这件事麻烦你了"，至于"才疏学浅，请阁下多多指教"这种缺乏感情的客套话，就可以免了。

◦ **夸奖同事，可体现团队精神**

甲想出了一条连上司都赞赏的绝妙好计，你恨不得你的脑筋动得比人家快；与其拉长脸孔、暗自不爽，不如偷沾他的光。在这个时候，你就该由衷地赞赏："甲的主意真不错！"在这个人人都想争着出头的社会里，一个不妒忌同事的部属，会让上司觉得此人本性纯良、富有团队精神，因而另眼看待。

◦ **面对别人的称赞，说声谢谢就好。**

一般人被称赞时，多半会回答"还好！"或是以笑容带过。与其这样，不如坦率接受并直接跟对方说谢谢。有时候对方称赞我们的服饰或某样东西，如果你说："这只是便宜货！"反而会让对方尴尬。

◦ **当不得不传递坏消息，要用最婉约的方式**

比如：我们似乎碰到一些状况……你应该以不带情绪起伏的声调，从容不迫地说出本句型，千万别慌慌张张，也别使用"问题"或"麻烦"这一类的字眼；要让上司觉得事情并非无法解决，而"我们"听起来像是你将与上司站在同一阵线，并肩作战。

◦ **上司传唤时责无旁贷句型：我马上处理**

冷静、迅速地做出这样的回答，会令上司直觉地认为你是名有效率、听话的好部属；相反，犹豫不决的态度只会惹得责任本就繁重的上司不快。夜里睡不好的时候，还可能迁怒到你头上呢！

巧妙闪避你不知道的事

上司问了你某个与业务有关的问题,而你不知该如何作答,千万不可以说"不知道",可以采取缓兵之计:"让我再认真地想一想,三点以前给您答复好吗?"上司会认为你在这件事情上头很用心,一时之间竟不知该如何启齿。不过,事后可得做足功课,按时交出你的答复。

智退性骚扰

男人有时候确实喜欢开黄腔,但你很难判断他们是无心还是有意,你可以说:"这种话好像不大适合在办公室讲喔!"或者义正词严地说:"这里是办公室!"可以令无心的人明白,适可而止。

有欣赏竞争对手的雅量

当你的对手或讨厌的人被称赞时,不要急着说:"可是……"就算你不认同对方,表面上还是要说:"是啊,他很努力。"显示自己的雅量。

批评也可以很悦耳

比较容易让人接受的说法是:"关于你的……我有些想法,或许你可以听听看。"提出批评之外,还应该提供正面的改进建议,才可以让你的批评更有说服力。此外要注意批评的时间,千万不要在星期一早上,几乎多数人都会有"星期一忧郁"的症状。另外也不要在星期五下班前,以免破坏对方周末休假的心情。还要注意场合,不要当着外人的面批评自己的朋友或同事,这些话私底下关起门来说最好。

恰如其分地讨好

许多时候,你与高层要人共处一室,而你不得不说点话以避免冷清尴尬的局面。不过,这也是一个让你能够赢得高层青睐的绝佳时机。但说些什么好呢?每天的例行公事,绝不适合在这个时候被搬出来讲,谈天气嘛,又根本不会让高层对你留下印象。此时,最恰当的莫过于一个跟公司前景有关,而又发人深省的话题,并诚恳地说:"我很想您对某件案子的看法……"当老板滔滔不绝地诉说心得的时候,你不仅获益多,也会让他对你的求知上进之心刮目相看。

勇于承认疏忽

勇于承认自己的疏失非常重要,因为推卸责任只会让你看起来就像个讨人厌、软弱无能、不堪重用的人,不过这不表示你就得因此对每个人道歉,诀窍在于别让所有的矛头都指到自己身上,坦承会淡化你的过失,转移众人的焦点,你可以说:"是我一时失察,不过幸好……"

避免不该说出口的回答

像是:"不对吧,应该是……"这种话显得你故意在找碴。另外,我们也常说:"听说……"感觉就像是你道听途说得来的消息,有失得体。

别回答"果然没错!"

这是很糟的说法,当对方听到这种响应时,心中难免会想:"你是不是明知故问啊?"所以只要附和说:"是的!"

改掉一无是处的口头禅

每个人说话都有习惯的口头禅,但会容易让人产生反感。例如:"你懂我的意思吗?""你清楚吗?""基本上……""老实说……"

去除不必要的"杂音"

有些人每一句话最后习惯加上"啊"等语助词,像是"就是说啊"、"当然啦",在比较正式的场合,就会显得不够庄重稳重。

别问对方"你的公司是做什么的?"

你在一场活动中遇到某个人,他自我介绍时说自己在某家公司工作。千万别问:"你公司是做什么的?"这项活动也许正是他们公司举办的,你要是不知道就尴尬了。也不要说:"听说你们做得很好!"因为对方可能这季业绩掉了3成。你应该说:"你在公司担任什么职务?"如果不知道对方的职业就别问,因为有可能他没工作。

◉ 别问不熟的人"为什么?"

如果彼此交情不够,问对方"为什么?"有时会有责问、探人隐私的意味。例如,"你为什么那样做?""你为什么做这个决定?"这些问题都要避免。

◉ 别以为每个人都认识你

碰到曾经见过面,但认识不深的人时,绝不要说:"你还记得我吗?"万一对方想不起来,就尴尬了。最好的方法还是先自我介绍:"你好,我是×××,真高兴又见面了。"

◉ 拒绝也可以不失礼

用餐时,若主人推荐你吃某样你不想吃的东西,可以说:"对不起,我没办法吃这道菜,不过我会多吃一点××。"让对方感受到你是真心喜欢并感谢他们准备的食物。如果吃饱了,可以说:"这些菜真好吃,要不是吃饱了,真想再多吃一点。"

◉ 不要表现出自己比对方厉害

在社交场合交谈时,如果有人说他刚刚去了纽约一星期,就不要说上次你去了一个月,这样会破坏对方谈话的兴致。还不如顺着对方的话,分享你对纽约的感觉和喜爱。

◉ 不要纠正别人的错误

不要过于鸡婆地纠正别人的发音、文法或事实,这样不仅会让对方觉得不好意思,同时也显得你很爱表现。

◉ 掌握一秒钟原则

听完别人的谈话时,在回答之前,先停顿一秒钟,代表你刚刚在仔细聆听,若是随即回话,会让人感觉你好像早就等着随时打断对方。

听到没有说出口的
当你在倾听某人说话时,听到的只是对方知道、并且愿意告诉你的。除了倾听,我们还必须"观察"他的行为举止如何?从事什么工作?如何分配时间与金钱?

时间点对了,什么都对
当你有事要找同事或主管讨论时,应该根据自己的问题的重要与否,选择对的时机。假若是为个人琐事,就不要在他正埋头思考时打扰。如果不知道对方何时有空,不妨先写信给他。

微笑拒绝回答私人问题
如果被人问到不想回答的私人问题或让你不舒服的问题,可以微笑着跟对方说:"这个问题我没办法回答。"既不会给对方难堪,又能守住你的底线。

拐弯抹角回绝
许多社交场合,喝酒总是无法避免。不要直接说:"我不喝酒。"扫大家的兴。不如幽默地说:"我比较擅长为大家倒酒。"

先报上自己的大名
忘记对方的名字,就当作是正式场合,向对方介绍自己的名字或拿出名片,对方也会顺势报上自己的大名和名片,免除了叫不出对方姓名的窘境。

不当八卦传声筒
当一群人聊起某人的八卦或传言时,不要随便应声附和,因为只要说出口的话,必定会传到当事人耳中。最好的方法就是不表明自己的立场,只要说:"你说的部分我不太清楚。"

下达"送客令"

如果你觉得时间差不多该结束谈话或送客，但对方似乎完全没有要起身离开的意思，可以说："不好意思，我得打通电话，时间可能有点久……"或是："今天真的很谢谢你来……"你也可以不经意地看看自己的手表，让对方知道该走了。

◎ 让对方觉得他很重要

如果向前辈请求帮忙，可以说："因为我很信任你，所以想找你商量……"让对方感到自己备受尊敬。如果是想说服同事帮忙，可以说："这个报告没有你不行啦！"送一顶高帽子给同事，他为了不辜负自己在这方面的名声，通常都会答应你的请求。

◎ 面对批评要冷静

自己苦心的成果却遭人修正或批评时，的确是一件令人苦恼的事。不需要将不满的情绪写在脸上，但是却应该让批评你工作成果的人知道，你已接收到他传递的信息。在这时候不卑不亢地说："谢谢你告诉我，我会仔细考虑你的建议。"这会使你看起来更有自信、更值得人敬重，让人知道你并非一个刚愎自用或是经不起挫折的人。

不可忽视的身体语言

◎ 距离

亲近的朋友或家人 45 厘米

朋友或亲近的同事 45~80 厘米

同事或熟人 60~120 厘米

陌生人大约 150 厘米（取决于你与他们友好的程度）。在个人空间范围问题上的文化差异主要表现在不同地域文化的人们的交流中。

当人心理或身体上的私人空间受到侵犯时，会出现不适感，由此产生反感的表情，如皱眉和撅嘴，如果对方出现该动作，要么拉开与对方的身体距离，要么岔开当下的话题。

◎ 眼神

1. 眼神沉静，便可明白他对于你着急的问题，早已成竹在胸，稳操胜券。只要向他请示办法，表示焦虑，如果他不肯明白说，这是因为事关机密，不必要多问，只静待他的发落便是。

2. 眼神散乱，便可明白他也是毫无办法，徒然着急是无用的，向他请示，也是无用的。你得平心静气，另想应付办法，不必再多问，这只会增加他六神无主的程度，这时是你显示本能的机会，快快自己去想办法吧！

3. 眼神横射，仿佛有刺，便可明白他异常冷淡，如有请求，暂且不必向他陈说，应该从速借机退出，即使多逗留一会儿也是不适的，退而研究他对你冷淡的原因，再谋求恢复感情的途径。

4. 眼神阴沉，应该明白这是凶狠的信号，你与他交涉，须得小心一点。他那一只毒辣的手，正放在他的背后伺机而出。如果你不是早有准确想和他个高低，那么最好从速鸣金收兵。

5. 眼神流动异于平时，便可明白他是胸怀诡计，想给你苦头尝尝。这时应步步为营，不要轻进，前后左右都可能是他安排的陷阱，一失足便跌翻在他的手里。不要过分相信他的甜言蜜语，这是钩上的饵，是毒物外的糖衣，要格外小心。

6. 眼神呆滞，唇皮泛白，便可明白他对于当前的问题惶恐万状，尽管口中说不要紧，他虽未绝望，也的确还在想办法，但却一点也想不出所以然来。你不必再多问，应该退去考虑应付办法，如果你已有办法，应该向他提出，并表示有成功把握。

7. 眼神似在发火，便可明白他此刻是怒火中烧，意气极盛，如果不打算与他决裂，应该表示可以妥协，速谋转机。否则，再逼紧一步，势必引起正面的剧烈冲突。

8. 眼神恬静，面有笑意，你可明白他对于某事非常满意。你要讨他的欢喜,不妨多说几句恭维话,你要有所求,这也是个好机会,相信一定比平时更容易满足希望。

9. 眼神四射,神不守舍,便可明白他对于你的话已经感到厌倦,再说下去必无效果,你如果不赶紧告一段落,或乘机告退,或者寻找新话题,谈谈他所愿听的事。

10. 眼神凝定,便可明白他认为你的话有听的必要,应该照你预定的计划,婉转陈说,只要你的见解不差,你的办法可行,他必然是乐于接受的。

11. 眼神下垂,连头都向下倾了,便可明白他是心有重忧,万分苦恼。你不要向他说得意事,那反而会加重他的苦痛,你也不要向他说苦痛事,因为同病相怜越发难忍,你只好说些安慰的话,并且从速告退;多说也是无趣的。

12. 眼神上扬,便可明白他是不屑听你的话,无论你的理由如何充分,你的说法如何巧妙,还是不会有高明的结果,不如戛然而止,退而求接近之道。

◎ 手势

只要对一个人谈论某个观点或意见时的手部动作稍加观察,就能发现他对该观点的态度。如果在开会讨论某个观点时,你发现坐在对面的同事在发言时,辅以右手来做辅助手势(左撇子正好相反),你就可以基本断定他对该观点持赞同的态度——因为手势不仅可以吸引对方注意,更重要的是可以加强谈话的效果。手势的动作幅度或力度越大,说明赞同该观点的倾向越大。

1. 手掌相互摩擦:这样的动作有两层含义:一是对眼前事情有较高的期待度,最典型的例子就是当我们玩骰子时,如果期望出现一个好点数时,往往都会把骰子在手掌间搓几下再投出去;另外就是对眼前事物有着一定的把握性,在许多文学作品的描写中,踌躇满志的人总喜欢做出双手摩擦的动作。当然,和西方人相比，我们做这样的动作不会非常明显，往往会以双手相握的方式来掩盖，而摩擦的部位大多是手掌边际或拇指下方的部位。

当然有一点需要补充的是，如果有人因为天气冷而搓手，可千万不要理解成这样的含义。

2. 指尖相对：和手掌摩擦相比，一个人如果做出双手指尖相对动作，则更加清楚地表明：此人对某事胸有成竹，或者是自信度非常高。细心观察的话，会发现这种手势经常出现在上级和下级对话的场合。如果有人就某个问题做出这样的手势，你就应该知道对方比较有把握了。而一个人在指尖相对和手指交叉的动作中频繁地变换，则表明了这个人处于一个对事态进行衡量、评估的状况。

3. 手指摩擦手掌：处于怀疑或需要抉择的情况下，人们通常会不自觉地用手指去搓或者去抠手，最典型的行为就是手握成拳状，拇指与其他手指搓动，或双手相握时，用一只手的拇指搓或轻抠另外一只手的手掌心。根据心理学的研究，这种手部方式的接触往往有安慰大脑、减压的功效。

4. 手部支脸：这个动作我们经常能够在听课或是开会时见到，但其中的含义却非常丰富。如果你的同事在你发表意见时，将手放在下巴或者脸颊处，同时食指、中指竖立紧贴面颊或是抚摸下巴，则说明这个人正在分析思考你的话语。但如果他对你的话题失去兴趣，却又不得不表现出感兴趣时，你会发现，支撑的部位会发生变化——不再是手指，而是手腕。

5. 胳膊交叉：暗示反对、不认可。这种手势表示对方根本没在听你说，或者对你的观点持怀疑态度。对业务员来说，这就意味着"此路不通"，此时最好调整策略或另做打算。

6. 双手相碰：这个动作特点在于时间很短，这是为了引起你的注意，想和你建立进一步的关系。这时，别用居高临下的姿态打消对方的热情,最好趁热打铁。

7. 碰碰鼻子:该动作和欺骗相关,如果他不是感冒或鼻炎的话。如果你说话时,对方摩擦自己的鼻子,你可以断定他没有诚意,此时切记小心行得万年船。

8. 抓脖挠背:或许当事人身上有点痒,但更有可能是他还有疑问和顾虑。

● 从不说谎的脚

大部分人都对自己的脸部非常在意,而且会有意识地控制面部表情和头部姿势。但大部分人对腿部和双脚的动作却不太关注,所以很少有人会考虑掩饰或者伪装这部分的肢体动作,因此,当你想了解一个人的想法时,腿脚是一个绝好的突破口。

1. 腿部先放松:每个人可能都有这样的感觉,如果当下的事情与自身无关或者是气氛非常轻松时,往往腿部都会先放松下来。留意一下谈判或者是开会场合,当一个人发表完自己的观点之后,往往第一动作就是将蜷起来的双腿向前伸直,这样身体能够得到最好的放松。

2. 脚的方向:脚部转动的方向,尤其是脚尖的方向是表明对方是否想要离开的最好信号。与人交谈时,如果发现对方的脚不再对着你,而是向另外一个方向转动时,自己就要识趣地意识到可能出现什么问题了。如果有人在与你谈话时,脚尖却不自觉地向某个方向转动,你就要明白,此人是想要离开了。如果你发现,对方的脚在不停地转向摆动,则说明对方可能不情愿离开,但不得不走。

3. 脚尖或者脚跟着地:生理学研究发现,当人的情绪高涨时,身体会不自觉地做出背离重力方向的动作。典型例子就是人极度高兴时,往往都会跳起来。所以无论是脚尖着地、脚跟抬起,还是脚跟着地、脚尖抬起,都是个人积极情绪的表现,尤其是女性表现得最为明显。如果一位女性在接打电话时，脚跟着地，脚尖却向上抬起，你就可以基本断定，电话的内容绝对是正面信息。

4. 腿脚叉开：无论是坐姿还是站姿，叉开双腿，都能使人的身体姿态看起来更加稳重。其实这也是一种强烈的信号，显示出当事人的态度会较为强硬，如果你发现一个人的腿从并在一起到叉开，你基本上可以肯定这个人越来越不高兴。

5. 脚踝搭在膝盖上：我们经常能够见到，人们摆出将一只脚的脚踝搭在另一条腿的膝盖上的坐姿，尤其是许多男性非常喜欢采用这种坐姿。根据相关研究，这种坐姿不仅能体现自己的自信和地位，同时也显得放松，而其背后表现出的往往是不服输或者争胜的态度。留心如今许多明星访谈节目，就会发现不少大牌男演员都会做出这样的坐姿。

结语：

语言是一门艺术，会说话更是一门精深的学问，需要在平常生活中多观察和联系。

第二十三律　和上司关系的好坏，直接决定你在职场的前途

> 上司，就是比你职位高的人，在工作中如何与自己的上司和平相处一直是职场中人探讨的话题。与上司和谐相处，才能保证你的工作正常进行。

和上司相处的艺术

和上司相处是一门学问，考验你的并非只是智商，更多的是情商。

胜任你的工作

华为电子技术有限公司是全国赫赫有名的公司之一，能够进入华为公司的大多是精英人才，不少员工毕业于国内的著名高校。曾有一位新进华为的员工，激情万丈，提笔写了一封万言书，从企业的经营理念、管理模式等方面进行分析和总结，方方面面都给出了很多建议，洋洋洒洒近万言，准备一鸣惊人。可是总裁任正非先生收到这封万言书后，给出的批复出乎意料：这个员工如果有神经病，建议送医院治疗；如果没有，建议开除。于是，那个高才生"壮志未酬身先死"，黯然离开了华为公司。很多人不理解任正非先生的决定，按照一般人正常的思维来讲，这名员工理应会受到重用才是。但是，任正非先生看得很清楚，一位对自己的基本角色都没有搞清楚的员工，无论转换成什么角色，也只能

第二十三律　和上司关系的好坏，直接决定你在职场的前途

是老样子。这也许是华为公司能够发展到今天这个规模的原因之一。

下属的职责就是帮助上司有效地工作并且取得更好的业绩。于是，与上司的关系，就成了一个互相推动的作用力。你的升迁机会，一定不是把上司从高位上拽下来实现的，而是要帮助上司晋升到更高的位子上，自己坐到他现在的位子上去。

所以，和上司相处首先要胜任自己的工作。了解上司的期望和不满，帮助他排忧解难，产生创造的价值，才可以称为"胜任"。要善于追问，时刻询问上司"我该怎么为你服务"来督促他，帮助上司完善想法和执行，而甘于听命的下属即使做得再好也只是"称职"。但在这里强调一点，想上司所想，急上司所急，并不代表你可以代替上司做决策，挑战上司的权威。

◎接受上司的处事风格

有的上司喜欢被尊敬的感觉，希望你事无巨细地请示和报告；有的上司喜欢事必躬亲，自己经手的事才放心；有的上司只从宏观上管理，讨厌下属报告鸡毛蒜皮的小事；有的上司只重结果不多问过程；有的上司关注过程时时紧盯进展……

管理大师杜拉克说："下属的工作不是去改造上司，不是去教育上司，也不是让他遵从商学院和管理书籍对上司的要求，而是让特定的上司按照他的行为风格去做事。作为一个个人，任何上司都有自己的特性，会得到好的评论和不好的评论，同时也和我们一样，需要安全感。"

◎补足上司的劣势

上司不是完人，所谓"术业有专攻，如是而已"，所以他有擅长的地方，但也有弱点和不足，所以要了解上司需要支持、帮助和补充的方面。对于上司不足的地方，你一定要做好工作，时刻准备"救驾"，对于"救驾"有功的人，上司心里会感恩，并体现到实际行动中去，受益的人会是你。

另外，不要把眼光盯在上司不足的方面，并心生不平，产生上司不如你的想法。要看到上司的闪光点，因为职场比拼的是综合素质，而不是专能。或许上司在很多方面不如你，但毕竟也只是在某些方面而已。你一技之长胜过他，可他的综合素质比你强。只要你留心上司的优点，并经常把他对公司的决策思路与你自己的思路相比较，就会从中找出你自己的差距。

让上司了解你

要确保上司清楚你和你的下属能够完成什么样的目标和任务？你优先考虑的是什么事情。同样重要的是，你不重视的事情又是哪些？这些并不是都要获得上司的批准——有时甚至是上司不喜欢的，甚至，还要包括你自己的管理方式。

毕竟，上司也要通过下属的表现而获得自己顶头上司的肯定。上司也希望了解你最近在忙些什么，他也需要做到心中有数，需要一种安全感。甚至，如果你的上司脱口而出"我知道你目前在做XXX项目"，这就说明你的沟通和管理已经奏效了。起码，你正在进行的工作引起了上司的重视。同时，你要让上司了解你的工作进展和遇到的障碍，以及自己和团队状态，在你真诚地寻求上司的帮助时，他不可能眼睁睁地看着你而不伸援手，并且很可能会调配下面的资源，甚至会将资源进行重新组合，这很可能会帮你大忙。

因为上司也需要不断地巩固自己的地位和树立威信，而这些有时往往都来源于对下属的支持。

不要越位

在职场中，其实并非越积极越好，在不少的场合，既然你的角色是公司的普通职员，那就更应该放聪明些，学会摆正自己的角色位置，在自己的职位角色上有节制地做人和出力。切忌轻易"越位"：

第二十三律　和上司关系的好坏，直接决定你在职场的前途

1. 决策越位，在有的企业中，职员可以作出公司和本部门的决策，这时就应该注意，谁做什么样的决策，是有限度的。有些决策，作为下属或一般的普通职员可以参与，而有些决策，下属还是不插言为妙，要视具体情况见机把握。

2. 表态越位，表态是表明人们对某件事的基本态度，表态同一定的身份密切相关。超越了自己的身份，胡乱表态，不仅是不负责任的表现，也是无效的。对带有实质性问题的表态，应该经过上司或上司授权。而有的人，作为下属，却没有做到这一点，在上司没有表态，也无授权的情况下，报告表明态度，造成喧宾夺主之势，这会陷领导于被动，领导当然会不高兴。

3. 职责越位，这里面有时确有些奥秘，有的人不明白，工作抢着干，实际上有些工作，本来由上司出现更合适，你却抢先去做，从而造成职责越位，吃力不讨好。

4. 答问越位，这同表态越位有相同之处。有些问题的答复，往往需要有相应的权威，作为职员下属，明明没有这种权威，却要抢先答复，会给领导造成工作中的干扰，也是不明智之举。

5. 场合越位，有些颠倒。如与客人应酬，参加宴会，也应该适当突出领导。有的人作为下属，张罗得过于积极，比如同客人认识，便抢先上前打招呼，不管领导在不在场，这样显示自己太多，显示领导不够，容易引起领导的反感。

和上司相处的大忌

1 不要给上司创造"意外"。别以为上司会喜欢"惊喜"，有时惊喜搞不好会变成惊吓，甚至会让上司失去把控全局的安全感和自信，领导更需要胸有成竹和心中有数的管理结果。同时，企业越大越需要稳健，越经受不起"意外"的发生。

2. 不要轻视上司的能力。即使你非常能干，也不能轻视自己的上司，哪怕是背地里骂他是"笨蛋"。因为，他成为你的上司一

定是有理由的，他在某方面也自有过人之处，否则为什么你不是他的上司呢（哪怕他仅有过硬的人际关系也罢）？高估上司是没有风险的，然而要是轻视上司的话，一定会被上司记在小本子上，甚至会在适当机会给你难堪。你对上司的种种负面评价，终会变成下属对你的评价。其实，管理上能力的高低，也是一种情商高低的体现，多从人性的角度出发吧。

3. 不要吝惜对上司的赞美。时刻都要记得感恩，感谢你的上司的帮助，即使他对你并没有实质性的帮助，也要感谢他对你的信任。每当取得成绩时，别忘了在众人面前说上一句"感谢上司的支持"，甚至能说出哪些具体的帮助则更好。上司对自己的帮助，不仅要放在心里，还要挂在嘴上，这也会督促上司再次给你机会和更多的支持。

4. 不要凡事找上司出马。部下向上司请教，并不可耻，而是理所当然，有心的上司，都很希望他的部下来询问。部下来询问，表示他眼里有上司，看重上司的决定。另一方面也表示你在工作上有不明了之处，而上司能够回答，才能减少错误，上司也才能够放心。

但是你要注意分寸，不要什么事都拿去麻烦你的上司，特别是那些最基本的技能方面的问题或那些你应该做好的事情。在工作上，重大问题的决策，你不妨问问上司，"关于某件事，某个地方我不能擅自下结论，请您定夺一下"或者"这件事依我看不这样做比较好，不知您认为应该如何"等等。

还要注意一点，当你希望征求上司意见并且得到他的帮助时，一定要具体，而不能泛泛地说："您看我的计划是不是不太完善啊？"虽然你是想让上司给你提一些意见，但上司很可能会说："你去完善一下，再拿给我看。"但如果你改变一下方式："我在这个问题上，希望征求一下您的意见……"一般会更容易让人接受。上司不是为你服务的,但他能在关键的问题上给些重要的建议。

5. 不要试图挑战上司的权威。所有的上司都是从员工做起的,因而上司对于员工的小伎俩也都是了如指掌。除非上司不跟你计较,如果真正计较起来,上司一出手往往就是"一剑封喉"。但是你完全可以利用上司的权威,"狐假虎威"运用得当,你会得到许多意外惊喜。

不要爬到上司的头上

中国向来重视等级观念,就算是在职场中,上司和下属之间也有着看不见但泾渭分明的界限,如果你忽视界限的存在,违反了下属与上司之间的规则,站在了上司的位置上指手画脚,必然引起上司的不满,从此开始走霉运,严重的甚至会因此葬送了自己在公司的前途。

张芸提交辞职申请之后,仍然井井有条地打点一切事务,丝毫不管老板放不放人,因为按照合同规定,一个月后也会自动生效,进公司这么多年来,张芸第一次觉得扬眉吐气。

不过眼下要解决两件事情,一是职位交接,张芸不希望自己走后市场部散成一团,最好能在自己走之前找到一个合适的"继承人",自己是属意安卉的,安卉年纪虽轻,却是自己在公司这么久以来见过的最好的苗子,原本准备多带上两年,安卉就能独挑大梁,但时间已经来不及了。二就是新招进来的四人的去留问题,三个月的实习期就要结束了,自己将在这家公司第一次也是最后一次行使"生杀大权",虽然张芸还没决定杀谁放谁。

中午,老板打电话让张芸过去一趟。这是张芸在递交辞职书后第一次踏进总经理办公室。老板悠闲地坐在椅子上,手里拿着一本书津津有味地看着,见张芸进去,微笑着指指手里的书,说:

"这是范兆飞送给我的,内容是营销手段要打高端市场。"张芸笑了笑:"营销的东西我不懂。"老板放下书,语重心长地说:"找你来也不是想谈营销。你的辞职书我还没打开看过,因为我希望你能留下来。这些年公司有亏待你的地方,但现在我已经放心地将一个部门交给你了,如果还有什么条件的话,你都可以提出来!"张芸立刻接口道:"不是的,公司对我很好,没有任何亏待我的地方。虽然这些年来我一直没有得到提升,但我知道我的薪水是和经理持平的,要比别的员工高出很多。只是我能力有限,无法胜任目前职位,怕有负领导厚望,所以才要辞职,哪还敢提什么条件呢!"

老板叹了口气:"你还是多考虑一下吧!"

第二天中午,张芸走进总经理办公室的时候,老板还是在看书,翻着翻着就将书扔在了桌上,皱着眉头说:"这是昨天范兆飞送给我的,内容是营销手段应注重低端市场。搞什么鬼,一会儿高端一会儿低端,让我上蹿下跳去减肥吗?"随即面带喜色问:"你今天主动来找我,是不是想通了?"

张芸摇摇头,开门见山地说:"我今天来找老板,是想跟老板讨论一下我走之前的交接事项。我希望在走之前能将事情妥善地交付给继任者,不知道老板有没有一个合适的人选?"

老板不相信地瞪大眼睛:"你下定决心要辞职吗?"

张芸点点头,心里也觉得难过。两人都沉默不语,过了一会儿老板才不舍地说:"如果这是你的选择,我只能尊重你。至于你说的交接问题,你有属意的人选没有?"

张芸说:"最有潜质的人,是安卉,但是经历太少,还需要培养锻炼。"

老板不置可否地"嗯"了一下,眼光触到桌上的书,突然问:"范兆飞这个人怎么样,据说很有才华,而且有一定的市场经验。"

第二十三律 和上司关系的好坏，直接决定你在职场的前途

张芸迟疑了一下，说："范兆飞IQ的确是很高。"张芸念头一闪，忽然意识到范兆飞给老板送书的意思不是想让老板增长知识，而是要让那个老板记住自己，看来自己还没有走，他已经打起市场部经理这个位置的主意了，这让张芸感到些许不快。

张芸老早就觉得范兆飞是一个有才但很自我的人，除了对自己有些尊重外，对于任何人的工作，他都会发表一番评论，认为自己想多想得好，最叫人无法忍受的是，他指出别人的缺点后，别人若不按照他的意见进行修改，他就会很生气。部门同事都很反感，但人家确有过人之处，不满归不满，还是忍气吞声了事。

于是这个范兆飞越发得意起来了。一次，老板亲临市场部会议，张芸讲完本月总结以及下月规划后，大家开始自由发言。范兆飞头一个发言，在他看来，部门工作有太多不足需要改进，发言中，他雄心勃勃，好几次说到"如果我作为市场部经理，一定会……"张芸的脸色开始发沉。

一周后，在部门会议上，张芸发言时谈到一个医学专业术语，由于张芸并非医科出身，当时一带而过，说需查查资料，而范兆飞不仅得意洋洋地当众抢着将那个术语解释一遍，还做了一个"心得总结"：我认为不管是普通职员还是领导者，每天都不能放弃学习，在这点上我在天天坚持……张芸的脸色红一阵白一阵，而其他职员则目瞪口呆。这时候，大家心里终于知道为什么一个才华横溢的人，会遭到前任公司的辞退，大家都在心底摇头叹息，不过以范兆飞的人际，谁也不会去提醒他。

如今老板亲自问起这个人，张芸还是决定有必要对范兆飞来点关照。张芸把范兆飞叫到办公室对他这三个月来的成绩做了充分的肯定，范兆飞没有任何谦虚的表示，得意的神色让张芸觉得碍眼至极，决定结束谈话，临出门时交给范兆飞一封信，说："你把该封信传真给四川红枫公司的刘经理吧！"

整整一天过去，张芸没有收到红枫公司任何回音，觉得有点奇怪。叫来范兆飞问："那封信你发出去了吗？"范兆飞一摊手，说："没有。"张芸生气地问："为什么不发？"范兆飞解释说："经理，那封信措辞过于激烈，红枫公司是我们在西南三省的总代理，这样开罪于人，会影响以后的合作。"张芸火了："你知道什么？红枫公司背信弃义，给我们公司带来巨大的损失，我们已经终止合作关系了！再说了，我让你发就发，你还把不把我这个上司看在眼里？"范兆飞理直气壮地回应："我请示过总经理，他也同意说不发！"张芸心里更来气，好你个范兆飞，敢拿老板来压我！难道我这个经理连自己的下属都指挥不动了？可张芸不知道的事实是：范兆飞的确请示过老板，老板说："这种事情不要问我！"

张芸考虑到是老板的意思，消了消气，说："你去工作吧！另外，让安卉赶紧将新产品的宣传方案交上来。"

范兆飞站着不动，欲言又止的样子。张芸很奇怪地问："怎么不去？"

范兆飞喃喃地说："我直接呈送给老板了。"

张芸惊愕地扬起下巴："你不知道凡是市场部写的策划都要先交由我审批吗？"

范兆飞也意识到自己的错误，但犟嘴："安卉的宣传方案写得很好，反正你也会通过的！"

张芸不怒反笑："呵，原来你才是领导。"

很快，张芸就写信给人力资源部，要求裁掉范兆飞，理由是：和同事之间无法沟通，无法有效合作。在裁掉范兆飞之后，张芸收拾好办公桌，简单跟老板打了声招呼就离开了萃德。

第二十三律　和上司关系的好坏，直接决定你在职场的前途

　　客观来说，仅就工作而言，下属自作主张带来的后果，往往都不会是十分严重也并非全都是消极的方面。可以想象，哪有员工笨到不知轻重的地步，敢于擅自替上司做出关乎单位整体利益的主张？除非他是个没有自知之明的人。然而，这种自作主张所带来的对职场上的等级及人际关系常态的冲击，往往是十分明显的。

　　上司反感下属的自作主张，其实不在于他的擅自决定给工作带来的损失——通常说来，这种损失是微小的。上司真正在意的是下属越权行事的行为，以及这种做事风格所反映的下属心中对上司的重视程度。尽管这种行为不一定说明下属不注意上司的存在，不把上司放在眼里，但在上司的理解上，往往会把这种行为与下属对自己的个人态度联系起来，最后认定这种做法不仅是对自己的无视，也是下属工作经验与能力欠缺、办事不稳重的表现。这样一来，你无意中的一次私自定夺行为，可能给你带来的就是上司以后的冷遇与不信任。这种误会与不信任，可不是一朝一夕能够改变的，对员工前途的损伤，也是难以弥补的。

　　不自作主张，是你在处理公司事务时起码要做到的，而要想进一步在这一方面做得更好，你还需要做到遇事多和上司商量，多让上司给你做主。

　　职场上，你必须时刻牢记一条：上司永远是决策者和命令的下达者，无论我们有多大的把握相信自己的判断力，无论你代替上司决定的事情有多细微，都不能忽略上司同意这一关键步骤。否则，当上司意识到本应由自己拍板的事情，被下属越俎代庖，他所产生的心理上的排斥感和厌恶感，以及对于下属不懂规矩的气恼，足以毁掉你平时凭借积极努力所换来的上司对你的认同。所谓"一招不慎，满盘皆输"，莫过于此。

得罪不起的上司

只要你是上班族中的一员,长久处于人际职场里,难免有时会得罪上司,这可能是你自己造成的,也可能是对方引起的,不管谁是谁非,"得罪"上司无论从哪个角度来说都不是件好事,只要你没想调离或辞职,就不可陷入僵局,以下几种对策可为你留有回旋的余地。

◎ 切忌耿耿于怀打扰了工作

其实想开些,牙齿还有咬着舌头的时候呢。所以即使你受到了极大的委屈,也不可把这些情绪带到工作中来,很多人会以为自己是对的,等着上司给自己一个"说法",正常的工作被打断了。很多工作是靠着众人之间一起协作才能完成的,你一旦停顿,就会影响了工作的进度,拖了别人的后腿,使其他同事对你产生不满,更高一层的上司也会对你形成坏印象,而上司更有理由说你是如何如何不对了。这样,你前功尽弃,日后要改变这么多人对你的看法就很难了。我们必须告诫自己,克服自己的情绪化,无论是哪种情况都不要影响自己手头应做的工作。而有些人以不做工作来胁迫上司,这是极不理智的行为,只会使自己今后的处境更为不妙。

◎ 不要寄希望于别人的理解

无论何种原因"得罪"上司,我们往往会想向同事诉说苦衷。如果失误在于上司,同事对此不好表态,也不愿介入你与上司的争执,又怎能安慰你呢?假如是你自己造成的,他们也不忍心再说你的不是,往你的伤口上撒盐,更有居心不良的人会添枝加叶后反馈回上司那儿,加深你与上司之间的裂痕。

所以最好的办法是自己清醒地理清问题的症结,找出合适的解决方式,使自己与上司的关系重新有一个良好的开始。

找个合适的机会沟通

消除你与上司之间的隔阂是很有必要的,最好自己主动伸出"橄榄枝"。如果是你错了,你就要有认错的勇气,找出造成自己与上司分歧的症结,向上司作解释,表明自己在以后以此为鉴,希望继续得到上司的关心。假若是上司的原因,在较为宽松的时候,以婉转的方式,把自己的想法与对方沟通一下,你也可以以自己一时冲动或是方式还欠周到等原因,无伤大雅地请求上司谅解,这样既可达到相互沟通的目的,又可以为其提供一个体面的台阶下,有益于恢复你与上司之间的良好关系。

利用一些轻松的场合表示对他的尊重

即使是开明的上司也很注重自己的权威,都希望得到下属的尊重,所以当你与上司冲突后,最好让不愉快成为过去,你不妨在一些轻松的场合,比如会餐、联谊活动等,向上司问好,敬酒,表示你对对方的尊重,上司自会记在心里,排除或是淡化对你的敌意,也同时向人们展示你的修养与风度。

坏上司是所好学校

遭遇坏上司无疑是世界上最痛苦的事情。与上司的交往,就像是一场艰难的踩钢丝表演,冷静、协调与平衡才是成功的关键。这也是职场最重要的生存法则。你从坏上司那里得到的是大把的机会还是无止境的噩梦,全在于你自己能否掌握钢索的平衡。

你从坏上司那里,至少能学到三样东西:

坏上司能教会你一种面对逆境的平常心

这应该是人生最宝贵的一课。在面对一个不能由我们自己决定的客观环境时,有两种态度可以选择:一是心平气和、平心静气地接受它,因为这是一个客观的环境;二是从心理上不接受这个不能改变的事实,为它而烦躁、叹息、愤慨。第一种态度至少能够保持自己的心理平衡，第二种态度则是拿别人的错误惩罚自己，在客观上受损失的同时，再加一层心理的伤害。

一座山挡住你的去路，你不会对着山生气，只能想法攀越它，或者绕过它。一群狼围住你时，你也不会对着狼群生气，你会用最大的智慧和力量战胜它们、消灭它们或者逃避它们。一丛荆棘刺破你的手时，你也知道刺人不过是荆棘的本性而已。为什么这些元素换成"人"的时候，就令你怒火中烧或者愤愤不平呢？古人说：君子不跟牛执气。跟牛执气，就是把自己降低到牛的层次。跟小人执气呢？

有一位名字叫弗兰克的心理学家，他在希特勒的集中营里呆了十几年，在那里他的一个重要发现就是：如果一切都不能改变，至少还能改变自己的感受；如果一切都不能控制，至少还能控制自己的风度。还有谁面对的环境能比希特勒的集中营更糟糕呢？

还有人说，婚姻的意义，就是让一对冤家相互磨砺，以培养出坚韧、自制、温和、稳重、耐心、责任感、善与人相处、容忍不同意见等种种单身所不需要的品质。用希腊哲人苏格拉底的话说，"娶一位好老婆的男人会变得快乐；娶一位坏老婆的男人会变成哲学家。"既然婚姻可以成为培养治国、平天下的能力和美德的学校，坏上司为何不能呢？

要成为一个领域的领袖人物，首先需要培养节制、坚韧等诸多品质。现在你遇上了一个坏上司，不应该感谢上苍的厚爱吗？你应该以"我不入地狱，谁入地狱"的决心，勇敢地面对你的坏上司。然后，在与坏上司的相处中努力培养你的各项美德。

◎ 坏上司能激发你的潜能

台湾的刘墉写过这样一个故事，说他在美国留学的时候，有一天，一位已经就业的同学对他抱怨他的美国老板"吃"他，不但给他很少的薪水，而且故意拖延他的绿卡申请。刘墉当时对他

第二十三律 和上司关系的好坏，直接决定你在职场的前途

说："这么坏的老板，不做也罢。但你岂能白干这么久，总要多学一点再跳槽，所以你要偷偷地学。"他听了刘墉的话，不但每天加班，留下来背那些商业文书写法，甚至连怎样修理影印机，都跟在工人旁边记笔记，以便有一天自己出去创业，能够省点修理费。隔了半年，刘墉问他，是不是打算跳槽了？他居然一笑："不用！现在我的老板对我刮目相看，又升官，又加薪，而且绿卡也马上下来了，老板还问我为什么做事态度一百八十度转变，变得那么积极呢？"他心里的不平不见了，他做了"报复"，只是换了一种方法，而且他自我检讨，当时其实是他自己不努力。刘墉接着说：你喜欢斗狠吗？你总是心里愤愤不平吗？你要知道，敌人、仇人都可以激发你的潜能，成为你的贵人。你也要知道，许多仇、怨、不平，其实问题都出在你自己。你更要知道，这世间最好的"报复"，就是运用那股不平之气，使自己迈向成功，以那成功和"成功之后的胸怀"，对待你当年的敌人，且把敌人变成朋友。

人没有敌手是很难发挥自己的全部潜能的，因为最难的是"战胜自我"。没有敌手的激励，难免怠惰、难免放纵、难免降低追求的目标。

精神病学家 J. A. 哈德菲尔德深入研究过危机环境在人的身体、心理、感情和精神上激发的非凡力量。他说："我们过着拘谨的生活，避开困难的任务，除非我们被迫去做或者下决心去做时，才会产生无形的力量。我们面临危机时，勇气就产生了；被迫接受长期的考验时，就发现自己拥有持久的耐力；灾难降临时，我们会发现内在的潜力，仿佛是出自一个永恒手臂的力量。一般的经验告诉我们，只要我们无所畏惧地接受挑战，自信地发挥我们的力量，任何危险和困难都会激发能量。"

当"冤冤相报何时了"的两败俱伤，变成"相逢一笑泯恩仇"

的双赢时，不是人生的最大成功吗？

● 坏上司能增加你处理组织内部事务的政治智慧

任何一个组织都需要政治。有人说，一个好的企业家，必须是好的政治家。组织中的政治斗争，从来就不会停止，只不过好组织与坏组织的分别是，好组织有明确的政治斗争规则，而坏的组织则没有。或者说好的组织的游戏规则鼓励积极的斗争，而坏的组织则放任大家内耗，从而导致组织在与别的组织的竞争中落败。

专家出身的人往往缺乏这一课。著名的"陈天生怪圈"就是例证。

1986年，陈天生到广州，用1500元自有资金，加上800元稿费，另加一位朋友的5000元，办起了一家技术经济发展公司。公司迅速获得了发展。为了图谋进一步发展，他去海南考察。这时，公司内部有人冒充他的签名私收货款。司法机关找上门，内部马上有人栽赃陈天生，甚至合伙"要在思想上、组织上彻底肃清陈天生的流毒"。于是，法人代表的工资被停发，办公桌被搬出门外，连铺盖卷也被扔了出来。一时间，各分公司纷纷倒戈，百万资产瞬间付之东流。

1989年，陈天生在广州鼎湖区再度白手起家，创办了鼎湖科技实业城。自筹资金，自生自灭。经过三年的苦干，鼎湖开发区终于兴旺起来了。然而，历史悲剧再次重演。就在陈天生雄心勃勃，准备扩大开发区规模时，突然被这个由自己亲手创办的经济组织抛了出来。他抗争无效，静悄悄地走了。

1992年陈天生与蒲圻市签订合同，以民间方式筹资在蒲圻建赤壁长江大桥、创办开发区。很快，陈天生在家乡这块熟悉的土地上再次显示出杰出的组织协调、招商引资、宣传鼓动等各方面的才能。企业又兴旺起来了。不曾料想，脚下的跳板被人抽走了！

第二十三律 和上司关系的好坏，直接决定你在职场的前途

陈天生跌了有生以来最大的一跤。乡亲亦无情，他再一次饮恨离开。

一个人在自己创业之前遇上一个坏上司，逼迫你学习组织政治学，那就太幸运了。就算你永远不打算自己创业，学好这门功课对你的职业生涯也大有助益。

有一位在美国三大汽车公司之一任职的高级管理人员遇到了一个难题：一方面他喜欢自己的工作，对薪水也很满意；另一方面，他痛恨自己的上司。他已经忍气吞声好多年了，现在到了忍无可忍的地步。于是，他决定通过一个猎头公司找个新工作。在与猎头公司的交流中他获得了灵感，他把上司的情况告诉猎头公司，委托了猎头公司为上司找一份工作。当这位上司接到电话被告知有一份新的工作在等他时，正好也厌倦了当前的工作，爽快地接受了新的职位。妙就妙在当上司的职位空缺时，这位高级主管申请补缺并且成功了。他从这次调职中领悟了一种高超的政治智慧，让他在这个组织中一帆风顺。

在与坏上司的过招中，你还会悟到许许多多的"招数"。譬如，宁肯得罪君子，不可得罪小人的原则。你现在就得罪小人了——因为一句话，他就要运用他的职权，找茬扣工资奖金。这已经表明是典型的小人了。但是，你能做到不得罪小人，反而利用小人为你服务吗？再譬如，统一战线原则，不要四面出击，一次只能打击一个对手，同时与其他人联合。这点你做得怎样？同下一级领导的关系，与上一级各职能部门的关系，与外界的关系，与一般同事的关系，都是你的环境的一部分。在与上司的斗争中，你做到了"有理、有利、有节"，还是负气而为？

所以，遭遇坏上司未必是坏事，就像我们前面说的，换个角度看问题吧！

结语：

上司掌握着你的饭碗，影响着你的情绪甚至健康，和上司和睦相处，对你的前途、身心都有极大影响！聪明的下属是绝对不会跟上司较劲的，而是想方设法与上司合作双赢。

第二十四律　慧眼聪耳：识破老板的骗术

> 关于老板这个称呼，有的企业员工称自己的直接上司为老板，而在私企中，老板就是指资本的所有者，是最顶层的管理者。好吧，不管指谁，无一例外的，他们都是骗子！

老板的"糖衣炮弹"

老板之所以是老板，除了把着你的经济命脉，握着你的生杀大权，还要将一帮各怀鬼胎恨不得翻天倒海的员工管得服服帖帖，前两点靠的是经济和实力，后一点就要靠点权术了。为了让大家觉得愉快、满足，心甘情愿地为这个公司拼命工作，老板经常会给你发射"糖衣炮弹"。

他告诉每个人"你是我们公司里最好的"、"你在我们公司里非常重要"……而最后大家都发现，虽然我"很重要"、"最优秀"、"很美丽"，但我的劳动强度特别大、我的工资很少、我的职位很低，我辛辛苦苦创起了一个项目，却被老板将工作一步步转移给别人，最后把我架空……

当你申请加薪，老板说：每个人都觉得他的表现很好，你叫我怎么评价？

当你要求提升，老板说：我没有职位空缺，你叫我怎么办？

当你每天都在加班时，老板说：你工作组织得不好。

当你暗示加班公司要付加班费时，老板说：这是你的职责。

当你申请辞职，老板说：每个公司都会有10%~20%的人员流动，这是正常的。中国人那么多，要招人还不容易？

所以，你已经不是小孩子了，糖果对你已经没有多大吸引力，勇敢地拨开糖衣直面隐藏在里面的炮弹吧！

在还没有任命新的市场部经理之前，老板决定亲自坐镇市场部。一时间，市场部个个神经紧绷。几天下来，安卉有点受不了了，找到老板说要休假，没想到却被老板柔声拒绝："公司现在离不开你，可以稍晚一点再休吗？"一种被重用的良好感觉开始蔓延，安卉决定推迟休假。

当大家得知安卉推迟的原因时，不禁哄堂大笑："又一个受骗上当者。"安卉不解地问为什么，阿珍笑着说："你不知道吧？在座的每一个人的休假计划都差点断送在这句话上。"维尼夸张地接口说："是呀，我当初第一次休假时老板就是这么说的，当时我被感动得热泪盈眶，恨不得殒首相报。"安娜接过话头："啧啧啧，这句话说了这么多年，老板也不变换一下，我都听麻木了。"阿珍打趣说："你以为你是谁，公司离开你还不照样运转呀。"

安卉摸摸脑袋，可不是嘛！张姐虽然走了，但上面还有老板，还有各个部门经理，还有这么多优秀的员工，你简直比一只蚂蚁还要渺小，比一个最难看的土豆还要平庸，老板又怎么会在你要正当享受自己权益时，突然意识到你的重要性？自己居然真为这样的理由就推迟了假期，真够笨的！

正在说笑间，随着景甜一声清脆的"张总早"，所有人的脸来了个一百八十度大转变，全部装回一本正经，安卉也走回自己的位置，心里窝火，故意把本已凌乱的桌面搞得更凌乱一些，再拿

第二十四律 慧眼聪耳：识破老板的骗术

起一支笔，乱七八糟又煞有介事地写写画画……"唔，不错，大家看起来都挺精神的。"老板一进来就是这么一句，全体人员心里全部一紧，该死，前奏来了，今晚又要加班了。果然，老板接下来就是一句，"那么，我请大家晚上吃饭，麻烦大家了，那份新产品的宣传方案今天晚上必须拿出来，要跟进销售部的进度嘛。唉，这年头，生意难做呀。"最后一句是他的口头禅，一天不唉声叹气地说上几次就不安心。众人眼前一黑，天啦！受不了，加班就加班吧，老板能不能换个开场白？

不过，正如安娜所说，老板的"糖衣炮弹"从来不换包装纸，动动脚指头都能识破。

在职场中，一个有心计的老板常常会用渗透有个人情感的言辞来笼络员工不安的心，那些"糖衣"通常都是这样子的：

◎糖衣一："你是我的心腹！"

老板说这句话，主要是为了笼络人心和收集情报。挨了这招的人往往大受感动，有遇明主、识伯乐之感，不过等你真把自己当成他的"心腹"，什么都不隐瞒，甚至连隐私、感情都交代了，你后悔的日子也不远了。

张三是刚进公司的新人，由于工作绩效出色，备受老板赏识，也赢得了同事们的支持。在一次与老板的私人谈话中，老板意味深长地拍着张三的肩膀说："……你和他们不一样，你是我的心腹！你就是我在职员们那里的耳朵和眼睛，我需要你及时向我汇报其他职员的工作情况和他们私下聊的一些事情！"涉世之初的张三把老板所说的一切都信以为真，真的把自己当成了老板的心腹。

此后，他不仅在工作中投入了忘我的热情和精力，而且还经常向老板汇报同事们的情况，事无巨细，面面俱到，但时间长了，张三却发现他自己的生存空间越来越小，生存环境越来越小。同事们和他不再像以前那样嘻嘻哈哈，打打闹闹了，什么事情也不和他提及了，同事们和他的关系变得敏感和紧张起来，真正把他当作老板的心腹和耳目。张三成了名副其实的牺牲品。

　　策略：一个上司对下属的关心与问寒问暖一定不会离开工作目的。他希望你做的是一颗永不生锈的螺丝钉。涉世之初的新人不要被"你是我的心腹"的甜点迷惑住，不要天真地以为你有缘能和老板成为朋友。你一定要和老板保持距离，过分亲近老板，会让别人怀疑你的能力，同事也会反感和排斥。所以，一听到老板说类似的话，立刻装作高兴的样子，然后在心里边狠狠地骂他就对了。

　　◎糖衣二："这里的一切全交给你了！""我最信赖你！"

　　李四是公司的销售主管，在一次老板出差前，老板信任地拉着李四的手说："这里的一切全交给你了！我最信赖你！"

　　在老板离开后的第三天，客户打来电话，反映同类产品现在开始促销，并咨询该公司的产品是否也有相关的优惠活动？李四突然想起来，老板离开前他曾经申请过相关事情，也提交了相关报告，老板做了口头批示，但未做详细的布置和工作安排。本应向老板汇报请示的李四耳边响起了老板临行前的重托，于是自作主张，实施了自己的促销方案。结果把在外地扩大市场的老板弄得很被动。老板回来不久，李四就被炒了鱿鱼。

　　策略：当老板离开，工作交给你时，通常会这样对你讲，但你要学会捕捉老板的"弦外之音"，不要把老板所说的一切都信以为真。"这里的一切全交给你了！""我最信赖你！"之类的话，很大程度上是对你工作积极性的勉励。你要切记，交给你的只是工作而已，而不是老板的位置和权利。千万不要不知深浅，俨然把自己当成老板一样，自作主张，指点江山。最好的方式就是及时向老板汇报工作，请求指示，以电话的方式来扩大他的权威性，自作主张的结果往往是费力不讨好。

糖衣三："好好干！我是不会亏待你的！"

"许诺"是做老板的必需条件，不把美好前景描述得令人如痴如醉，会有人给他卖命么？许诺了，别人给他做事了，他捞够好处了，之前说了什么也就都忘了。这当然不是记忆力差、记性差到这份上，那是帕金森综合征，怎么能当老板？再说，说他坏话的人老板会记得很清楚。在老板眼里，干活的都是他的胯下牛马，许诺就是吊在他们眼前的胡萝卜，或是白菜，或是香肠，等等花样繁多，诱惑力很强。

王二是公司的业务骨干，经常为自己的额外工作加班加点，并为此付出了很多精力和时间，而每一次老板都会扔个"甜点"给她，"好好干！我是不会亏待你的！"但老板却丝毫没有支付加班费、奖金和补助的意思和行为。

策略：和老板说"不"的确很难，但是自己也不是万能的机器，勉强自己的事情还是越少越好。要学会说"不"，学会提出自己的要求，争取自己应该得到的利益。

职场如战场，很多时候自己的忍耐和好脾气会使自己因小失大，影响职场生活。适时地舒展一下自己的个性，你的饭碗反而会端得更稳！别让老板以为你好欺负，既然自己付出劳动就应该得到回报。所以你要做的有以下事情：

1. 掌握同行业同等职位的人员配置和薪金最新行情。了解自己薪金所处的位置以及可以活动的空间。

2. 自己建立一个绩效清单。定期进行填写：自己做了多少工作，怎样全心全意工作（注意列出具体的时间，日期，工作性质），取得了哪些成绩，为公司节省了多少资金。这样提出加薪就会有理有据了。

3. 坦诚相见，说出你自己的优势和长处，以及自己的专业技能。

4. 加薪无论对于你还是老板都是一个敏感的话题。不要怕惹老板不高兴，想想自己付出的辛苦、时间、精力，加薪不是什么过分的要求。再说，老板不也说过不会亏待你的吗？

老板的"捕猎陷阱"

老板通常会对下属表示关心，以造成"亲民"形象，不过，你怎么知道这背后就没有什么陷阱呢？

陷阱一："你的薪水够用吗？"

那次，老板和我们几个市场部的员工吃午饭，随口问："你们觉得薪水还够用吗"，那几个都微笑着不说话，新人甲怕冷场，只好开口，可一开口就是真话："我不敢说不够用……"

老板"居心"何在：

身处市场、公关这种花钱的部门，有些老板会担心你花钱大手大脚。他吃午饭时看似不经意的一问，却是在"考验"你的理财观———如果能把自己的财理得头头是道，花公司的钱应该也会有分寸。

大家都笑而不答，为什么你要那么自觉当"冲头"？有些老板喜欢听手下说薪水不够，因为他以为抓住了你的"软肋"，施以小恩小惠，你就会甘当座前走狗。但另一些老板就会想开去："不对嘛，一个小姑娘，开销这么大？花自己的钱都这样，花公司的钱不就更……"

策略：

这种问题，你一回答，他就认真了，索性捣糨糊："老板，你想听'够'，还是'不够'？"暗示他，你要我认真答，还是不认真答？如果是前者，那么这个场合不合适。如果只有你和老板，可以老实讲，但是也不要太直白，学会耍点小花招："老板，你来问我,是代表税务官呢,还是代表公司?税务官来,你肯定有好几套财务报表——我也有好几套,你要听哪一套?"老板会觉得你的思路比较清晰!

如果老板已经对你产生"花钱大手大脚"的印象,就在提交费用报告单时,让他知道你谈判的过程:"供货商本来报多少,我了解市场一般价位是多少,后来谈到多少……"偶尔为之,只要让他觉得你花钱精明即可,太着痕迹,反倒让人起疑。

◎陷阱二:"你不是来学习的吗?"

现在乙最后悔的,就是在面试的时候对老板讲了那句蠢话:"希望公司多给我机会,我很年轻,想多学东西……"进了公司,才发现工作量之大,不是常人能忍受的!前任也是实在撑不下去,才走的。乙每天最早到办公室,最晚一个走,常常忙得忘了吃午饭和晚饭,因为根本不觉得饿。最不爽的是,乙发现自己忙,是因为工作分配不公平——乙每天累死累活,可同一个 Team 里,有两个同事上班却经常闲得发呆。实在忍不住,找了个机会跟老板要求调整工作量,谁知她一句话把乙噎住了:"你不是来学东西的吗?"

老板"居心"何在:

可能她觉得这么分配工作,的确是合理的。也许要连续走掉三四个员工,而且原因都惊人的一致,她才会意识到是自己出了问题。就算当初不说"来学习",老板还是会把这么多活压给你的。

面试时最好不要谈来公司"学东西",因为这是空话,也的确会让人觉得你是急不可耐地在寻找"学习"的机会。老板乐得拿你当廉价劳动力使——反正你年轻,又没家累,还想"学东西",那就由得你多"学"好了!

策略:

学会一进公司，就和老板谈："我想知道您对我的工作期望。"这本是老板的职责，但很多老板没这个概念，那你就得帮他建立概念——一边听他讲工作要求，一边摸工作量。如果觉得太多，当场提出："这些要求，我能做到的，当然没问题；不能做到的，也不能骗你。我最大的担心，就是时间安排可能有问题……"如果工作范围有变化，也应该主动找老板，做这道"功课"。

陷阱三："有没有同学想跳槽？"

那次，老板问丙有没有同学想跳槽过来，"要业务强点的，又在现单位待得不大好的……"丙没多想，就老实说："真的很强的，倒是有一两个。但是人家现在一个月薪水1万多，怎么肯过来？"老板看了丙一眼，挥挥手："那么就算了，你出去吧！"

策略：

如果老板的确是认真想招人，你就得一本正经和他谈：什么职位，什么要求，职位描述怎么样，对业绩期望如何……问得越细，老板越会心花怒放："这人考虑周全，简直不亚于我嘛！"末了再问一句："老板你急不急？急的话我明天就答复你，不急的话，再等个两三天……"过两天，再去找他："老板，我给同学打了一圈电话，说是我们公司要招人，有两个有点兴趣。"然后把情况一五一十告诉他，如果老板问起薪水，就直说："一个月薪8000元，一个是6000元，不过要加销售提成……老板你有兴趣的话就让他们发简历过来？"只需讲出事实，不要加任何评论。

陷阱四："公司把你'陷'死了？"

丁大学读的是新闻系，同学散在媒体里，他们不用朝九晚五，可丁自从毕业后，加班成了家常便饭。那天和老板一起吃饭，他像是不经意地问："你那些同学，上班是不是都蛮闲的？"丁脱口而出："对的对的，他们都很清闲的，我一个在《××晚报》的同学，一星期只要上两天班！"老板脸色微微一变，甩了句让丁立即有点胃痛的话："哦，那么看来公司把你'陷'死了嘛！"

老板"居心"何在？

其实他是"点"了你一下：你们平时扯扯各自的老板、薪水、工作量，没关系，但既然选择了这个行业，就得意识到，大家走的路不一样了，不要得陇望蜀。

这个回答还算坦率，老板就算一时觉得不爽讽刺一下，也不会往心里去。如果一本正经说："虽然我比他们忙，但是很充实"，就显得虚伪了，你说他会信吗？

策略：

很简短地说，"对的，他们近段时间比较空"，结束。老板问什么，就答什么，别自作聪明地邀功："啊呀，我比他们忙多了……"你忙不忙，他会不知道？

◎陷阱五："你这部分怎么做的？把大家的辛勤工作都毁了！明天再看不到结果，你就再不要在我眼前出现！"

老板"居心"何在？

这时候已经是晚上了，其实老板是在变相地强迫你加班，可老板精明，若是明说让你加班，那可是要付双倍工资的。

策略：

把自己工作做好就对了！按时完成，保质保量，苍蝇不叮无缝的蛋，让他找不到突破口。其次，对老板的态度，一定要不卑不亢。既不能看老板处处不顺眼，处处与之对着干，也不能过分任劳任怨，打不还手，骂不还口，该反抗就要反抗。

◎陷阱六："xxx工作怎么样？你要觉得不合适，那就撤了他，权力下放，充分相信你们。"

老板"居心"何在？

老板早就看那个人不顺眼了，不讨不到万不得已还是会想方设法维护自己的好形象，因为有些不公正或不正当的事情，例如为了排挤、打击报复某个人而开除、撤职、扣奖金，搞不好会给很多人留下不好的印象，甚至招来人身报复都有可能。

策略：

认清事情要害，客观判断老板这个"建议"的合理性，切莫上当。

结语：

保持清醒头脑最重要，没了你，地球一样转，对于老板的迷魂汤，喝过就吐吧。

第二十五律　人在屋檐下，要适时低头

> 根据美国"工作场所欺负研究所"的调查，超过1/3的职场中人曾被上司、老板欺负过，形式有挨骂、遭鄙视、工作被捣乱等。有人力资源组织调查发现，1/4的雇员在过去12个月之中有被欺负的经历，这种现象在经济不景时更严重，员工深陷老板和上司的魔掌。

人生何处不挨刀

行走江湖，总不能处处顺当，何况只是一个小卒子的时候，冲锋陷阵的人是你，挨刀挡枪的人也是你。这就是江湖。

一个星期之后，市场部迎来了新经理，让所有人都倒吸一口凉气，因为经理不是别人，正是老板娘，安卉更是觉得六月飞雪天寒地冻。

季晓上任后，阿珍再也没敢在上班时间来找过安卉，安娜买新东西再不敢到处炫耀，维尼再不敢拿眼睛瞟美女，安卉再不敢在办公室吃零食斗地主……那可是老板娘，虽然上任第一天她微笑着劝慰大家不要因为自己的特殊身份就对她另眼相看，哈，谁敢！那可是老板枕边的吹风机，什么事情不稀里哗啦地吹到老板耳朵里去。其实就算不考虑老板的因素，该个女人已经难以应付了，概括起来，她有三样绝招：

一瞪：老实说，她眼睛单独抠出来还是蛮好看的，虽然围绕着一堆雀斑。四十来岁的窗户总是充满莫名其妙的愤怒就让人很不解。跟她说话的人先得经受得起这瞪，才能开展接下来的业务，这些人包括下属、兄弟部门员工、前来办事的乙方、来换油墨来修空调的工人等等等等。总之，看了她眼神，你不得不反思最近是不是扎过她车胎、打过她小孩、辱骂过她祖宗、借了钱未还。

二吼：有一种嗓子，可以在四十岁的时候笑出"银铃般"声音来，按说可以引出很多遐思，但是搁我们这儿就只有一种功能：她心情很好，可以去请示汇报了。她专业内技术业务很强，强的还有说话的气势，交流起来甭管占理与否，先把声音提高八度——真的是八度——再来理论，就事论事为主，人身攻击为辅。维尼有次被骂得面若桃花，绷不住，灰溜溜走人。上任一周后，大家做了一下统计，安卉以被骂七次、平均一天一次位居榜首，迟钝的莫小米以被骂五次的记录荣获榜眼，探花是维尼，被骂三次。

三"节约"：俗话说"新官上任三把火"，季晓这火烧得绝对是惊天动地、乌烟瘴气。她引进了一个作业成本概念，什么意思呢？就是每一位员工进行工作公司所付出的成本，比如你每月的工资、奖金、补助；你用的计算机、办公家具每月的折旧；每月你用了几个纸杯、几张复印纸、多少个文件夹；打了多少电话；报销了多少钱；坐公车出去耗了多少油……都要换算成人民币记到你个人头上，与你的效益直接挂钩。并且，毫不客气地将这个东西拿到行政部作为规章制度在全公司实行，一时间整个公司到处飘散着各式各样的表格，每个人都在想着自己的作业成本千万别超过业绩，直闹得鸡飞狗跳、怨声载道。别的部门见了市场部的人都恨不得扑上来咬上几口，眼神凶狠着呢！

第二十五律 人在屋檐下，要适时低头

毕竟平时不注意的细节上大家铺张浪费现象还是很严重的，所以说要节约成本大家还能勉强接受。不过接下来的问题就大了，大家很快发现，那不是节约，而是吝啬。和别的公司打交道请客吃饭是难免的，每次客饭都要经过她的一番盘查：什么客人、来干什么、哪家酒店、喝什么酒、谁点的菜……刚开始大家都老老实实说是自己点的，不过一听到一道高价菜时她就冒出杀人的目光，还苦口婆心地劝大家要为公司着想要勤俭节约，说得大家羞愧难当，为给公司造成的巨大损失而惭愧，恨不得找个地缝钻进去。不过请客吃饭，是人情所需，这方面省不下来，摸准季晓秉性后，大家便说是客人点的，让那些听不见的客人挨她的诅咒去吧！尽管如此，报销客饭仍是大家最打怵的事情。

一次，已经终止了合作关系的红枫公司派出两个代表千里迢迢跑来。作为西南三省的销售代理红枫公司赚的利润相当可观，不过"店大欺客客大欺店"，仗着自己拽着萃德年度30%的贸易额，便要求再低1个百分点进货，底价是公司绝不能动的钢线，在要求遭到拒绝之后，红枫便恶劣地逾期不交付货款，张芸是个狠角色，不仅狠狠地将红枫骂了一通，而且发出行业通告，揭露红枫的恶行。红枫自知理亏，而且因此失去很多生意，所以派出代表意图修好。

安卉拿出玻璃柜里的茶叶给客人沏了两杯，季晓看见了，目光冷冷地盯着安卉："你知道那是什么茶，多少钱一两吗？"

安卉压抑着内心的反感，装作若无其事地摇摇头说："不知道。"

"那是招待高级客人的龙井！"她语音不高，却一字一顿极其有力。

"合作伙伴不是高级客人吗？"安卉放慢了说话的速度。

"他们算什么合作伙伴？算什么高级客人？他们是川狼，七匹

狼里的一匹！"那目光愈加犀利起来。

"那么，什么样的人才算高级客人呢？季经理，你能给我列个名单吗？"安卉迎着她的目光一字一顿地问。

"哼！以后来客问问再说！"她硬邦邦地扔下一句转身走了。

安卉望着她的背影不禁长长地叹了口气，这个吝啬的老板娘在这件事上算是间接地支持了张芸的做法，想起来心里觉得有点安慰。不过从那儿以后，办公室里的烟和茶就备足了三六九等，每次来客，大家都问她这是哪一级的客人，一个市场部作成这样，大家心里都觉得寒心。

不过，就是这么一位"节约"的人，对待自己可一点不节约，40岁的她，有着30出头的身材和肤质，这一点很让人羡慕，据说是喝胶原蛋白喝出来的，这点大家倒是不知道，但能看到的就是一个月三十天，衣服从来没重过样，安娜眼尖，对时尚的把握也很强，每一套衣服都能从某某时装会上找到答案，而一套衣服的价格更是叫人咋舌。

有这么一位上司，大家只能埋着头半句怨言也说不出口，反正公司是她家的，爱怎么糟蹋就怎么糟蹋吧！

季晓的权威树立起来后，大家在她面前都低眉顺目，渐渐地季晓也能给大伙儿露个笑脸，每到这时，大家都高兴不已，解放区的天是明晃晃地天呀，解放区的人民好喜欢。不过，安卉仍然以每周三次的挨骂记录笑傲整个公司，安卉心里气得骂娘，还得不断告诫和安慰自己：不让姑奶奶不在乎的人伤害到姑奶奶！

季晓上任做的第一件事，就是将以前的资料重新整理。大家都知道，资料这种东西，前后继承性很大，偏偏季晓看不惯张芸，所以当她把这个任务派给安卉的时候，安卉只听见头嗡的一声响，果然，当安卉第二天抱着一摞资料汇报情况时，季晓冷着脸不说话，安卉只好继续说了一大通，说得口干舌燥，季晓才说："对不起，能再说一遍吗？"安卉气得牙痒痒，挤出一个笑容，说："经理，我刚才说的都在资料里，还请您过目。"季晓扫了一眼材料，淡淡地说："哦，这个东西张芸签过字是吗？不管用，这样，你重新整理打印一份交给我。"安卉忍住要抓狂的心，修改了几个字，颠倒了几处语序，小心翼翼地交给季晓："整理好了，您是不是要签个字？"季晓瞪着安卉："签什么签？张芸不是签过了吗？没长眼睛呀，拿这种重复性劳作来烦我！"这还是安卉第3次挨骂的事。

　　不久以后，公司人力资源部的李琛也因故休假一月，于是这方面的具体工作被转交给季晓承担，季晓在员工会议上笑盈盈地说："我推荐安卉来帮忙负责这方面的事务，这对她来说是个很好的锻炼机会。"这话搁在不知情人的耳里，还以为她要提拔安卉了。可是，可怜的安卉忙得每天连学习的时间都没有，只感到天天觉不够睡，虽然摆明了是在整人，可好学的安卉仍然一心想把工作做好。一次，她正趁着工作的空隙时间，学习人力资源管理方面的知识，没想到被季晓撞见了："不好好上班，学这个干什么？莫非你真想调到人力资源部当个部长？你呀，就死了那个心吧！"安卉叫屈，不是您老人家让我分担人力资源部的事儿吗？这是安卉第十一次挨骂的事儿。在头绪繁多、强度不小的工作中，小心谨慎的安卉还是出了一个小小的疏漏，终于逮到机会的季晓拍桌子捶板凳，不问是非，把所有的过失通通推到安卉头上，这回训斥得理直气壮，分贝自然又高了八度，整个大楼都在颤抖！安卉恨不得点了季晓的哑穴，退一万步点自己的聋穴也行，不是怕她的骂，实在是想保护自己的耳膜！安卉张着嘴，季晓还以为安卉被骂得目瞪口呆，其实安卉只是记起了初中学到的知识：张嘴可以让噪音从耳朵和嘴巴同时进入，在耳膜的正反方向同时给予压力，不至耳膜破裂！感谢伟大英明的初中老师！

季晓上任一个月，安卉瘦了整整五斤。莫凡自从上回吃饭后，再见不着影儿，忆茹最近忙着做市场调研，子骞出差了，连个说话的人都没有。安卉知道，自己成了季晓和张芸斗争的替罪羊，她这是将对张芸的恨都转嫁到自己身上来了，每思及此，安卉心里凉哇哇的。

就在安卉急需补充营养的时候，季晓自告奋勇地承包了公司下面的食堂，以减轻老板负担为名。从那以后，安卉发现菜单上的菜和实际装到碗里的菜有了很大的区别：青椒丝，红烧，茄子烧，苦瓜片，粉丝末，回锅，葱爆片，萝卜炖……有东西好久没见了，安卉觉得自己濒临崩溃。

我们很多人都有过这样的经历，外出旅行，坐长途火车，常常得经过很长很窄的地底隧道。有些隧道，一丁点儿亮光也没有，让人在恍惚间产生了一种恐怖的错觉，以为自己不慎掉进了"死亡幽谷"。可是，不管隧道有多深、多长、多黑，火车迟早会来到隧道的出口，然后，一圈圆圆的、灿烂的亮光，就静静地伫立在出口处。其实，人生也是一样的。所有的伤痛、挫折、失意、失败，都只是"黑暗隧道"的一部分，咬紧牙根，勇敢面对，然后，你便会豁然发现：一切的苦难，犹如落进泥土里的雨一样不留痕迹。

乌龟的哲学

作为下属，如果挨骂，或受到警告、指责时，心里都会不痛快。尽管你知道，下属被上司斥责是再正常不过的事了，可还是常常会产生抵触和抱怨情绪，从而影响到你和上司的关系。

一切关键是个心态问题。无论是强者或是弱者，自己的心情不能被别人的斥责所扰乱，而应当保持弹性，经常保持冷静，挨骂时只要低头认错就好。既然上司已经斥责了，还是干干脆脆地道歉吧！这才是下属应持的可爱态度。别人指责你的缺点和错误时能够自我反省的人，才能提升自己的人格，同时也是个有内涵的人。

在对待挨骂的态度上，我们不妨参悟一下乌龟的自卫方式。

众所周知，乌龟在遭受到外力干扰或进攻时，它便把头脚缩进壳里，从不反击，直到外力消失之后，它认为安全了，才把头脚伸出来。面对正处在火头上的上司，也把自己当作一只乌龟，缩起自己的不满和冲动，任尔指责和批评，直到上司的一顿乱批结束。这或许显得有点懦弱可笑，但是从摆正心态的角度理解却是聪明和正确的。

兵来将挡，水来土掩，面对不同类型的上司，你必须区别对待，灵活相处，才能立于不败。

在办公室里，你是否有过这样的经历：当你把一份殚精竭虑的工作计划详细地向上司汇报时，上司却显得厌烦冷漠，不屑于这些细枝末节；而也有可能当你简略、概要地汇报一件工作事务的时候，上司却责怪你交代得不够细致，而要追问一些细得琐碎的问题。

其实，你犯了一个错误：你没分辨清你的上司是个只愿把握大局的人，还是个事无巨细皆不放松的人。一位只愿把握大局的领导会认为你该把所有基础工作都做好，他要的只是结果；而一个注重细节的老板就会在意你的工作细节。如果你早些了解上司的这些与自身个性相关的信息，你俩的合作就会变得愉快得多。

要记住，上司也是普通人，他也有七情六欲，也有情绪、脾气、偏好等等与他人无异的性格特点，如何把握上司的性格特点和处事风格，采用适当的应对手法来与之相处，是能否和上司相处和谐的关键。在这样一种职场测试中，优秀的员工总是能交上满意的答卷，不管面对什么样的上司，总是能拿捏得当，迎合上司的处事风格。

办公室的上司个性无外乎分为七种类型,每一种类型都需要员工区别对待:

● 优柔寡断型的上司

这种上司在职场上不是很多,却能让你真正体会到"左右为难"的滋味,因为这种上司经常朝令夕改,让身为下属的你不知所措。

遇到这样的上司,在他向你征求意见或一块儿讨论计划时,不妨顺着他的个性,多说几种可能的方法,或多个方面的意见。比如,他问你某个工作草案是否合适时,个性使然,心里总是不自觉地存在对草案的质疑。你就可以多找一些批评性的意见,供他参考,反正定夺全在他,你又不必为此费心。

这样的上司也常常会有一些让他头疼半天还犹豫不决的时候,这种情况下,你不妨适时地在基于自己准确判断的条件下,替他做出决定,帮他解决眼前的焦虑和难题。不过,切记,这种问题必须是无关紧要,与工作无重大关联,且你确认上司会为此感谢你的情况下,否则,这种自作主张对你前途的影响是致命的。

当然,对于他朝令夕改的作风,明智的做法是最好什么行动都遵照他的意旨,只是既然有了"随时改变"的心理准备,凡事未到最后期限,就不必切实执行,例如做计划书,只做好草稿,随时再作加减,就是比较聪明的做法。因为你很难保证上司不会在计划就快完成时,突然再生变故,对你的计划全盘否定或是大加删改。

● 暴躁型的上司

办公室里,有种上司天生脾气暴躁,情绪容易失去控制。这种上司常常为了一些小事而大发脾气,甚至公开斥责下属。你可能也遇到过这类老板,他们莫名其妙地斥责时常让人难堪。

据心理学的推断，经常令下属惊怕的上司，只是权力欲作祟而已，你又没有可能请他去看心理医生，可以做的，就是自我保护了。

在这种上司面前，最好不要惹他动怒，说话尽量简单、诚恳，不要啰嗦、推诿，特别是在他工作繁忙的时候，尽量不去打扰他。我们惹不起，总躲得起吧。

当上司大发雷霆的时候，不要推卸责任或试图解释，冷静地说："我会注意这种情况的"或"我立刻去调查！"然后离开办公室。既然目标物已在眼前消失，他就没有咆哮的对象了。

如果不能立刻走开，就任他数落、批评吧，只要言语不是太恶劣，相信作为一个职场中人，这点忍耐力和乐观心态，大多数下属还是应该有的吧。

当他的火气消去，冷静下来以后，或许他会为没能控制好自己的情绪而觉得对你有所歉意。

暴躁型的上司的情绪激烈表现，往往只是一种本性作祟，并不是针对某个员工的故意打击，这点你需要明白。不要因为他一次火爆的脾气，就觉得深受打击，一蹶不振，其实他对每个下属都有可能如此。

极权型的上司

极权主义的上司除了对下属的工作吹毛求疵外，最叫人讨厌的是他们会如暴君一样，连你的私事也过问，例如不准你跟其他部门的同事交往，不准你下班后去上英文课，不准你业余时间与同事一起消遣……这种上司往往是权力欲很重的人，有很强的控制心理，他希望下属时时刻刻、方方面面都听自己的，同时这种上司往往也是一个比较强硬的人。

在这种类型上司面前，你一个人难免势单力薄，精明的做法是与其他同事联合起来，团结大家的力量，共同应付上司。

在工作方面，你需要小心细致，尽量做得无懈可击，不给上司挑剔的把柄。时间长了，他在你身上找不到可以吹毛求疵的机会，自然感到无趣，便不会再找你的麻烦。

在个人私事的处理上，遇到有其他部门的同事邀约午餐，答应他们，并与你的拍档们一起赶约，大家在公在私，相互交流一下。要是上司知悉，向你查问，可以直认不讳："我们一起吃午饭只属普通社交。"其他方面，只要不是在工作时间之内，遇到这种上司对你私事的干涉，你完全可以委婉地表示自己的态度："这是我的个人事务，不必劳烦领导操心。我会独立处理好的。"

● 懒散型的上司

遇上一个懒散不已、又喜争功的上司，通常会使你不服，憋着一口气。但如果就此打退堂鼓，另谋他职，实在是消极的想法，而且一切从头开始，等于打仗重新布阵，同时，一遇困难就退缩，注定你难以登上成功的阶梯。

一般而论，这类上司，在接到重大任务时，必然是不假思索就交给你去实行。当任务大功告成，他又会一手接过，向老板交代，将下属的辛勤汗水抹杀，一切当作是自己的努力成果，争取老板的信任和赞赏。

你当然不可能当面拆穿他，跟他理论，这只会陷你（因你是下属）于不利境地。比较理想的做法是，在每一个步骤进行时，请来一个见证者，当然不是公然地去找，而是有意无意，例如在秘书小姐面前进行，目的是要有人知晓事件的来龙去脉，即使最终的功劳给上司夺去，在公司里也必然有人晓得真相，一传十，十传百，你的目的就可达到。

● 工作狂型的上司

遇到上司是个工作狂，你一定会整日里大皱眉头，因为工作狂的心目中，认为不断工作才是一种生活方式，每个人都应该如

第二十五律　人在屋檐下，要适时低头

此。

　　工作狂上司是个理想主义者，工作就是他的生命，所以，为他效力，无法有闲下来的时刻，亦不会受到欣赏。如果你希望情况有所改变，就先试着让上司明白，不断埋头工作，花掉私人时间，并不是聪明和应该的做法。

　　比如，他交给你一项任务，要求你一周做完，并暗示恐怕你要加班才能做得好。而你则可用自己的工作方式，既不加班，又提前很漂亮地完成了。一次如此，两次如此，时间一长，你就等于是在向他示威，告诉他有更高效、轻松的做法。如果他够谦虚、有见地，大概会坦然接受的。当然，他也可能表现得极端反感，但至少在日后让你加班时，不会那么理直气壮了。

　　如果你遇到了工作狂上司，而又不能劝服他，不得不在他的"以身作则"下勤奋工作，也可以试着从心理上理解和接纳他的做法，不要一味排斥、抱怨，以避免双方关系的恶性循环。其次，多配合他的工作，尽下属之责，争取成为他信任的好助手。如果他的工作方式你确实不能接受，也应该大胆表达出来，当然必须注意寻找合适的时机和方式。毕竟，从乐观的角度看，你可能会因此有更好的业绩。虽然是情非得已，也算不无收获。

　　◎顽固型的上司

　　不管你如何努力向他解释自己的处事方法，他一概不理，指定要你依照他的方法处事，只要是稍为拂逆他的意思，他便暴跳如雷，令你精神紧张，心烦意乱，对工作感到厌倦，甚至想过以辞职作为无声的抗议，逃避上司的"迫害"。这种上司就是典型的顽固型上司。

　　作为下属，怎样才能改变或者适应在这种上司手下工作，以下有些忠告，你需要辅以耐性，尝试一下：

　　不要以为自己的处事方式及建议一定正确，你与上司谈话时语气须温和，态度客观，不妨多做让步。

在环境许可的情况下，尽量避免在办公室跟上司展开激烈的争辩，应该在下班后请他到附近的餐厅喝杯咖啡，在轻松的环境下，把你的看法委婉地提出来。

你要专心聆听上司的说法，避免抢先表达自己的意见，他可能也有难言之隐，你应该学习设身处地替人想一想。

摒除成见，不要以为上司必定是个难缠的人，尽量与他成为好朋友。

管家婆型的上司

有些上司喜欢以"管家婆"的姿态出现，事无大小，他都要过问，还插手去干预，令负责推行工作计划的职员感到很苦恼。

这种上司到了过分专制的地步，他表面上似乎相当开明，鼓励"人尽其才，各就其位"的精神，实际上他是一切工作幕后的策划者。对他来说，下属只是他获得某个结果的工具，他的意见就是命令。

如果你的上司是这类型人物，你必然时常感到精神紧张，很难从工作中获得成就感。你想与这样一位上司好好相处，首先你要仔细想想，对方什么事情也要管一管，间接命令你要依从他的指示而行，在工作进行期间，你是否获得宝贵的经验，从中获益良多？你不妨尝试说服他就算你以自己的方法处事，结果也会像他所预期的那样美好；如果他一意孤行，你只有两个选择：对上司唯命是从，或是向他递上辞职信，另谋发展。

不过，在你采取最后的行动之前，应努力争取自己的权益，鼓起勇气对上司说出自己心中的话，尝试以朋友相待，看看他究竟有什么忧虑，以致总是对下属缺乏信心。

每个人都有自己的性格，跟你每天相处八小时的上司，他的性格也是跟你的职场生活密切相关的。要想成为一名优秀的员工，

第二十五律　人在屋檐下，要适时低头

你必须做到知己知彼，因人而异，才能与他相处融洽。

给自尊心弹性

有一个故事是这样的：一公司开会，老板大怒，拍桌子瞪眼睛，从地上骂到桌子上，直骂得老板大汗淋漓，口干舌燥；下属们一边点头称是，一边端茶送水递毛巾，请老板继续骂。常人不解，问下属焉能如此找骂。下属说"老板太可怜了，他疯了。"

想象一下，如果这群人在一个密闭的玻璃会议室中，你是室外观察，听不到他们说什么，只能看到一个家伙脸红脖子粗的，时而还上蹿下跳，时而摔东西，你是否也会觉得他"疯了"呢？很可能，因为他的举动太反常了，看起来像个泼猴；但是如果你置身室内，还能这般平静吗？

始终以平和的心态看问题，这是要靠修为的。你经历的事情越多，你就体会得越深刻。当那个老板发泄之后，谁的自尊受到了伤害？是那个始终彬彬有礼的下属吗？其实是那个老板，当夜深人静的时候，他会感到羞愧，因为他在众人面前失态了。

那个体谅老板"疯了"的人是修炼到一定层次了，我们都有失态的时候，然而不是每个人都懂得给别人机会，让他去"疯"一把。他已经失去理智了，这个时候你是在包容你的老板。

很多人觉得自尊是别人与自己之间的事，当受到挑战的时候，就要去应对，去维护自己的自尊，这固然不错。但是你所设定的自尊的弹性区间在哪儿？任何具有弹性的物体，都有一个弹性区间，无论伸张或是压缩，都要在此区间之内，否则我们看到的只会是变形。维护自尊是人的本能和天性，当然这里也要有一个度，一个弹性的区间。为人处世若毫无自尊，脸皮太厚，不行；反过来，自尊过盛，脸皮太薄，也不好。正确的原则是：从实际的需要出发，让自尊心保持一定的弹性。

谈到自尊，从思想上认清自尊的需要和交际的需要，辨清两者之间的关系是非常重要的。过于自尊的人，总是把自尊看得很重，这时请你把看问题的立足点变一下，不要光想着自己的面子，还要看到比这更重要的东西，比如事业、工作、友谊等。还要提醒你一点的是，要坚持把宗旨看得高于自尊，让自尊服从交际的需要。这样你对自尊才会有自控力，即使受到刺激，也不至于脸红心跳，甚至可以不急不恼，哈哈一笑，照样与对手周旋，表现出办不成事决不罢休的姿态，成为交际的赢家。

审时度势，准确地把握自尊的弹性，才会达到最佳的交际效果。想一想，我们是否要注意以下几点：

1. 在交际场上受到冷遇时，你的自尊心会面临着挑战，这时的你千万别发作，不妨多想一想你的使命、职责，为了完成任务，迅速加大自尊的承受力度。

2. 满心希望他人肯定你花了很大的心血做的那件自认为很不错的事情，偏偏得到的是全盘否定。这时的你肯定会受到强烈的刺激，但为了挽回面子，进行辩解、反驳，甚至是争吵，这就大错特错了。因为这样维护自尊、面子，只会使事情更糟，倒不如接受这个事实，效果可能更好一些。

3. 当你受到批评时，特别是当众挨批评更是难为情，自尊心一定受不了。此时的你要对批评正确理解，应采取虚心的态度，这不但不会丢面子，反而会改变他人的看法，给对方留下一个好印象。有时，批评的内容不实，有些偏颇，而批评者又处在特别的地位。这时如果你受自尊心的驱使，当场反击，效果肯定不好。理智一些，不要当场反驳，事后再进行说明，这种处理较为有利。

4. 还有个小窍门，维护自尊时，脸皮不妨厚一点，这并不是不要尊严，而是要把握适当的度，保持最佳弹性空间。

不过，比尔·盖茨说过，这世界并不会在意你的自尊，这世界指望你在自我感觉良好之前先要有所成就。

结语：
回归到最根本的一句话：谁强不如自己强！

第二十六律　装傻，是一种精明的处世方式

> 郑板桥说："聪明有大小之分，糊涂有真假，所谓大聪明大糊涂是真糊涂假智慧；而大聪明小糊涂乃假糊涂真智慧。所谓做人难得糊涂，正是大智慧隐藏于难得的糊涂之中。"

聪明反被聪明误

　　古今中外，耍小聪明误事的、甚至丢掉性命的人比比皆是。和珅是有才，若无才，他何以由一名当差的升为户部郎兼军机大臣，官至文华殿大学士，封一等公？固然，献媚逢迎是其才之"专长"，但诚如鲁迅所说："帮闲也得有才。"他在狱中作的诗，即可作证。和珅为官，弄权耍奸，朝野骂声不绝。故而当他的靠山乾隆帝死后不久，就被新皇帝嘉庆宣布20条罪状，令其自杀。抄没家产约值8亿两，相当于朝廷一年的收入。这"8亿两"乃种种祸国殃民、巧言令色的诸般"前事"的积累和"物化"。因为机关算尽太聪明，反误了卿卿性命，到头来"8亿两"还不是入了国库？"百年原是梦，卅载枉劳神"。恋生惧死，人之常情，和珅"伤感"于"前事"，他身陷囹圄之际，终究还明白是他的那种以权谋私的"才"，"误了自身，罪该应得，没啥冤枉"。

　　《红楼梦》中的凤姐才智过人，手腕灵活，权术机变，口才出

第二十六律　装傻，是一种精明的处世方式

众，大权独揽，营私舞弊，并且纵欲、自恃与狠毒，结果是聪明反被聪明误，送上了卿卿性命。

观古可以鉴今。到头来感伤嗟叹，恨"才"误身，那份欲说还休的复杂心绪，是何等的悲哀与无奈。

和珅聪明吗？聪明；凤姐聪明吗？聪明。但是为什么反被聪明误呢？

第一，自视高人一等。聪明人总是比一般人多知道些事情，因此很容易就以为自己无所不知。

第二，孤立无援。一个人如果特别聪明，那么他从小就容易离群孤立，因为他觉得自己和其他儿童格格不入，对思维比他们慢的人不耐烦，于是很自然地会物以类聚，只和别的聪明少年交往。成年后如果继续保持这种习惯，"天马行空，独来独往"，不屑与人合作，并用自己的聪明排斥他人的经验，拒绝接受他人的意见，那就大事不妙了。

第三，盲目自信，不计后果。聪明人总是在想"我的下一高招是……"，由于他们老是觉得自己无所不能，他们喜欢行险招，结果往往是聪明反被聪明害。

第四，过分的好胜心。许多聪明人都不了解一个简单的事实：强中更有强中手，那山更比这山高。即使你站在某一领域的顶点，你在这方面胜人一筹，也并不等于在另一方面也一定能成功。

天赋聪明，你就拥有了令人羡慕和成功的资本，但聪明也应审慎用之，聪明用于邪则误入歧途，机关算尽也会必有一失。有才是好事，但也别"身死因才误"。

做人必须要吃透很多学问，例如"聪明反被聪明误"，即为其一。"聪明"是一个带有限定性的词，处理不好，既会被聪明误，因为物极必反，任何事情都有一个限度。对深藏不露的意图可利用，却不可滥用，尤其不可泄露。一切智术都须加以掩盖，因为

它们招人猜忌；对深藏不露的意图更应如此，因为它们惹人厌恨。欺诈行为十分常见，所以我们务必小心防范。凡事三思而行，总会得益良多。此事最宜深加反省。

以退为进，得到更多

美国第九届总统威廉·亨利·哈里逊出生在一个小镇上，他是一个很文静又怕羞的孩子，人们都把他看作傻瓜，常喜欢捉弄他。他们经常把一枚五分硬币和一枚一角硬币扔在他面前，让他任意捡一个，威廉总是捡那个五分的，于是大家都嘲笑他。有一天一个好心人问道："难道你不知道一角钱要比五分钱值钱吗？""当然知道，"威廉慢条斯理地说，"不过，如果我捡了那个一角的，恐怕就没人有兴趣扔钱给我了。"

忆茹的公司业务越来越好，最近又承接了两个大工程。这引起了大批材料经销商的关注，毕竟这对他们来说也是一块"大肥肉"。为了能够获得侯总的青睐，他们使尽浑身解数，都想把这笔生意揽入自己怀中，一时间公司电话此起彼伏，过来拜访的客人多，收到的邀请函也多……

老总侯德明是个聪明的商人，有电话就哼哼哈哈地敷衍，有邀请也止于礼尚往来，反正就是不松口不放话。侯总心里有自己的打算，此次选择采购对象一定要把严三关——人品关，价格关，质量关。侯德明是穷苦出身，做生意最讨厌偷奸耍滑之徒，久经商场的他知道，价格关和质量关都好把握，关键就是人品这一关。如果供应商人品有问题，那么随着材料使用量的增加、合作程度的加深，难保对方不弄虚作假，以次充好，甚至为了达到以次充好的目的而拉拢腐蚀自己的员工。如果那样的话，不但自己的工程质量难以保证，而且还会给自己的员工团队管理埋下无穷后患。

第二十六律 装傻，是一种精明的处世方式

经过一段时间的观察，侯总对一家供应商产生了兴趣。这个供应商的公司实力中等，一不托关系，二不走后门，让业务员接待了侯总几回后，其老板又亲自和侯总进行了接触。这个老板和其他老板的不同之处就在于，谈话时露着牙、笑声震耳，一副傻乎乎的样子，言谈举止豪放有余，文雅不足。

谈话后，那老板邀请侯总去喝两杯，侯总盛情难却就去赴宴了。可这位老板才两杯酒下肚就不胜酒力了，扯着大嗓门，不是和这个碰杯就是和那个开玩笑，接下来就是吐着发硬的大舌头，絮絮叨叨反复强调自己的产品价格合理、质量过硬，醉得一塌糊涂。忆茹在一旁暗暗发笑，觉得这老板太实在，有点傻，并从心里认为：侯总肯定不会用这个人的材料了，一个活脱脱的大傻，侯总哪里能看得上，怎么能信得过呢？

但是忆茹错了，酒宴过后，侯总就安排忆茹接触那家公司，并最终和那个"傻"老板坐到了签约台前。

当晚"傻老板"在员工的簇拥下喝酒正喝得兴高采烈的时候，副总经理附在他耳边低声说："老总，我祝贺你扮猪吃虎挤掉竞争对手，装傻拿下了这个大客户。""傻"老板哈哈一笑说："聪明人和聪明人打交道，人人自卫，尤其像侯总那样的老江湖，就更多疑。如果我主动变傻一点，那么聪明的侯总就对我不加防范，所以我能很容易地单凭自己的产品说服他，避免他胡思乱想。"

"装傻、装糊涂"是一种智慧。在纷繁变换的世道中，要能看透事务、看破人性，能知人间风云变幻，处事轻重缓急，举重若轻，四两拨千斤。有时装装傻，既让别人高兴了，自己也没有失去什么，相反，还会引起别人的注意，为自己赢得更多机会。

装傻，是你的保护色

装傻，是种境界，貌似痴痴呆呆，实则心底澄明，有隔岸观火的冷静，又有雾里看花的迷离。大智若愚，可以将有为示无为，聪明装糊涂，常用糊涂来迷惑对方耳目，表面上看似没有，实则是"满"的境界。

要说装傻，同事天柔才是个典型案例。

"来新人了！还是个美女！"这是天柔还没就职时办公室的男性同事奔走相告的场景，忆茹好歹也算是个美女，不过美女永远不嫌多，所以又要来个美女的讨论足足进行了一个星期，兴奋、激动、渴望之情，就差没有"执手相看泪眼"、不能自已了！熬到周一，天柔终于闪亮登场，先在大家位子旁站定，清清嗓子，用娇脆的嗓音冲每个人分别重复了一遍自我介绍：您好！我叫天柔，您也可以叫我柔柔……说话语气堪比黄莺，余音绕梁三日不散，整个办公室骨头倒有一半酥了下去，忆茹在心里又是鄙夷又是无奈，对天柔伸出右手，笑着说："你好，欢迎加入天域。"天柔握着忆茹的手，呼地一下就窜到忆茹身边："你就是忆茹吧，早听说过你啊，人漂亮工作能力强，以后你可要多照顾我哦。"忆茹特甜甜地笑："哪里哪里，坊间传言，不可全信。倒是你呀，还没来就已经迷倒了众多青年才俊呀，以后你可得手下留情，也给别的女生留几颗果实哦。"两个美女不停地互夸，成了办公室一道绝美的风景。

起初，天柔上班从不迟到，只不过九点半之前是漫长的洗杯子时间，十一点一刻得出去买饭，十二点得吃饭，一点得午休，两点要去化妆品论坛学习，三点到淘宝转转，四点看网络言情小说，五点吃水果，五点半洗手间群聊，六点准时下班。如果听到

第二十六律　装傻，是一种精明的处世方式

她那边键盘声音节奏飞快的话，基本是在聊 MSN 或者 QQ，如果没声响肯定是在工作，只是美女和寂寞始终搭不上边，安静的时候几乎没有。天柔酷爱看网络言情小说，可是在这件事情上，她似乎有着自欺欺人的逻辑混乱，认为只要把网页缩成豆腐干大小别人就看不见，每回领导经过都得很尴尬地要求她切换到工作页面。洗手间是美女的朝圣地，天柔去洗手间仿佛已经成了压迫症，每天起码去 10 次以上，每次用时起码 10 分钟。

天柔喜欢穿吊带装，涂抹厚厚的粉，活像赵树理笔下的三仙姑，整天那么哼哼唧唧的无病呻吟，操一口台湾国语：我好好喜欢噢！像发了情的猫似的。但是没有人能躲避天柔的无敌笑容，无论是茶水阿姨、暑期实习生或送快递的，她每时每刻都准备好向人展示灿烂友善的笑容，仿佛笑容是电脑里一键操作的程序，即刻生效，永不停滞。同事感冒，她用迷离的大眼睛充满关切地嘘寒问暖，翻箱倒柜地寻找药丸，关切之意覆盖到了同事家那只怀孕好几个月还未见生产的老母猫，甚至要追查和老母猫交欢的野猫族谱。聊天，是天柔最大的工作事项，并且保持进行平均一分钟 20 颗的嗑瓜子匀速运动。

男同事成了黏着天柔的口香糖，总是有男同事愿意成为她的免费钱包和提款机，每到中午要订饭付钱的时候，天柔就会失踪，总会有男同事抢着帮她埋单。她的抽屉里锁着一个小本子，里面记录着每一个男同事的个人资料，包括兴趣和爱好，她会投其所好地给某个男同事带一杯奶茶以示好。"美女已经不稀奇了，如今要做贴心的美女才能在办公室里获得属于自己的生存空间"，天柔将贴心的小举动视为最基本而有效的情感投资。

"经理，我电脑坏了，好吓人的，荧幕一下子黑了，比小时候走黑巷子遇见鬼还可怕……经理，快点帮我看看，救我……"天柔隔着五张办公桌的距离，向平日里板着脸孔做人的经理发出娇

嗟,办公室即刻安静,只见经理腆着大肚子,急奔而来,关切地说:"小柔,别急,别急……"折腾了半个小时之后,经理尴尬地说:"是你没插好电源线吧?"大家走到她的座位,弯腰一看,电源线老老实实躺在冰冷的地面上,压根离插线板十万八千里呢。天柔亮出招牌微笑,对经理说:"我的好经理,插头不紧,这台电脑都老化了……"第三天,天柔的办公桌上就换了一台全新的电脑。在这件事上,忆茹对天柔佩服得五体投地,因为目前为止,整个市场部只有两台全新电脑,另一台就是经理的。

　　大家打听到天柔暂时还没有护花使者后,不少人都跃跃欲试。

　　这天下了班,市场部和销售部联谊,大家一起去吃自助餐。车经过天柔租的房子楼下,天柔说:"不好意思,我要回房间一下。"大家不好多说,就在车上等。这时,销售部何经理说:"我正好去买包烟!"

　　半个小时后,何经理晃悠悠地来了。又过了一会儿,天柔拎着个小皮包,衣着光鲜地赶过来。有人跟天柔开玩笑,"不就是出去吃个饭,花那么长时间,搞那么隆重做什么?"天柔一脸无辜地说:"我哪里隆重了,是何经理到我房间里坐了一会儿,不信,你问。"大家一愣,何经理不是说去买烟嘛?再看何经理,坐在那里,一脸的尴尬。

　　事后,大家都说,这傻天柔,怎么也不给领导留点面子?同事小李说,这事怎能怪天柔呢?人家单纯得就像一张白纸嘛。

　　这天中午,向来准时上班的小李居然迟到了,可巧被经理撞见,尽管小李百般解释,经理还是将他狠狠批评了一通。可第二天,全公司都知道小李撒了谎。因为天柔逢人就说:"哎呀,昨天是我的生日,我都忘了。可小李为了给我买盒巧克力,害得上班都耽误了。"

　　小李悲痛欲绝。在大伙无限同情的目光中,他咬咬牙说:

第二十六律 装傻，是一种精明的处世方式

"简直一胸大无脑。告诉你们，别再打她主意了。再打，地球人全知道了。"

这两件事一传开，公司没人再敢沾天柔。忆茹私下里劝天柔说话注意场合，不要傻到将事情到处说，天柔趴到忆茹耳边说："我不傻，怎么能打消老板想单独约我吃饭的念头？我不傻，又怎能制止何经理对我动手动脚？我不傻，怎么摆脱那一帮嗡嗡的蜜蜂？要不，"天柔一脸坏笑："告诉我当初你是怎么对付这些青年才俊的？"忆茹红了脸："嘿，当初我带着我朋友安卉在公司里大秀亲密，哈，所以他们怀疑我的性取向，都不敢接近我呀！"说完两个美女哈哈大笑。

虽然没人敢招惹天柔，但她却游刃有余地周旋于男同事之中，一个都不得罪。天柔并不在乎女同事们的白眼，用她的话说："只要忆茹不白眼我，其他人嘛，嘻嘻。"

天柔并不傻，这在接下来的一次谈判中得到充分证明。这是一次就原料成本价格展开的谈判，对方挑选了三个最精明能干的高级职员组成谈判小组，而这边却是由忆茹率领的一帮"乌合之众"，此前，经理就暗示忆茹，此次出征只是热身，是先让忆茹去摸摸对方的底牌，并不期望忆茹能拿下合同，权当是一次个人锻炼。

谈判伊始，对方展开产品宣传攻势，显示他们的准备很充分：在谈判室里挂满了产品图像，印刷了宣传资料和图片，用了三台幻灯放映机，对比之下，忆茹这一方实力实在单薄，整个过程忆茹虽然正襟危坐，其实心里已经发颤了，不过对对方的产品和底价以及优势已经有了大致了解。再看身边的那两位，天柔一双美目盯着发言人一动不动，小李在一旁一言不发，眼神全神贯注近乎麻木。

放映结束后，对方得意地站起来，转身问道："请问，诸位

有什么看法?"忆茹正要开口,天柔却木木地说:"我们还不懂。"显然这话伤害了对方,连忆茹也在心里纠结,傻蛋呀,不要在这时候添乱。对方有点火:"这么详细的介绍,你们还说不懂,这是什么意思?你们哪一点不懂?"忆茹硬着头皮回应:"我们全部都不懂。"天柔忙不迭地点头,小李在一旁惊呆了。对方压了压火:"你们从什么时候开始不懂的?"天柔严肃认真地回答:"从关掉电灯、开始放幻灯简报的时候起,我们就不懂了。"对方看着眼前这两位美女谈判手,感到一种挫败,难道这家公司招的都是这种低智商的美女吗?气氛一时有点凝结,但谁叫自己是推销产品一方呢!为了商业利益,对方代表只得重新放了一次幻灯片,这次速度比前一次慢很多。之后,对方代表明显压着怒气:"怎么样?这次该看明白了吧?""早就看明白了。"忆茹在心里嘀咕,不过话还没出口呢,天柔早摇了摇头。对方代表顿时泄了气,三个"诸葛亮"出来的时候可是立下军令状的,这会儿心灰意冷地斜靠在墙边,送了送领带:"那么,那么……那么你们希望我们做些什么呢?既然我们所做的一切你们都不懂。"忆茹感到谈判主动权转到自己手中了,慢条斯理地将条件说了出来,结果,谈判出奇顺利,一切原本以为争议很大的地方都在双方接受的范围内得到解决。

老板重重地奖赏了三位有功之臣,忆茹对天柔的功劳毫不隐瞒地上报,当大家问起天柔这其中的秘诀时,天柔甩甩头发,不屑地说:"瞧他们那嚣张的气焰,就得装傻充愣打压一下。叫他知道什么是再而衰,三而竭!哼!"

只要你懂得装傻,你就并非傻瓜,而是大智若愚。做人切忌恃才自傲,不知饶人。锋芒太露易遭嫉恨,更容易树敌。与领导交往最重要的技巧就是适时"装傻":不露自己的高明,更不能纠正对方的错误。人际交往，装傻可以为人遮羞，自找台阶；可以故作不知达成幽默，反唇相讥；可以假痴不癫迷惑对手。你必须有好演技，才能傻得可爱，"疯"得恰到好处。

低调做人

◎在姿态上要低调

在低调中修炼自己：低调做人无论在官场、商场还是政治军事斗争中都是一种进可攻、退可守，看似平淡，实则高深的处世谋略。

谦卑处世人常在：谦卑是一种智慧，是为人处世的黄金法则，懂得谦卑的人，必将得到人们的尊重，受到世人的敬仰。

大智若愚，实乃养晦之术："大智若愚"，重在一个"若"字，"若"设计了巨大的假象与骗局，掩饰了真实的野心、权欲、才华、声望、感情。这种甘为愚钝、甘当弱者的低调做人术，实际上是精于算计的隐蔽，它鼓励人们不求争先、不露真相，让自己明明白白过一生。

平和待人留余地："道有道法，行有行规"，做人也不例外，用平和的心态去对待人和事，也是符合客观要求的，因为低调做人才是跨进成功之门的钥匙。

时机未成熟时，要挺住：人非圣贤，谁都无法甩掉七情六欲，离不开柴米油盐，即使遁入空门，"跳出三界外，不在五行中"，也要"出家人以宽大为怀，善哉！善哉！"不离口。所以，要成就大业，就得分清轻重缓急，大小远近，该舍的就得忍痛割爱，该忍的就得从长计议，从而实现理想，成就大事，创建大业。

毛羽不丰时，要懂得让步：低调做人，往往是赢取对手的资助、最后不断走向强盛、伸展势力再反过来使对手屈服的一条有用的妙计。

在"愚"中等待时机：大智若愚，不仅可以将有为示无为，聪明装糊涂，而且可以若无其事，装着不置可否的样子，不表明态度，然后静待时机，把自己的过人之处一下子说出来，打对手一个措手不及。但是，大智若愚，关键是心中要有对付对方的策略。常用"糊涂"来迷惑对方耳目，宁可有为而示无为，万不可无为示有为，本来糊涂反装聪明，这样就会弄巧成拙。

主动吃亏是风度：任何时候，情分不能践踏。主动吃亏，山不转水转，也许以后还有合作的机会，又走到一起。若一个人处处不肯吃亏，处处想占便宜，于是，妄想日生，骄心日盛。而一个人一旦有了骄狂的态势，难免会侵害别人的利益，于是便起纷争，在四面楚歌之中，又焉有不败之理？

为对手叫好是一种智慧：美德、智慧、修养，是我们处世的资本。为对手叫好，是一种谋略，能做到放低姿态为对手叫好的人，那他在做人做事上必定会成功。

以宽容之心度他人之过：退一步海阔天空，忍一时风平浪静。对于别人的过失，必要的指责无可厚非，但能以博大的胸怀去宽容别人，就会让世界变得更精彩。

● 在心态上要低调

功成名就更要保持平常心：高调做事是一种责任，一种气魄，一种精益求精的风格，一种执著追求的精神。所做的哪怕是细小的事、单调的事，也要代表自己的最高水平，体现自己的最好风格，并在做事中提高素质与能力。

做人不要恃才傲物：当你取得成绩时，你要感谢他人、与人分享、为人谦卑，这正好让他人吃下了一颗定心丸。如果你习惯了恃才傲物，看不起别人，那么总有一天你会独吞苦果！请记住：恃才傲物是做人一大忌。

容人之过，方显大家本色：大度睿智的低调做人，有时比横

第二十六律 装傻，是一种精明的处世方式

眉冷对的高高在上更有助于问题的解决。对他人的小过以大度相待，实际上也是一种低调做人的态度，这种态度会使人没齿难忘，终生感激。

做人要圆融通达，不要锋芒毕露：功成名就需要一种谦逊的态度，自觉地在名利场中做看客，开拓广阔心境。

知足者常乐：生活中如能降低一些标准，退一步想一想，就能知足常乐。人应该体会到自己本来就是无所欠缺的，这就是最大的财富了。

不要把自己太当回事：不要把自己太当回事，才不会产生自满心理，才能不断地充实、完善自己，缔造完善人生。

谦逊是终生受益的美德：一个懂得谦逊的人是一个真正懂得积蓄力量的人，谦逊能够避免给别人造成太张扬的印象，这样的印象恰好能够使一个员工在生活、工作中不断积累经验与能力，最后达到成功。

淡泊名利无私奉献：性格豪放者心胸必然豁达，壮志无边者思想必然激越，思想激越者必然容易触怒世俗和所谓的权威。所以，社会要求成大事者能够隐忍不发，高调做事，低调做人。

对待下属要宽容：作为上司，应该具有容人之量，既然把任务交代给了下属，就要充分相信下属，让其有施展才能的机会，只有这样，才能人尽其才。

简朴是低调做人的根本：在生活上简朴些、低调些，不仅有助于自身的品德修养，而且也能赢得上下的交口称誉。

◎ 在行为上要低调

深藏不露，是智谋：过分地张扬自己，就会经受更多的风吹雨打，暴露在外的椽子自然要先腐烂。一个人在社会上，如果不合时宜地过分张扬、卖弄，那么不管多么优秀，都难免会遭到明枪暗箭的打击和攻击。

出头的橡子易烂：时常有人稍有名气就到处洋洋得意地自夸，喜欢被别人奉承，这些人迟早会吃亏的。所以在处于被动境地时一定要学会藏锋敛迹、装憨卖乖，千万不要把自己变成对方射击的靶子。

才大不可气粗，居功不可自傲：不可一世的年羹尧，因为在做人上的无知而落得个可悲的下场，所以，才大而不气粗，居功而不自傲，才是做人的根本。

盛名之下，其实难副：在积极求取巅峰期的时候，不妨思及颜之推倡导的人生态度，试图明了知足常乐的情趣，捕捉中庸之道的精义，稍稍使生活步调快慢均衡，才不易陷入过度偏激的生活陷阱之中。

做人不能太精明：低调做人，不要小聪明，让自己始终处于冷静的状态，在"低调"的心态支配下，兢兢业业，才能做成大事业。

乐不可极，乐极生悲：在生活悲欢离合、喜怒哀乐的起承转合过程中，人应随时随地、恰如其分地选择适合自己的位置，起点不要太高。正如孟子所说的："可以仕则仕，可以止则止，可以久则久，可以速则速。"

做人要懂得谦逊：谦逊能够克服骄矜之态，能够营造良好的人际关系，因为人们所尊敬的是那些谦逊的人，而绝不会是那些爱慕虚荣和自夸的人。

规避风头，才能走好人生路：老子认为"兵强则灭，木强则折"、"强梁者不得其死"。老子这种与世无争的谋略思想，深刻体现了事物的内在运动规律，已为无数事实所证明，成为广泛流传的哲理名言。

低调做人，便可峰回路转：在待人处世中要低调，当自己处于不利地位，或者危险之时，不妨先退让一步，这样做，不但能

第二十六律 装傻，是一种精明的处世方式

避其锋芒，脱离困境，而且还可以另辟蹊径，重新占据主动。

要想先做事，必须先做人：要想先做事，必须先做人。做好了人，才能做事。做人要低调谦虚，做事要高调有信心，事情做好了，低调做人水平就又上了一个台阶。

功成身退，天之道：懂得功成身退的人，是识时务的，他知道何时保全自己，何时成就别人，以儒雅之风度来笑对人生。

◉ 在言辞上要低调

不要揭人伤疤：不能拿朋友的缺点开玩笑。不要以为你很熟悉对方，就随意取笑对方的缺点，揭人伤疤。那样就会伤及对方的人格、尊严，违背开玩笑的初衷。

放低说话的姿态：面对别人的赞许恭贺，应谦和有礼、虚心，这样才能显示出自己的君子风度，淡化别人对你的嫉妒心理，维持和谐良好的人际关系。

说话时不可伤害他人自尊：讲话要有分寸，不要伤害他人。礼让不是人际关系上的怯懦，而是把无谓的攻击降到零。

得意而不要忘形：得意时要少说话，而且态度要更加谦卑，这样才会赢得朋友们的尊敬。

祸从口出，没必要自惹麻烦：要想在办公室中保持心情舒畅的工作，并与领导关系融洽，就要多注意你的言行。对于姿态上低调、工作上踏实的人，上司们更愿意起用他们。如果你幸运的话，还很可能被上司意外地委以重任。

莫逞一时口头之快：凡事三思而行，说话也不例外，在开口说话之前也要思考，确定不会伤害他人再说出口，才能起到一言九鼎的作用，你也才能受到别人的尊重和认可。

口出狂言者祸必至：是不是因为物欲文明的催生所致，如今社会上各类职业当中都有动辄口出狂言的人。但口出狂言的人，会给自己埋下祸患。

耻笑讥讽来不得：言为心声，语言受思想的支配，反映一个人的品德。不负责任，胡说八道，造谣中伤，搬弄是非等等，都是不道德的。

不要总是报怨原单位：跳槽属于人才流动，是当今社会很正常的一种现象，并不为奇，而且跳槽者屡屡能在新的团队里找到适合自己的位置，创造更佳的业绩。如果这一步还没有达到，你就急急忙忙地大耍"嘴功"，以贬低老团队的手段来抬高自己在新团队的人缘和地位的话，那你就大错特错了！

说话不可太露骨：别以为如实相告，别人就会感激涕零。要知道，我们永远不能率性而为、无所顾忌，话语出口前，考虑一下别人的感受，是一种成熟的为人处世方法。

沉默是金：沉默，并不是让大家永不说话，该说的时候还是要说的。就像佛祖那样境界的人，也还是会与人说话，传授佛法，适度的语言本身也是一种沉默。

结语：

"装傻"并不是让人唯唯诺诺，忍气吞声，任何事情都有它的模糊地带，"装傻"是换一种方式，把生活中的小事模糊处理。斤斤计较的人可能会得到一时的满足；锋芒毕露的人可能会得到一刻的虚荣，但你得意之时也许埋下了隐患，种下了祸根，装装傻可能会别有洞天。

第二十七律　职场有风险，跳槽须谨慎

> 跳槽对于很多职场人士而言，已经成为一种常态。工作不开心跳槽，上班累跳槽，薪水不满意跳槽。当然，更多人还是希望能通过跳槽获得更好的职业发展。如何使跳槽更慎重和有价值？有些事你一定要知道。

跳槽无罪，定位在先

跳槽是一门学问，也是一种策略。"树挪死，人挪活"，"人往高处走"，这固然没有错。但是，说来轻巧的一句话，在实践过程中却包含了职业人士的酸、甜、苦、辣、咸五味，何为"高处"？为什么"跳槽"？怎样"跳槽"？何时"跳槽"？以及"跳槽"以后怎么办等一系列问题都将决定他们是否可以突出重围，成功晋级。

思来想去，安卉决定辞职，年纪轻轻不能葬送在这么一个老女人手里。姑奶奶我伺候不起，还躲不起吗？谁说文人不会骂人？八叉八叉八叉！

但到动真格的时候，安卉却没了主意，她发现辞职也好，跳槽也好，不是一件简单的事。安卉悻悻地找到莫凡，发现在这个时候，只有莫凡能帮到自己。莫凡一听来意，吃了一惊，他早知道市场部鸡飞狗跳，没想到安卉会因此辞职。小心翼翼地问："你真的决定要走吗？不至于吧！"安卉叹了口气，指指眼里的血丝："看见了吗？加班加的！"又指了指额头上的小疙瘩："看见了吗？上火上的！"又指了指耳朵："看见了吗？被骂的！"莫凡仔细看了看安卉的耳朵："这上面可没长什么东西！"安卉惊讶地问："你没看见上面长了厚厚一层茧吗？"莫凡抬手想摸，又觉得不妥，在空中停顿半晌又放下。

"好吧，如果你真要跳槽的话，那我就给你几点建议。"莫凡眼神里划过一丝无奈和痛苦：你要弄清楚几个问题：

1. WHO

首先要明确"我是谁"，即认真审视一下自己的职业竞争力，为自己做职业定位。你实事求是地估价自己的能力了吗？你的优点或特长是什么？你有哪些不足？——这里要求你既不要好高骛远，也不要自甘弱小。

你需要考虑什么职业最适合自己，而自己实际可以从事哪些工作，要客观地估价自己的能力，明确认知自己的优势和不足。认清自己的职业性格和职业兴趣，能更好地帮助你进行职业定位。确定你未来的职业发展方向，从而才能制定相应的职业发展计划，以避免走不必要的弯路。有了明确的职业定位，自然可以减少盲目跳槽以及一些无谓跳槽的几率。

2. WHAT

知道自己要从跳槽中获得什么，又失去了什么。为了跳槽而跳槽是最愚蠢的事情，如果你下定决心要跳槽，必须以清晰的目的为前提。是更高的薪水，更高的职位，还是更大的公司？这些是比较具体的目标，但是落脚点都是为了更好的发展。然而如何跳才能有更好的发展呢？

"WHO"谈到了职业定位，职业定位是首先要确立的，然后根据定位对自己的职业生涯做一个整体的规划，确定你在职业生涯中的短期目标和长期目标分别是什么。只有选择一条最符合你的职业发展轨迹、最接近你职业目标的道路，跳槽才有意义。

3. WHY

再次问问自己为什么要跳槽。你是为了生活而工作，还是为了工作而生活？真的非跳不可吗？仔细考虑现在的公司是不是真的已经阻碍了你的发展，或者你已经无法勉强自己再做下去。目前，整个就业市场形势比较严峻，跳槽更加应该审慎而为之，一旦新东家并不像你想象的那般好，工作的情形还不如原来，那才真是骑虎难下。所以多了解目标公司的发展状况和目标行业的前景如何是有益无害的。

另外，有一点应该谨记的，那就是即使你下定决心要跳，也要踏踏实实先做好目前的工作，这是你找到更好的工作的基础，是自我积累的必由之路。

4. WHEN

选择跳槽的时机，这是被很多人忽视的一点。大多数人有了跳槽念头找到新东家，甩手便跳，当然这样不是不可以，但并不一定是最好的时候。选择成熟的时机跳槽，可以令跳槽事半功倍。

如果可以选择在原来的公司做好一个比较重要的项目或者取得其他比较大的成绩之后跳槽，则所取得的成果可以为你在新公司老板那里增加印象分。另外，将手头的工作做完，一是对前任公司的尊重，二来也体现了一位职场人士的职业道德和职业素质。

5. HOW

跳槽也要有方法，比如选择以怎样的方式离开，以怎样的心态离开。这就要求你对目前所做的工作有一个整体性总结，有些人在离开的时候姿势优雅，而有的人离开之后和原东家势如水火，这都是由离开方式决定的。

莫凡喝了口水润润喉："总结下来，就是上面5个W，马上就要年底，你选在这个时候跳槽不是明智的选择，因为还有一笔丰厚的年终奖，而且，在年底的时候，公司会对每位员工做一次绩效评定，并根据下一年的经营战略，进行人事变动，假如你确实有能力和业绩的话，老板会考虑给你升职或加薪，这是你一年中的最佳时机。当你掂着奖金的分量，看着人事任命榜的时候，你可以明确地感到：这一年来，你为公司做出了什么，公司又是如何对待你的。至少可以认识到你在老板或上司心目中的位置是怎样的，用职业规划的观点来讲，你应该对你一年来的职业生涯做一个评估，而奖金的分量，提升或加薪的有否，是一种看得到摸得着的重要指标。最主要的是，我真诚希望你能留下来！"

安卉看见莫凡眼里期待的光，心里泛起一阵感动。莫凡哪样都好，甚至有时候对他是一种仰视，也许正因为这样，才觉得两个人之间少了点东西，少了化学上的酶一样，少了一点可以让感情发酵的东西。

安卉故意不去看莫凡，合起笔记本，真诚地说："真的谢谢你！你的建议很中肯，我会考虑的。"

最终，安卉决定熬过今年，当初签的两年"卖身契"五月底到期，合同规定需提前一个月说明辞职意向，双方将不追究赔偿责任，所以，既是为了拿到年终奖，也为了避免劳动纠纷。拿定主意后，安卉长长地舒了口气，接下来要做的只有两件事，一是站好最后一班岗，二是寻找新东家。

年底公司聚餐，照例是红红火火，不管这一年里赚了赔了，这一天大家都避而不谈，只管畅饮只管畅食，说说笑笑。安卉望着同事们热情的笑脸突然感到不舍，这一群可爱的人呀，不知道他们在得知自己要离去会说些什么呢？会不会也会感到不舍？季晓以老板娘的身份挨桌敬酒，眼神一刻也没离开自己丈夫，怕老

第二十七律 职场有风险，跳槽须谨慎

板喝多，怕老板说错话……总之，忙。安卉想起张姐曾说季晓其实不容易，现在，隐隐约约地觉得张姐说的话是对的。

子骞挨过来，把手搭在安卉肩膀上，话里有话地说："想什么呢？好好享受这'最后的晚餐'吧！"安卉啪地打掉子骞的手："哎呀，我哪里有心思享受，我要提防犹大呀！"安卉要走的事，只有莫凡和子骞知道，所以安卉也话里有话地警告子骞不要出卖自己。

子骞捂住手，装作很痛的样子："大小姐，犹大我倒是没看见，但是身为女人呢，要温柔一点，不然会嫁不出去的！"

安卉嫣然一笑："这就不劳您操心了，反正又不会赖你。"

子骞锤锤胸口："哎哟，伤心死我了。"

安卉笑弯了腰："你真是越来越油嘴滑舌了，销售做得不赖呀！不愧是年度最佳销售员嘛！"

子骞拱拱手："哪里哪里！这都是领导的栽培以及广大人民群众对我的支持和厚爱，感谢CCTV，感谢萃德TV。"一桌人哄笑。

宴会出来，已是九点，车辆穿梭行人来往，大街上满是灯笼与彩灯，把整个城市都映衬得红红的。今晚没有月亮，却难得地有几颗星星随意地挂在上边，丝毫不理会人间的红火，尘世的一切都与它们无关，但又高高在上空观望。安卉记不得多久没在城市的上空看见过星星了，妈妈常以此作为引诱她回家乡工作的诱饵，只是安卉从来不为所动，打哈哈敷衍过去。

那现在是不是该考虑妈妈的建议呢？其实以自己的兴趣和优势，能进外企是不错的选择，企业文化会相对自由和公正，而这种机会在南方会更多……

安卉在心里打起了小鼓，目前的情况分析出来是这样子的：
1.跳槽是可以的：目前的公司虽然不小，但毕竟是私企，老板意

志占主导地位,不利于长期发展;老板娘在管理上严厉了一点,但还是行之有效的,不过,心眼太小,自己疲于周旋;现在就业情势严峻,但是不代表没有机会,凡事不为势必不知到底可不可为;2.自己的优势是:年轻,有大把时间和精力重新开始;英语口语和翻译能力都不错;口才不错,且有谈判经验;勤奋,只要是要求的事就算加班加点也能完成;乐观,小打小闹对自己构不成杀伤力;自信,坚信自己能把事情做得很好,而事实也是那样;人际能力不差,至少和同事相处都不错;偶尔能有绝佳创意;漂亮,如果这可以算作资本的话。

回忆起刚毕业时递简历填表都是稀里糊涂的,就像一只被人耍来耍去的猴子一样,而且,还是一只带着祈求的目光和悲壮神情的猴子,安卉就觉得好笑,工作两年的人,心态和认知自是当年所不能比,但当年那种不顾一切的决心现在还有吗?

光想是没用的,最终还是要落到实处。刚过完年,安卉在各个招聘网上注册后,开始搜寻职位。对于没有一技之长的女生来说,秘书和助理之类的无疑是最好的选择,因为做助理的最大好处是平时和各个部门都有接触,和很多人都熟,等技能提升上来之后,就可以转到其他部门工作。安卉运气不错,一家美国公司在中国办事处招聘市场助理,虽然不是什么著名的外企,看企业介绍一份"网申"安卉整整做了两天。第一天是仔细阅读,认真准备,第二天进入答题,6个开放性问题安卉非常认真地做了。本着广泛撒网重点捕捞切实为自己负责任的态度,安卉将简历多投了几家满意的公司,其中有一个台资企业也让她心动,介绍说在工作期间表现良好者,公司可以根据员工的特殊表现送出国深造去,这点确实有极大的吸引力。接下来要做的就是等待,这段时间很难熬,偷偷摸摸地求职让安卉有种负罪感,所以工作更卖力了,她的勤奋带动了整个市场的情绪,就像随着季节的变换也

第二十七律 职场有风险，跳槽须谨慎

迎来了新春一样，生机勃勃。

第三天中午，安卉接到两个要她参加笔试的电话，时间都是这礼拜六上午，一个九点，一个十点半。安卉算算时间和路程，要是一切顺利的话，时间能赶上。终于要出征了，安卉感到一种使命感在身上蔓延，她决定先不将消息告诉别人，一切等有了结果再说。

第一场笔试，是安卉比较心仪的那家外企，笔试题目虽然不难，但好几个英文单词安卉拿不准是什么意思，只能根据上下文意思模糊地推断，再看周围的考生，有好几个都对着试卷发呆，看样子，在这一关刷下去的人不少。答完题，安卉匆匆地赶往下一个地点，这是一家台资企业，准确地说是集团，因为公司所涉及的行业很广，规模很大，这点安卉比较欣赏，两年的工作经验得出一个启示：宁在大公司受气，不在小公司委屈。

第二天，两家公司都打电话告知笔试通过，接下来准备面试。时间很紧，安卉觉得自己成了赶通告的明星，于是决定请一个礼拜的假，因为春节假期刚放完，请假不可避免地遭到季晓一番数落和白眼，安卉心里有了其他打算，所以一派祥和：骂吧骂吧，再不骂以后可就没机会了，生气伤肝，生气的女人老得快……反正不答应是不行的，合同第十五条清清楚楚写着：工作一年以上的员工每年可休一礼拜的带薪假。

接下来，安卉从网上看了大量外企面试须知、外企面试必背等等，据过来人讲，你要在面试时遇见个外国佬还好，遇见中国人反而不好办，对你的英语语法等等方面要求更严，所以面试这个东西从来讲运气。向台资那家，虽然兴趣不是很大，但还是尽心尽力地准备着。

一轮面试，是由人事部和主管部门进行。但安卉没有预料到的是，一轮面试过后，没接到任何复试通知，心里不免有些着急，

另一方面，一个礼拜的假期已经完了，这意味着如果要复试还需要请假，季晓会批吗？

安卉过得忐忑不安，晚上睡觉也不敢关机。期间倒是接到几个笔试通知，但安卉认为在这个时候没必要再去了，一是时间不允许，二是对自己的第一次面试还是很有信心。这一拖，又是一个礼拜过去了，就在安卉以为毫无希望的时候，外企打来电话让她礼拜三上午准备二面，这次会由总经理亲自面试。

担心季晓不批假，安卉索性到了礼拜三早上洗漱完毕后才给季晓打电话，先咳嗽了一声："经理，我有点感冒发烧，想请一天假可以吗？"季晓重重地哼了一声："你在耍什么花样，又要请假？有什么病，我看是懒病！"安卉病恹恹地说："我是真的不舒服，经理要是不相信，那我就带病上班吧，不过万一感冒病毒传染给了大家，经理到时候不要让我赔医疗费呀！"季晓大概是在权衡利弊，闷了半天才不情愿地说："好吧！养病为主，咱们公司人性化管理，一切以人为本。"安卉有气无力地说："谢谢经理，谢谢公司！"挂掉电话，安卉拿起包就冲出门。

安卉第二次踏进这座窗明几净、完美无瑕的写字楼，心里感叹要是能在这里上班多好！公司位于第28层，安卉找不到总经理办公室，所以走到前台："你好！我是来面试的，请问总经理办公室怎么走？"

"往里走，不过你得先去总经理秘书那儿。看见里面门上挂的牌子了吗？"

前台温柔的态度，让安卉放松了面试前的紧张压抑。走到秘书办公室看到门前的挂牌——秘书办公室。安卉轻轻地敲了下门，随之是礼貌的回声"请进"。安卉说明了来意，漂亮的总经理秘书先请安卉坐下，然后说："面试你的总经理是美国人，名字叫皮特。"

安卉点点头："那他会说汉语吗？"

安卉这一问，秘书还以为安卉口语很差，善意地说："他只会一点儿简单的词儿，如果你不能应付，没关系，我可以陪你一起进去帮你翻译，不过这样机会就不多了，你看呢？"

"哦，不用。我想我可以，让我试试吧！"安卉对自己的口语很有信心，而且来之前对于可能问到的问题和自己该问的问题都做了充分准备。

秘书没说什么，径直将安卉引到总经理办公室，两人相互问候。

"您好！"

"你好！"皮特居然说起中文来，虽然发音不那么的字正腔圆，已经可以了，毕竟不知道对方的水到底有多深，安卉采取稳妥的态度。

皮特礼貌地让安卉就座，语气很随和，没有像中国人固有的那样的板着脸，一幅老态龙钟的样子。气氛随之缓和了很多。

"能用英语先介绍下您自己吗？"

"当然。"

安卉用流利的英语将自己的情况说了一遍，皮特微笑地点点头："口语不错！能否说说为什么选择这份工作？"

这个问题在安卉的准备范围之内，所以答得不慌不忙，滴水不漏。安卉觉得问题太简单，甚至超出自己的估计了，所以稍稍放松了一下，不过这个小情绪立刻被皮特捕捉到，当老板的洞察力还真不是一般的强！

这回他一脸严肃地问了一个问题："我想知道在你以前工作过的公司，在您工作时，不管是上班还是下班以后您在急需的情况下，拿过公司用品吗？比如一支笔，之后在您用完再还给公司？"多么简单的问题！听起来都有点可笑。在我们工作中，这种行为算不了什么，不过安卉意识到有诈，因为国外公司对这种情况是不允许的,皮特大概也是在考自己有没有拿公司用品的习惯。

安卉思索了一下,肯定地说:"没有!"

"OK,不错。"皮特仍旧微笑着,然后点头告诉安卉这次面试结束,面试的结果四天后便知道,回去敬候佳音。

完事了,好简单的面试。安卉感觉像做梦一样,不过心情还是不错的,因为回想自己回答的问题都不错,所以结果也应该不错。

礼拜四,安卉接到台资企业的复试通知,礼拜六上午九点半。好运来了挡都挡不住,安卉感到特别高兴,外企工作志在必得,但台资的复试还是要去的。

台资的复试是这样的:两个案例,一个关于新产品推广,一个关于申博。因为是集中复试,场面很乱,七嘴八舌地很快就有人陷入了细节的争论。安卉最受不了这种吵吵闹闹,果断地走到白板前,把新产品如何进行推广的计划大致搭了一个框架,并在白板上画出图示,并不忘把大家讨论的细节都纳入了框架中。最后,安卉问:大家还有什么需要补充的?一下子,大家似乎被安卉的计划折服了,都惊异地望着安卉,没有人对安卉的框架提出异议。很自然,当时安卉成了这个小组的领导。

面试完,同组的面试者走过来夸安卉真棒!安卉没想到自己仅仅由于心里不舒服才采取的行动却取得了这么好的效果,不过想想也不无道理:第一,在那样的场合中,一旦成为一个领导,将大大加深你在面试官心中的印象;第二,做好这个领导并不容易,一定要尊重你的同伴,将他们的意见也体现出来,否则一旦他们不服,你这个领导也就难当了;第三,最后一定要征求大家的意见,询问一下是否需要补充。第四也是要特别注意的,如果发现同伴中有不同意见,一定要充当和事老,绝不能激化矛盾。

两次复试自己都满意,这让安卉有点自得,并决定优先选择外企。礼拜天，也就是皮特所说的"四天后"，安卉收到了这家公司发的 E-MAIL，怀着喜悦的心情，安卉打开了信件。开头写得不错，中间也不错，可是结果却令安卉很失望——"面试失败"，安卉觉得从头到脚都冷了，欲抑先扬的效果就是这样——先把你捧得很高很高，当你飘飘然到了云端的时候，突然松手，把你跌个半死不活、满地找牙！

公司的邮件写得很详细，连面试失败理由都写了，很简单，就是最后问那个问题出了错。那道题考的不是员工的手脚是否干净，而是考验一个人的诚实度。安卉望着结果发呆，没想到自己会输在这点上，从此对诚信有了更深刻的理解。

就在安卉心灰意冷的时候，台资打来电话，表示安卉已被录用。在第二天回复台资时，安卉坦诚地说："我很想得到这个职位。不过我现在还没有辞职，合同一个月后到期，我想在这里把我最后的工作做完做好，如果贵公司岗位急缺人的话，我怕我现在还不能入职。"

对方一愣，生气地问："这一点你在简历里为什么没提到呢？"

安卉苦笑："对不起！"

过了一会儿，电话那头想起愉快的声音："我刚询问了经理，我们可以等你一个月！希望你到时候不要爽约！"

想清楚再跳

跳槽不是过家家，跳槽对人才的职业发展而言是一把双刃剑。过于频繁地更换单位或者工作，会不利于专业经验和技能的积累，但是在一些情况下，跳槽却是激发职业发展潜力的良好机会。要跳槽了，以下这些你应该有个心理准备：

◎ **跳槽加薪并不总是真的**

统计数据显示，在美国等一些发达国家，一个人一生要更换六七种职业。而且每次跳槽后，薪资收入平均比原职位多了 1.27 倍，跳槽成为加薪的一条捷径。

但是，跳槽还是有较大风险的，盲目跳槽往往得不偿失。尤其是在某些形势下，危害性会被放大。比如在 2009 年，由于受《劳动合同法》以及就业形势持续吃紧影响，职位需求量与去年同期相当，但是求职人数却增加不少，职场供需缺口拉大，跳槽的机会成本加大。

其实，根据调查显示，薪资的增长由几个因素决定，其中关键的就是年龄和工作经验。薪酬调查表明：人才的薪酬与经验成正比，经验多、工作时间长者获薪酬也多。

可从下面的对比中体现（总薪金为税前），销售代表中有 2 年经验的年总薪金平均是 4.7 万元，有 6 年经验的平均是 8.4 万元。所以，厚积薄发好过频繁跳动。

hr 并不喜欢你

较好的中国公司及正规的外企愈来愈重视员工的稳定性，千方百计希望留住人，拒绝人才流动。所以，hr 几乎都不喜欢那些跳槽的人，对求职者的跳槽经历往往怀有一种强烈的偏见和偏执的关注，会对求职者真正的跳槽原因求根问底。

准备充分再下手

既然认定了要跳槽，应该仔细分析自己需要什么，哪些公司能够满足你的需要，然后对目标企业是否能有你需要的机会作出最基本的判断。

有了目标以后再详细了解目标公司的情况，包括公司战略、文化、产品、竞争对手、组织结构;另外就是分析自己的能力在目标公司里如何发挥，其中也包括如何让对方接受你本人。

其次要通过面试细节来观察，这个公司的文化是否适合你，如果看到的人都不是你喜欢的类型，或者工作缺少激情等，那就要考虑在签合同之前退缩了。

◎ 拿到合约前先算成本

在你向对方表示加盟意向或准备考虑对方的加盟邀请之前，不要被账面薪水的增长所迷惑，你需要仔细计算一下你的跳槽成本。

◎ 完税证明是你的有力武器

跳槽时，hr 都会问起你上个职位大概是多少的"身价"，并以此作为确定你未来岗位薪酬的一个重要参考标准。不过，这个"身价"并不是你说了算的。企业也要详尽核实该员工目前的"价值"，其中，完税证明就是一个最好的证据。

因此，现在在跳槽简历后面除了学历学位、技能证书外，增加一个新的附件——个税完税证明正在成为新的趋势。

完税证明也成为工作履历真实与否的试金石。因为根据调查显示，半数职场人跳槽时都虚夸工作经历，部分人甚至编造职场经历。而通过单位下发的完税证明都有代扣代缴单位的名称和地址，伪造工作经历者的谎言会不攻自破。

◎ 三种工作要不得

那些第一次电话就通知你去面试的公司。结局往往是你到了那里一看，一堆刚毕业的大学生正趴在桌子上填写简历。这种情况你遇到的要不就是比较低端的职位，要不就是企业根本醉翁之意不在酒。

对于这种情况，可以如此应对：告诉人事经理，我没空，我只有某月某日下午几点钟才有空，若不然就不用去了。

一进门就让你填一堆表格的公司。因为这些只是招聘中低等员工时才用的手段。况且，应聘的人为了得到这份工作，根本就不可能按自己的真实情况回答这种测试卷，通过这种方式招聘，要不就是技术含量不高的岗位，要不就是很难找到真正合适的人才。

面试者级别低的职位。去公司面试前必须问清楚是谁来面试你，如果你应聘的是中层岗位，但却不是总经理或副总经理来面试你，建议就要慎重考虑要不要继续下去了。因为，如果面试你的是个中层干部或人事主管，那么你的职位肯定是要比他们更低。

看清楚再跳

一只狐狸不慎掉进井里，怎么也爬不上来。口渴的山羊路过井边，看见了狐狸，就问它井水好不好喝。狐狸眼珠一转说："井水非常甜美，你不如下来和我分享。"山羊信以为真，跳了下去，结果被呛了一鼻子水。它虽然感到不妙，但不得不和狐狸一起想办法摆脱目前的困境。狐狸不动声色地建议说："你把前脚扒在井壁上，再把头挺直，我先跳上你的后背，踩着羊角爬到井外，再把你拉上来。这样我们都得救了。"山羊同意了。但是，当狐狸踩着他的后背跳出井外后，马上一溜烟跑了。临走前它对山羊说："在没看清出口之前，别盲目地跳下去！"

一些经营状况不佳的企业，开出优厚的条件，吸引精英加盟其中，以求拯救企业。然而，当企业走出困境后，老板却过河拆桥，拒不兑现当初的诺言。寓言中的这口井好比是陷入困境的企业，狐狸好比老板，山羊则是新员工。山羊的经历提醒我们，在跳槽或寻找工作的时候，一定要弄清楚企业的底细和老板的真实想法，为自己留好退路。否则，你就可能成为那只倒霉的山羊。

在进新公司之前，除了对公司规模、薪酬制度等要做一个大致的了解，还应了解以下几个方面：

第一，公司的企业文化。这往往从面试官的态度中可知一二。公司文化是开放的还是保守的？是讲求能力的还是注重关系的？

第二，公司的人员流动率。一家人员流动过于频繁的企业，内部不可能不存在问题，人际关系也好，业务发展也罢，这些都会影响你个人的职业发展。

第三，公司领导者的风格。这在很大程度上决定了公司的发展方向和内部管理机制。如果有一个不看实力只讲关系的领导，那么各部门的情况也好不到哪里去。

辞职哲学

"人在职场走，哪有不辞职"，改革开放带来一大变化就是：多数人不会一辈子只从事一份工作了，那么辞职就成为多数职场人士都要面对的问题。辞职其实也是一门学问，如果辞职者不了解辞职的程序，不能掌握一些辞职的技巧，很有可能给自己造成一些不必要的麻烦或损失。

俗话说，"人走茶凉"，当你告知你的主管、上司或老板你决定辞职的时候，得到的肯定不是笑脸（即使对方正计划炒你），因此，如何顺利地辞职，充分维护个人的合法利益就成为辞职者要认真考虑的，本文与大家探讨的也就是如何辞职方面的事宜，希望对准备辞职的人有所帮助。

◎ 分析要辞职的原因，辞职前要慎重考虑

辞职的原因分为两种，一种是给自己的，自己为什么想要辞职；一种给是企业负责人的，告诉企业你为什么辞职。辞职是一种行为，但是两种辞职理由是不一样的，关于后者将在第三部分选择辞职的理由里说明。

辞职并不是一件小事情，辞职者在辞职之前一定要慎重考虑，千万不可意气用事，在考虑如何向企业提出辞职之前，先要将自己辞职的真实缘由列出来，看看事情是不是到了非要辞职不可的地步，如果理由是充分的，辞职会带给自己更大发展与更多机会，

那么辞职才是应当的。

　　为什么要辞职？可能不同的人会有不同的原因，大致归纳了一下，导致辞职的原因包括以下几方面：

　　1. 有一份更适合的工作等着你，就是所谓的"跳槽"。更适合自己的标准有两方面，一方面是工资有相当幅度的提高，一方面是个人的能力可以得到充分发挥。如果单纯是前者的原因，一定要考虑清楚，比如我有一个朋友，他在一家大型的贸易公司工作，一家规模较小的公司以更高的底薪及更高的提成标准邀请他加盟，但是过去之后他才发现自己的收入不但没有增加，反而是降低了，因为新公司的影响力及实力导致他业绩下降，自然无法获得更高的收入，他悔之不已。

　　2. 准备个人创业。这个原因是最无可厚非的。当然，如果关于创业的计划还没有准备好的时候，不妨不要急于辞职，一边工作，一边筹备自己的创业事宜也是一个不错的方式。

　　3. 以退为进，以辞职为由想要企业提高自己的职务或者加薪。因为这种原因而提出辞职，无论以什么理由提出辞职都无疑是玩火自焚，不是所有的企业都会执意挽留提出辞职的人员的，即使一时满足你的要求，对你在企业的发展并无好处，留用你可能只是权宜之计，在物色到可以替代你的人选之后，你可能要面对的就不仅仅是辞职那么容易了。

　　4. 对于企业的现状不满意，希望换个环境。人在职场，总会有种心态"自家园里的草不如人家园内的绿"，其实在新的工作没有得到基本确定的时候，不要急于辞职，许多人都是在匆匆辞职之后才发觉原来的企业甚至要更好一些，这可就是得不偿失了。

　　5. 因为需要学习、进修而辞职。许多人因为要考研、继续教育、出国而需要辞职，这样的原因无论是企业还是个人，都是可以接受的。

6. 因为工作位置的原因而辞职，比如离家太远，与爱人相隔两地。这也是造成辞职的一个较常见的原因。其实，如果你现在的工作实在不想放弃，也可以考虑一下有没有其他解决办法，毕竟好的工作机会不是哪里都有的。

7. 因为个人的爱好或特长得不到发挥而辞职。因为这个原因而想要辞职，首先应该明白，在今天的这个社会上许多人的工作都是与个人的爱好与特长无关的，其次你辞职后是不是立刻就有一份可以适合你的爱好，可以发挥你的特长的工作？考虑好之后再去决定是不是要辞职。

8. 因为一些小事让自己不满意而辞职，比如与主管吵架、与同事发生了矛盾等。这样的原因是不应该成为辞职的理由的，比如在天涯里一个女孩因为同事占了自己预先选好新办公位而想要辞职，因这样的原因而辞职实在是一种幼稚的行为。

9. 企业流露出对你不满意的迹象，希望你主动提出辞职。处于这种情况下的人无疑是十分悲惨的，在这种情况下选择辞职无疑是一种维护个人尊严的行为，不过要在将自己的下一步安排好之后再考虑辞职，不宜选取匆匆辞职。

10. 个人因为在企业犯了错误，觉得无颜待下去而辞职。有的人因为犯了错误，想赶紧走人了事，虽然这种办法能暂时摆脱困境，但对自己以后求职会有不好影响，最好的办法就是坚持一段时间，等别人渐渐忘记自己的错误后再辞职。

所以，辞职之前，要认真考虑辞职的后果，比如对于自己的发展是不是有利，自己的经济利益会不会受损，在辞职之前，请先问自己这样几个问题：

1. 辞职是唯一的解决办法吗？有没有比辞职更好的办法？
2. 辞职是主动的，还是被动的？
3. 辞职是不是只是因为受了别人影响？

4. 辞职是不是只是一时心血来潮？

5. 辞职之后你的现状是不是会得到改善？

6. 有没有考虑辞职的成本？

回答完这几个问题，在综合分析各方面因素并权衡利弊后，你仍然做出辞职的决定，那么就要进入实质性的操作阶段了。

◎ **熟悉企业关于辞职的条文规定及辞职时需要办理的各种手续**

作出辞职决定后，辞职者需要先了解企业关于辞职的条文规定，再按照相应的程序进行辞职，这样才不会给企业以理由处罚自己从而使自己的权益受损。

辞职前要认真研究企业章程中关于辞职的条款，企业章程中一般都对辞职的手续有相应规定。

和企业已经签有劳动合同尚未到期，辞职的实质就是与企业解除劳动合同，辞职者要认真研究劳动合同中关于解除劳动合同方面的规定，以免因为不熟悉相关的规定而受到损失。

《中华人民共和国劳动法》第31条规定："劳动者解除劳动合同，应当提前30日以书面形式通知用人单位"，明确赋予了职工辞职的权利，劳动者单方面解除劳动合同无须任何实质条件，并不需要企业批准，只需要履行提前通知的义务（即提前30日书面通知用人单位）即可。原劳动部办公厅在《关于劳动者解除劳动合同有关问题的复函》也指出："劳动者提前30日以书面形式通知用人单位，既是解除劳动合同的程序，也是解除劳动合同的条件。劳动者提前30日以书面形式通知用人单位，解除劳动合同，无须征得用人单位的同意。超过30日，劳动者向用人单位提出办理解除劳动合同手续，用人单位应予以办理。"

《劳动法》一方面赋予了职工绝对的辞职权，另一方面又赋予了用人单位一定的请求赔偿损失的权利。《劳动法》第102条规定:"劳动者违反本法规定的条件解除劳动合同或者违反劳动合同中约定的保密事项,对用人单位造成经济损失的,应当依法承担赔偿责任";原劳动部在《违反<劳动法>有关劳动合同规定的赔偿办法》第4条明确规定了赔偿的范围:"劳动者违反规定或劳动合同的约定解除劳动合同,对用人单位造成损失的,劳动者应赔偿用人单位下列损失:1.用人单位招收录用其所支付的费用;2.用人单位为其支付的培训费用,双方另有约定的按约定办理;3.对生产、经营和工作造成的直接经济损失;4.劳动合同约定的其他赔偿费用"。根据这一条款,许多辞职者往往会面临企业要求赔偿的情况,尤其是大专院校毕业生在分配工作不久辞职被企业要求赔偿是很常见的。提醒辞职者的是,在与企业签订劳动合同的时候,要留意其中解除劳动合同方面关于赔偿方面的条款,这关系到你的切身利益。

辞职并不一定要提前30天,也可以按照企业规定的提前时间向企业提出辞职,例如有的企业规定提前一周提出辞职,许多企业都规定提前半个月提出辞职。

辞职者按照相关规定提出辞职之后,企业一般会按照规定进行办理,结算相应工资,为辞职者转出档案,交接社保等相关事宜。

如果企业没有按规定办理,辞职者在与企业因解除劳动合同赔偿损失方面发生争议后应当在60天内及时向当地劳动争议仲裁委员会提请劳动争议仲裁,保护自己的合法利益。

当然,许多企业并没有关于辞职方面的相应规定,也没有同就职者签订劳动合同,辞职者的档案与人事关系根本不在企业,这样的辞职办理起来相对容易一些。

◎ **在合适的时机,以合适的理由,选择合理的辞职方式**

辞职者如果希望自己可以从企业顺利地辞职,就应该选择合适的时机，以合适的理由，选择合理的辞职方式，这样自己的辞职才会得到企业的理解，个人的相关权益可以得到最大的保护。

合适的时机就是说辞职的时候，不会给企业造成损失，同时也不会让自己的利益受损。比如，你是一个项目经理，企业交给你的项目刚刚开始运行，在这个时候辞职显然难度会很大，即使企业无法阻止你辞职，也会在辞职后的赔偿方面让你受到损失。再比如，你是在11月份提出的辞职，你就要丧失年底双薪及全年的奖金，这方面的事情也要认真权衡。

合适的理由就是让企业比较容易接受的理由，这样也会减少办理辞职手续时的压力，根据企业人力资源主管们的共识，以下理由是企业愿意接受的：考研、进修、出国接受教育、与家人团聚、照顾家人、身体不适、个人原因、想要面对更大挑战等。一些对企业不利的辞职理由则应该避免，比如不适应企业管理、薪酬太低、人际关系太复杂。

合理的辞职方式就是按照企业规定的辞职方式提出辞职，辞职所采用的方式是企业所接受的，比如写辞职信、E-mail 辞职，或者与负责人私交不错，那么只需要口头提出也可。一般情况下，辞职者不宜采用先离开再通知的方式。人在职场也应该养成良好的习惯，尊重给予我们工作机会的企业或个人，无论是在求职时，还是辞职时，也因为你曾经有过的这段工作经历将会记录进你的履历中，而且你永远也不知道何时会需要前任上司的介绍信或帮助。

这里介绍一下辞职信的基本格式与写法。辞职信不要写成长篇大论，只要结构清晰、简明扼要地将所有重要信息描述清楚即可。以下是一些建议：

1.抓住重点。在辞职信的开头要直接表明辞职的意图，说明你辞职的原因。

2. 说明个人打算离开的时间。一般提前 2~4 周或根据企业规定时间提出辞职。

3. 对过去接受的培训、取得的经验或者建立的关系向公司表示感谢。

4. 辞职信应该标明提出辞职的时间。

看看下面这个辞职信的范例，可以让你对如何架构一封辞职信有个大概的了解。

尊敬的人力资源经理：

您好！

经过深思熟虑，我决定辞去我目前在公司所担任的职位，我计划在此后的时间里重返学校进修，以期提高自己的相关知识。

我考虑在此辞呈递交之后的 2~4 周内离开公司，这样您将有时间去寻找适合人选，来填补因我离职而造成的空缺，同时我也能够协助您对新人进行入职培训，使他尽快熟悉工作。另外，如果您觉得我在某个时间段内离职比较适合，不妨给我个建议或尽早告知我。

我非常重视我在公司工作的这段经历，也很荣幸自己成为过公司的一员，我确信我在公司里的这段经历和经验，将为我今后的发展带来非常大的帮助。

YYY

2009 年 12 月 1 日

辞职过程中要注意的一些事项

1. 写辞职信并不是写辞职申请，申请是要双方达成一致才有效的，也就是说企业批准了你的申请，你才可以辞职，而劳动法赋予的辞职权是绝对的，辞职信其实是一种通知，告诉企业你将在 30 天后解除劳动合同，离开企业，不需要企业批准，当然如果企业同意你提前离开就另当别论了。

2. 不要在辞职信中透露个人的不满情绪，如果辞职的意见非常大，一定要反映出来，不妨采用面对面交谈的方式，在白纸黑字上面写出自己的愤怒是不恰当的。

3. 在作出辞职的决定或者办理辞职的过程中，不要在企业大肆宣扬个人要辞职的事情，不要散布一些对企业不利的言论，反正都要离开了，留一个好的印象给企业，总比留一个不好的印象好一些。

4. 站好最后一班岗，在离开企业的最后时间里，你仍是企业的一员，尽自己所能做好自己的工作，协助企业做好交接。

5. 过往的就职经历是我们人生的宝贵财富，而且不定在什么时候我们可能需要原来的企业为我们写推荐信或介绍信，新的企业也许会打电话到过往企业了解我们的工作情况，因此要保持与原就职企业的良好关系。

6. 在你开始新的工作后，你可以给你的前任老板或同事发一封信，告诉他们你现在的有关信息，这样你们可以保持联系并建立牢固的关系。

7. 许多人辞职离开原有企业是犹豫不决的，渴望从事新的工作，又担心新的工作不如原有的工作，在这种情况下辞职可以采用以下方式辞职，以身体健康或短期培训的理由向企业提出辞职，保持好与原企业的关系，留有余地，如果新的企业无法让自己满意，就可以以身体已经完全康复或者培训已经结束的理由尝试与原企业联系，如果你是不可或缺的，自然可以得到重新工作的机会。

结语：

穷则变，变则通，通则久。告别过去、走向未来、走向希望，意味着下一个辉煌的新生。

第二十八律　启动你的马太福音：像滚雪球一样创造价值

> 在《圣经》中的"马太福音"第二十五章有这么几句话："凡有的，还要加给他叫他多余。没有的，连他所有的也要夺过来。"所以，要利用手中已有资源去投资和创造更多的资源，像滚雪球一样，越滚越大。

人脉就是钱脉

《马太福音》中的故事是这样的：一个国王远行前，交给三个仆人每人一锭银子，吩咐他们："你们去做生意，等我回来时，再来见我。"国王回来时，第一个仆人说："主人，你交给我的一锭银子，我已赚了10锭。"于是国王奖励了他10座城邑。第二个仆人报告说："主人，你给我的一锭银子，我已赚了5锭。"于是国王便奖励了他5座城邑。第三个仆人报告说："主人，你给我的一锭银子，我一直包在手巾里存着，我怕丢失，一直没有拿出来。"于是，国王命令将第三个仆人的那锭银子赏给第一个仆人，并且说："凡是少的，就连他所有的，也要夺过来。凡是多的，还要给他，叫他多多益善。"并由此衍生出"马太效应"，即强者恒强，弱者恒弱。

比如，读了硕士学位的又读博士学位，还有MBA，这是一种强者恒强；有了一份外企的总监职务，又升至职业经理人，这也是一种强者恒强。而弱者呢，为了糊口，好不容易找到一份可意的工作，第二次面试就被刷了。为了糊口，已经努力地工作了 2 个多月，最后，还是被那个试用期给毁了。为了糊口，在街上摆一个地摊，又被城管给端了，当弱者成群的时候，就形成弱势群体。

那么，要如何发挥优势摆脱弱者阴影，一步一步走向辉煌的未来？戴尔·卡耐基说过，专业知识在一个人成功中的作用只占 15%，而其余的 85% 则取决于人际关系。

所以，"人"才是决定你事业成功的关键。大家在日常生活中是不是有这样的感慨："如果我有足够多的关系，一定可以更加顺利地完成这件工作"，"如果和那位关键人物能够牵扯上任何关系，做起事来可以方便多了"等，可见，搭建丰富有效的人脉资源是我们到达成功彼岸的不二法门，是一笔看不见的无形资产！

搭建好自己的人脉，也就是翻开了自己的"马太福音"。

首先让我们看看乔治·波特的故事：

"很抱歉！"柜台里一位年轻的服务生说，"我们这里已经没有空房间了。"老先生愁眉微锁，嘀咕道："我们是从外地来的旅游者，人生地不熟。在这样的雨天，真不知道怎么办才好！"服务生知道，现在是旅游旺季，附近的旅馆全部客满，要订到客房，十分不易。想到老夫妇不得不在这样的大雨天出去找一个安身之所，服务生心里感到很难过。

年轻的服务生不忍心让两位老人重新回到雨中去。他说："如果你们不嫌弃的话，可以住在我的房间里。""但是……这太打扰你了！""我要在这里工作到明天早晨，请放心，你们不会给我造成任何不便。"

"真的，一点也不会！"服务生边说边将酒店的值日表指给老人看，证明自己的确加班，以打消他们的顾虑。

第二十八律 启动你的马太福音：像滚雪球一样创造价值

老夫妇欣然应允，在服务生的房间里住了一晚上。第二天早上，他们想照价给服务生住房费。服务生婉言谢绝："我昨晚已经赚到了加班费，请不必客气！"老先生感叹道："你这样的职员是任何老板都梦寐以求的。我将来也许会为你建一座旅馆。"服务生笑了笑，他以为这只是一个玩笑。

过了几年，服务生忽然收到一封老先生的来信，邀请他到曼哈顿见面，并附上了往返机票。到了曼哈顿，老先生将他带到一幢豪华的建筑物前面，说："这就是我专门为你建造的饭店。你对它满意吗？"许多年过去了，这家饭店发展成为今日美国著名的渥道夫·爱斯特莉亚饭店。这个年轻的服务生就是该饭店的第一任总经理乔治·伯特。乔治·伯特喜遇贵人，不是偶然的幸运，是得益于他助人为乐的一贯作风。

人脉是一个人通往财富、成功的门票。人脉资源根据其形成的过程可以分为：血缘人脉：由家族、宗族、种族形成的血缘人脉关系；地缘人脉：因居住地域形成的人脉关系，最典型的就是"两眼泪汪汪"的老乡关系；学缘人脉：因共同学习而产生的人脉关系。小学、中学、大学的同学关系，各种各样的短期培训班甚至会议中，蕴含着十分丰富的人脉关系资源；事缘人脉：因共同工作或处理事务而产生的人脉关系。同事、上司、下属，一段短暂的共事经历都能形成良好的人脉关系；客缘人脉：因工作中与各类客户打交道而形成的人脉关系。

不过，怎样扩大人脉圈是现在上班族觉得棘手的事情，总结下来，要把握以下几个方面：

1. 熟人介绍：扩展你的人脉链条。

根据你的人脉发展规划，你可以列出需要开发的人脉对象所在的领域，然后，你就可以要求你现在的人脉支持者帮你寻找或介绍你所希望的人脉目标，最后，创造机会，采取行动。

2. 参与社团：走出自我封闭的小圈子。

参与社团可在自然状态下与他人互动建立关系，从中学习服务人群进而创造商机并扩展自己的人脉网络。比如说老乡会、同学会等团体举办的活动、爱好会等举办的活动等等。唯有接近人群，打开人脉通道，一通百通，才是创造财富和寻找人生机遇的最佳捷径。

3. 利用网络：廉价的人脉通道。比如说网络社区，或是专业QQ群等。

4. 参加培训：志同道合的平台，有三大好处：一是走出去方知天外有天、人外有人；二是学习才知道自己孤陋寡闻；三是培训班不仅是一个学知识、长见识、开思路的好地方，更是我们借此拓展人脉资源的好机会、好平台。

5. 参加活动：活动是表现自己、结交他人的舞台，你必须从这次活动中有所收获，那就是丰富你的人脉资源。

6. 处处留心皆人脉：学会沟通和赞美。

想成为一名成功的人士，你要善于学会把握机会，抓住一切机会去培育人脉资源。

7. 不怕拒绝，勇敢出击：善于沟通与交流，主动与他人沟通等等。

8. 创造机会：施比受更有福，虽然是老生常谈，但如果你一直秉持这个信念，不管往来人的阶级高低，总是尽量帮助别人，在你需要的时候，别人自然也会帮助你。要成大事，先要会做人；而会做人，即是善于在交往中积累人脉资源。若能做到圆通有术，左右逢源，进退自如，人脉大树枝繁叶茂，那成大事一定不在话下了。

9. 拜冷庙，烧冷灶，交落难英雄。

10. 广结善缘，广植善因，必将广结善果。

人生最可贵的一件事就是"结缘"：经济结缘、语言结缘、功德结缘、教育结缘、服务结缘、身体结缘、危机结缘、巧借机缘。

11. 大数法则：大数法则又称"大数定律"或"平均法则"，是概率论的主要法则之一。你结识的人越多，那么，预期成为你的朋友至交的人数占你所结识的总人数的比例越稳定。广结人缘，你必须服从这个永恒的法则，而这一点也是马太效应的体现。

在汇集人脉的时候，把握互惠原则、互利原则、互赖原则、分享原则、坚持原则、用"心"原则，并及时建立自己的人脉数据库，将名片进行分门别类的整理，人脉四通八达，通过整理你就能清晰地看到这根血管已经延伸到哪个地方。

一旦你获得了起始的优势，那你的优势就会像滚雪球一样越滚越大，事业也会越做越大，这就是马太效应的精髓。

备份你的人生

无论什么时候，都不要把事情做得太绝，要为自己留条后路，不管这条路以后会不会去走。以后要是去走，那自然好，要是不去走，那么留着这条后路对自己也不会有影响。再遇事遇人心里也舒服，而这也是人际交往中很重要的一点。

有两个村庄位于沙漠的两端，若想到达对面的村庄，有两条路可走。

一条要绕过大沙漠，经过周边的乡镇，但是得花 20 天的时间才能到达。

如果直接穿过大沙漠，只要 3 天的时间就能抵达。

但是，穿越沙漠却很危险，有人曾经试图横越，却无一生还。

有一天，有位智者经过这两个村落，他教村里的人们找许多的胡杨树苗，每一公里便栽种一棵树苗，直到沙漠的另一端。

这天，智者告诉村里的人：如果这些树能够存活下来，你们就可以沿着胡杨树来往;若没有存活,那么每次经过时,就记得要把枯树苗插深一些,并清理四周,以免倾倒的树木被流沙淹没了。

结果,这些胡杨树苗种植在沙漠中,全被烈日烤死,不过却也成了路标,两地村民便沿着这些路标,平平安安地走了十多年。

有一年夏天,一个外地来的商人,要一个人到对面的村庄做买卖。

大家便叮咛他说:您经过沙漠的时候,遇到快倾倒的胡杨时一定要向下再扎深些,如果遇到将被淹没的胡杨树,记得要将它拉起,并整理四周。商人点头答应,便带着水与干粮上路。

但是,当他遇到将被沙漠淹没的胡杨树时,却想:反正我只走这一趟,淹没就淹没了。

于是,他就这样走过一棵又一棵即将消失在风沙里的胡杨树,看着一棵棵被风吹得快倾倒的树木一一倾倒。

然而就在这个时候,已经走到沙漠深处的商人,在静谧的沙漠中,只听见呼呼的风声,回头再看来时路却连一棵胡杨树的树影都看不见了。

此刻,商人发现自己竟失去方向了,他像个无头苍蝇似的东奔西跑怎么也走不出这片沙漠。

就在他只剩下最后一口气时,心里懊恼地想:为什么不听大家的话?如果我听了,现在起码还有退路可走。

接到聘用通知的那一刻起,安卉就开始不动声色地准备辞职。自己刚出校门便进入这家公司得到锻炼,安卉心里对领导、对公司还是充满了感激,当晚安卉写了一封感谢信,信中充满对老总、同事以及团队的感激之情。第二天,安卉将辞职书以及感谢信递给老总。张总不可思议地望着安卉:"为什么要走呢?嫌薪水少可以调薪水,部门职务不好可以调换部门……总之,你有什么条件都可以讲出来嘛！"安卉望着老板"绝顶"聪明的脑袋，有苦说不来，说自己是被老板娘逼走的？说自己是斗争的牺牲品？安卉咬咬牙，抱歉地说："张总，都不是的！只是觉得个人能力无法胜任目前工作。我真的很感谢公司对我的栽培和照顾，这一年多，我跟随您成功地打赢了好多场商战。在这里，我不但提高了业务能力，还学到了许多做人的道理。所以我希望能在临走前，把我的感谢信在例会上读一读……"得知安卉已经找好新东家，张总无奈地点点头。那天，安卉根据自己一年多细心的观察，针对具体情况给公司提了一些意见和建议。张总边听边点头，听完后，欣赏地说："一个另谋高就的人临走前还对公司的事务这么上心，真是难能可贵。"而季晓，则默不作声，托着腮帮静静地看着安卉。

在接下来的一个月中，安卉知道市场部本就人单力薄，自己这一走，会出现更大的缺漏。所以安卉将工作职位说明以及工作经验事无巨细地传授给莫小米和景甜，重要的部分还以文件的形式整理好。这一个月除了阿珍偷偷摸摸地过来找安卉打听情况，还算是过得风平浪静。原本安卉还担心季晓会找自己麻烦，比如拖延时间不批准辞职申请等等，不过，季晓在这一个月中只是冷眼旁观，算是给安卉留下最后的好印象了。

在周五下午的例会上，安卉宣读了感谢信，在信中感谢了老板给自己第一份工作，感谢同事们两年来对自己的帮助，还特意感谢了季晓对自己的照顾。这封热情洋溢的感谢信让每个人都感到了温暖，以至于好几次都被大家热烈的掌声打断。老总破例在会议上宣布："感谢安卉这两年给公司做出的贡献，这个月的公司聚餐提前到今天下午下班后，算是给安卉饯行。"用聚餐的方式给辞职的员工饯行，这在公司还是第一次，这是当初张荟走都没有出现的状况。

饭后，安卉给大家鞠了一躬，算是正式告别，老板热切地望着安卉说："如果你以后有什么困难，尽管回来，公司的大门永远为你敞开！"安卉含泪点点头，再三谢过老板和同事。后来，安卉收到莫小米的手机短信："安卉，我们一致认为你转身离开的姿势非常优雅！"而莫凡的短信则叫安卉难以忘记："安卉，没想到你能把辞职这件事做得这么完美，不仅获得了公司上下一致好评，也为你自己留下一条后路，如果说人生可以备份，那你无疑做到了！从你身上我学到了很多东西，你虽然年轻，但处事上毫不含糊，祝愿你以后的道路越走越好！另外，虽然我心头留有遗憾，但是，人总是要向前看的，对吧？"

跳槽离职时，妥善处理人际关系，走得干净、利落、漂亮，此人的未来前途，绝不可限量。相反的，若走得天怒人怨，反目成仇，将来很容易碰壁，自封后路，自毁前程。所以说，风光跳槽时，切莫落得好梦变成噩梦醒，应怀抱感恩之心，进一步接触关键人物，以感谢他们曾予你的帮助。分手时候不要说难忘记，但也不可口出恶语。这是职业人具备的最基本的修养。昔日同事，因为无法再合作，竟在一夕间破脸、打战，结果是降低自己的格调，让人看笑话，得不偿失。

很多人都以为跳槽后，就可以与原单位道声"拜拜"，一走了之，"挥挥手不带走一片云彩"，这样做起来看似洒脱，其实你会无意之中丢失了许多让你今后受益的东西。因为你在一个单位工作过一段时间，可能你所得不多，但与不少的同事毕竟有种亲近感，甚至是好朋友，他们说不定在以后会对你有所帮助，你不妨把他们看作你的人力资源库。所以在你跳槽高就时，不妨珍惜这一机缘，不要丢弃这份宝贵的财富。要认识到在现代竞争社会里，拥有丰富的人力资源有助于你的事业运转自如，所以每当我们跳槽时，要有保护自己人力资源的意识，从过去的工作里掏出属于你的"金子"来，这样的话，你过去的时光就没有白白浪费，你即使是空着两手走出原单位的大门，但你也带走了一份很有价值的财富。

借鸡生蛋，借船出海

香港凤凰卫视的老板刘长乐概括自己为商的四字箴言，即"高层次，高起点，借船出海，借鸡下蛋。"他曾说："我们借的船是'万吨巨轮'而不是'小舢板'，我们要借的鸡是'金凤凰'而不是'老土鸡'。"1997年，凤凰与央视合作直播柯受良飞越黄河，借央视之力，在内地为广大观众所熟识。1998年的两会，朱镕基总理亲点凤凰卫视女主播吴晓莉，自此，凤凰的知名度节节高升……

在美国一个农村，住着一个老头，他有三个儿子。大儿子、二儿子都在城里工作，小儿子和他在一起，父子相依为命。

突然有一天，一个人找到老头，对他说："尊敬的老人家，我想把你的小儿子带到城里去工作。"老头气愤地说："不行，绝对不行，你滚出去吧！"这个人说："如果我在城里给你的儿子找个对象，可以吗？"

老头摇摇头："不行，快滚出去吧！"这个人又说："如果我给你儿子找的对象，也就是你未来的儿媳妇是洛克菲勒的女儿呢？"老头想了又想，终于让儿子当上洛克菲勒的女婿这件事打动了。

过了几天，这个人找到了美国首富石油大王洛克菲勒，对他说："尊敬的洛克菲勒先生，我想给你的女儿找个对象。"洛克菲勒说："快滚出去吧！"这个人又说："如果我给你女儿找的对象，也就是你未来的女婿是世界银行的副总裁，可以吗？"洛克菲勒还是同意了。

又过了几天,这个人找到了世界银行总裁,对他说:"尊敬的总裁先生,你应该马上任命一个副总裁!"总裁先生头说:"不可能,这里这么多副总裁,我为什么还要任命一个副总裁呢,而且必须马上?"这个人说:"如果你任命的这个副总裁是洛克菲勒的女婿,可以吗?"总裁先生当然同意了。

这个故事有空手套白狼的意味,但从中我们可以看到"借势"的重要性。

X是省内著名的家装公司,也是建材用品同行们竞争的最大目标,同样,这块肥肉萃德也没有放弃。起初公司派出业务员小李拜访,几次拜访后,小李选择了放弃,周末会议上莫凡问他为什么放弃时,小李委屈地说他们的采购员小张太生硬,每次去后不到一分钟时间就打发他走,并且找他们谈业务的人趋之若鹜,所以不想浪费时间了。莫凡环顾四周,说:"这个客户子骞去跑吧!"

子骞接到这个硬塞过来的活儿心里老大不情愿,不过一想这也是证明自己的机会,还是欣然应允了。会后,子骞向小李了解了客户的一些采购程序和资料后,精心做了一番策划。

第二天,子骞来到X公司,直接到主管材料审批的罗副总办公室,简单说明来意,只字不提小李曾来过的事。副总听完后,笑笑说:"这个东西你要去找下面的人,找我是没有用的。"这完全在子骞预料之中,但他假装不知道,问:"那我具体应该找谁呢?"副总点了小张的名字,子骞很有礼貌地说:"谢谢您!"随后与罗副总握手告别,前后不到两分钟的时间,但出来后子骞没有去找小张,而是径直回了公司。

小李看子骞空手而归,幸灾乐祸地说:"怎么样,我说是个

第二十八律　启动你的马太福音：像滚雪球一样创造价值

硬钉子吧！"

子骞长叹一口气，装作很沮丧的样子，说："是呀！还把我骂了一通，不过我明天再去试试。"

第二天，子骞又来到了罗副总办公室，见面握手坐下后，子骞开口说，"昨天去找了小张，但是他不在，所以今天我又过来一下，一是向您表示感谢，二是再去找找他。"罗副总见子骞这么有礼，高兴地说："行。你再去找一下他吧！"子骞有点为难地挠挠头："罗总能不能先给他打个电话，一是看他现在在不在办公室，二是我这样直接去，可能有点冒失。"罗副总想了想，说："行。"然后拨通了小张办公室电话，电话通了，罗副总说："我这里有个做进口建材的，要过去和你谈一下！"说完挂断电话，对子骞说："行了，你现在去吧！"子骞连声道谢，出来后直接朝小张办公室走去。

接下来的事情就很戏剧化了，小张一听子骞的介绍，立马生硬地打断话头，咄咄逼人地问："你们不是有个姓李的小伙子来过吗？你还来做什么？"子骞一听情势不对，也很生硬地说："不是我要来！是你们罗副总要我来的！"小张没想到子骞会用这种语气说话，表情很诧异，口气立马软下来，脸上挤满笑容问："那你和罗总之间是……？"子骞诡异地笑了笑说："这个嘛，你以后会知道的！"子骞卖了个关子，小张立马站起来给子骞倒了一杯热气腾腾的茶水，连叫坐坐坐，很快，两人就进入正题。

20分钟后，子骞笑容满面地走了出来。两天后，计划询价传到了萃德公司，当看到询价单最上面写着"子骞收"三个字时，大家都不敢相信，唯有子骞坐在电脑前偷偷地乐。

《三十六计》第二十九计"树上开花"云："借局布势，力小势大。鸿渐于陆，其羽可以为仪也。"意思是说借助其他局面布成有利阵势，虽兵力弱小，但阵容显得强大，鸿雁飞上高山，羽毛显得更加气度不凡，雍容华贵。

在这个讲究双赢或多赢的时代里，仅靠一己之力很难获得成功，势力单薄者更是这样。所以要懂得借助外力，正是无数外力资源的延伸，我们才得以实现伟大的梦想，才得以成功。

借助他人之势，可加快成功步伐，何乐而不为呢？就让好风凭借力，送你上青云吧！

结语：

对于职场人士来说，要获得成功，第一年靠的是能力，第二年靠能力加人脉，而第三年往后，就完全是人脉了。

第二十九律 职场友情：以刺猬的方式相亲相爱

> 除亲人之外，同事是职场人士最经常面对的一些人。上班时或是搭档或是对手，下班后一起逛街、泡吧，"同事文化"构建了年轻白领的主流社交方式。不少人认为职场友谊可以使同事之间相处更融洽，但同事毕竟是共同做事，交往过密，难免有利益冲突。职场中，友谊应扮演什么角色？

易碎的职场友谊

是否有过这样的经历，一向亲密的好同事在最关键的时候，为了利益而出卖了你；或者是你一直信任的下属，在某个重要时刻倒戈相向？这时候，你感觉被欺骗、被出卖，其痛苦程度不亚于情场。你失望、沮丧，遭遇了"职场背叛"的残酷事实，让你开始相信"办公室里没有真正的友谊"。不可否认，赚钱只是工作的一部分目的，即使在职场，我们也需要友情的滋润。但是，压力和竞争，世事的无常和炎凉，常常会让这些纯洁的情感，因为无法承载的利益之重而变味、走调。

来到新公司，安卉才发现所谓的"两年工作经验"屁都不是，无论你以前是什么样子，到了一个新地方就得重新开始。初来乍到，安卉对谁都友好处之，只差夹起尾巴做人了，但有个叫孙尘的就是看她不顺眼，鼻子不是鼻子，眼睛不是眼睛的。

经理JOHN是四十多岁的台湾人，一脸络腮胡，小眼睛，宽鼻梁，不苟言笑，永远都是对人一副冷冰冰的面孔。很多人私下里议论JOHN是个工作狂，而且要求极为严格，不，是苛刻。你见过哪个经理会叫你半夜跑到公司加班，到了公司还把你劈头盖脸一通臭骂，而这一切仅仅是因为你的表单里错了一个数字！你见过哪个男人会把一个美丽娇柔的小女生批得体无完肤，而这仅仅是因为这位女孩子拜访大客户的时候忘记了带上公司特意为其准备的礼物。总之，JOHN是典型的完美主义者，容不得一点瑕疵，可是，凡事哪能尽善尽美呢。面对这么一位老板，安卉总是十二分精神地上班，百分之一百二的完成分内每一项工作。因此，JOHN对安卉相对于其他人要温和一些，因为在JOHN眼里，安卉是个做事稳妥的人。

周一的早上，安卉把提前准备好的会议材料最后核对后交到了JOHN的手上。与以往一样JOHN一边听着其他部门经理的汇报工作，一边看着安卉交上来的材料，看着看着，JOHN的额头皱了起来，抬起头示意停止汇报，快步走到安卉的座位上，猛地将材料狠狠摔在了安卉面前。原来JOHN看到了材料上的一个销售数据和自己之前看到的不一样，在他看来，员工的工作态度是胜于一切的，所以他对安卉的工作态度是否足够认真产生了怀疑。参加会议的其他人听着JOHN一浪高过一浪的批评，除了尴尬外更多的是不大敢相信做事踏实的安卉会犯这样的错误。

面对这场毫无征兆的"暴风雨"，起初的几分钟，安卉心里也猛地一紧，顿感委屈，自己明明是检查了很多遍，在确认了万无一失的情况下，才最后打印并且存档的，怎么会有数据的错误呢？安卉不禁在心里画了个大大的问号。但是安卉却丝毫没有把自己

第二十九律 职场友情：以刺猬的方式相亲相爱

的情绪表露出来，而是迅速地起身，对耽误大家开会而诚恳地表达了歉意。

JOHN回到自己的办公室后很矛盾，一方面是因为安卉一向做事细致，怎么会有这样的过失？另一方面他相信自己之前看到的数据与会议资料上的数据不符。JOHN开始在电脑中搜寻之前看过的数据，很快JOHN发现那是前两周报表的数据，是自己弄混了而错怪了安卉，可是安卉却没有做出任何的争辩，还反过来向大家道歉。

想到这里，JOHN越发觉得安卉既是优秀员工，又是不错的搭档。为了表达自己的歉意，JOHN邀请安卉共进晚餐。不久后，安卉就发现同事都用一种异样的目光看自己，好心的同事告诉她，原来是孙尘散播谣言，说安卉用自己的脸蛋勾引上司，上司晕了头才会对她百般照顾。安卉气得浑身哆嗦，走入社会两年了头一次遇到这种混账事，职场小人，到了哪里都防不胜防。想到这里，安卉才发现原来公司的好处，同事之间相处融洽，即便是快嘴阿珍，也只是当个小喇叭，不会当造谣者。

因为没有确凿的证据，安卉决定静观其变。一次，JOHN让安卉做个文案，要求下班之前一定交给他。安卉写好之后准备交给JOHN，可JOHN已经外出，办公室门紧锁，于是安卉将文案从门缝里塞了进去。

第二天上班时，JOHN把安卉叫过去，问文案做好了吗？为什么不按时交给他。安卉说："昨天没等到您，就从门缝里塞进你的办公室里了。"JOHN一听就火了："做不出来不要紧，关键要实事求是！"安卉一头雾水，不知所云，赶紧问怎么回事，JOHN不耐烦地看了安卉一眼："你做的文案，我根本就没看到！"安卉解释道："怎么会呢？我昨天下班前的确把文案从门缝里塞进来了，怎么会没了呢？幸好有备份，我马上拿来。"待安卉回去打开机器,当时就慌神了,头天做的文档不知为什么竟没有存下来,这可是跳进黄河也洗不清啊。安卉悻悻地来到JOHN面前,无论安卉怎么解释,JOHN仍是一脸铁青,预示着情况不妙。

安卉神情暗淡地回到办公桌前,心情坏极了,怎么也想不通塞进去的文案怎么就没了?第二天,就有几位关心安卉的同事问起这件事情。安卉很奇怪:"你们怎么知道的?""是孙尘说的,这件事情公司的人几乎都知道了,你可注意点,惹恼JOHN可没什么好果子吃。"从此,安卉仍然勤勤恳恳,但总是提心吊胆。

后来,安卉和市场研发部主管苏宸若熟络起来,33岁的苏宸若已经不年轻了,但美人迟暮,风韵犹存,仍有着沉鱼落雁之貌,丝毫不比少女逊色,甜美的声音,甜美的笑容,走到哪里始终都是一股甜甜的味道,安卉很喜欢这种女人,而且,两人还是校友,所以,安卉私下里总是叫苏宸若姐姐。苏宸若不忍安卉一直蒙在鼓里,就有意无意地说起,那天她加班,所以下班挺晚的,看见孙尘从经理办公室拿出一个文件放进包里。安卉疑惑地问:"孙尘怎么有经理办公室的钥匙?"苏宸若诡异地说:"这我就不知道了!不过你没来之前孙尘和咱们一丝不苟的JOHN挺'谈得来'的,嘿嘿!还有,知道为什么孙尘看不惯你吗?因为你抢了她的位置。当初助理那个位置空下来的时候,就有传言说孙尘会顶上去,不过老板那里不同意,说助理这个职位不能要'关系户',当时JOHN的脸红的呀,嘿嘿,于是公司英明地外聘了。"安卉瞪着眼睛不可思议地叫:"天呀!我怎么没看出JOHN和孙尘之间很'谈得来'呢?"苏宸若笑着说:"是呀,自从老板说过之后两人就谈不来了,JOHN是个工作狂,一点没错,不管什么,只要阻碍到了工作和自己的事业,那JOHN不会容情的。"然后,苏宸若交待安卉应该如何如何处理这件事,安卉连连点头。

第二天,安卉来到JOHN面前,用一种商量的语气说:"经

第二十九律 职场友情：以刺猬的方式相亲相爱

理，身为助理，是应该最大限度地配合您的工作，随时听候您的指示，可一旦遇到您不在办公室的情况，就无法及时地将底下文件送达给您，所以，我想，如果您信任我的话，是不是可以把办公室的钥匙给我一把？下次我送文件给您就不需要从门缝里塞，文件也不会丢失了。"JOHN一拍脑袋，似恍然大悟："对，你说得对！身为助理是该有一把钥匙，我忘记了！"隔天，JOHN就交给安卉一把锃亮的钥匙，并意有所指地说："好好工作，无论以前发生什么事，都不要去想了！"

安卉心里雀跃，误会消除了。安卉一如既往地工作着，而JOHN也开始把更多的更重要的事情交给安卉处理。经过实际工作的磨练，安卉越发在工作中驾轻就熟，游刃有余。没过几天，孙尘收到辞职书，愤恨地离开了公司。

安卉对苏宸若的感情越来越深，她觉得苏宸若就像当初的张姐一样，都是自己职业生命中的贵人。两人还经常相约一起逛街吃饭，安卉表现出来的细心和乖巧让苏宸若很是受用，两人话越来越多，越谈越细，后来几乎是无话不谈，不过安卉尽量不发表负面看法，因为当初口无遮拦，还造成了小小的事故。

安卉安安稳稳地过了一年的助理生涯，并不时写一些广告推广策划，这是安卉的强项，想当年就是靠这点杀进这间公司的，而安卉的策划方案在JOHN的亲自指导下进步更是神速，安卉俨然成了市场部的红人。这时候，拓展部的主管辞职，JOHN推荐安卉到拓展部当主管，安卉听到后简直惊呆了，以自己的资历，能这么快提升到与苏宸若师姐平级的位置，这在公司是史无前例的，当苏宸若笑着向安卉表示祝贺时，安卉当即就表示晚上一起出去吃大餐庆祝。

一个月后，公司安排两个部门合作，由拓展部负责主要活动，苏宸若的部门从旁协助，两个部门开会那天，当安卉念完分工表，苏宸若提出异议:"这事既然是由拓展部主要负责,那安卉的分工就太不公平,我们做的事太多了!"安卉脸一阵红,正要解释,JOHN打断安卉的话头,不满地说:"宸若,这没什么不对,你也知道以前也是这么分工的!再说,安卉是第一次做大项目,还是需要你多照看嘛!"瞬间,苏宸若和她的组员们脸上挂下一层霜,没有多想,安卉开始按分工表实施起工作来。

客户要布置展台,因为是安卉设计的,所以布置也让安卉负责,而工人由苏宸若找——她的经验丰富,知道哪类的展台哪家公司做得好、收费又便宜。留给布展的时间很短,可工人老是磨洋工,每天都有几个人请假。最后安卉忍不住发火了,要求他们即使通宵干活,也要在最后期限里把展台做完。工人听到最后期限,吓了一跳:"找我们来的那位小姐没有说时间这么紧啊!而且我们也说明了,手头有几份其他的活儿要同时干的,她也同意的呀。"安卉张口结舌,那天和客户谈的时候,苏宸若也在场,怎么会?

另一方面,安卉惊奇地发现私交甚好的苏宸若对合作的事越来越不上心,她们组的抵触情绪安卉都能感受到:分配给他们的任务要么拖拖拉拉,要么就找借口推脱,很多事只有自己亲自去和他们交涉才肯行动。

安卉手下组员的反应越来越大,认为安卉的领导能力差,抱怨的话越来越多。碍于和苏宸若的姊妹关系,安卉尽力稳定手下人的情绪,但作为主管,必须公私分明,立刻把问题解决掉。于是,安卉专门来到研发部,想找苏宸若单独谈谈。

让安卉惊讶的是,苏宸若对安卉的到来头也没抬,只是闷头喝水,听安卉说明大概来意后,苏宸若站起身来,一言不发转身进了洗手间,搞得安卉有点莫名其妙。十分钟后,苏宸若才出来,安卉正想再次讲明自己的想法,苏宸若却把手一挥说:"发我

第二十九律 职场友情：以刺猬的方式相亲相爱

MSN上嘛。"这么复杂的事网上怎么说得清呢？但看苏宸若一脸平静，安卉想她可能是暂时走不开，又怕办公室人多口杂，所以才让与她网上交流。

想罢，安卉转身回了一墙之隔的办公室，可是刚坐下还没来得及给苏宸若发信息，安卉的MSN就跳出来一个消息对话框。消息是苏宸若发来的，上面写着："看到我刚才怎么收拾她的吗？:）你没看到她那个脸色，开心啊！"

什么意思？收拾谁？安卉一下蒙了，于是给苏宸若回过去一个"？"几秒后，MSN再次响起，苏宸若说："就她一个小丫头，也能做到和我一样的级别，真不知JOHN是被灌了什么迷魂汤了！切，我倒想看看她到底有什么能耐！这次咱们就是不帮她，看她一个人怎么收场！哈哈！"

此时此刻，安卉终于恍然大悟，原来苏宸若误把自己当作她的组员发错了信息，刚才她摆的脸色竟是刻意为之！而这一切，仅仅是出于对自己升职的嫉妒！

按捺住内心的愤怒和情感被背叛后的羞辱，安卉给苏宸若回复说她发错信息了，MSN显示苏宸若一直在回复安卉信息，但是半分钟后她传过来的话只有短短几个字："别误会，我说的不是你。""我不傻不天真。"给苏宸若打出这几个字，安卉关了电脑，再也抑制不住感情扎进洗手间啜泣起来。

那天晚上，苏宸若主动给安卉打来了电话，电话里的她没有了前几日的趾高气扬，又恢复了以前大姐姐的亲切："对不起安卉，我是因为你分配的工作压力太大才开个玩笑。"安卉无法从内心接受这个理由，更无法100%地接受这个道歉，保持着最后、最基本的礼节，安卉淡淡地接受了苏宸若的歉意，便挂断了电话，在内心里不断盾问：难道职场就容不下友谊两个字吗？

工作友谊是一种很玄妙的东西，它变化无常、并不安全，也会随着外界的影响很快地消耗殆尽；它也不像普通的生活友谊那样单纯，因为大家存在利益关系，一旦发生利益冲突，友谊就会迅速决裂。这就像一个漂亮的瓷娃娃，晶莹剔透、娇俏可人，让人忍不住想拥有，但它的标签上却清清楚楚地标着这是件易碎品，慎拿慎放。

刺猬法则

中国有句古语，所谓"疾风知劲草，日久见人心"。由点头之交变成真正的朋友都必须经过时间的考验，而不仅仅是兴趣相投、一见如故的热忱，职场交友法则更是如此。很多刚步入职场的新人由于进入新的环境，对一切都还感到陌生、手足无措，这时候如果有老同事对其热情地关心和帮助，往往就心存感激地将其当成自己的好友、知己，推心置腹，无所不谈，却没有真正地了解对方，遭受"职场背叛"也是难免的。只有当长时间的合作、交往之后，才能够对一个人产生较为深刻的认识，是否能够作为朋友也便心中有数了。

职场交友的"空间"也就是一个"度"的问题。公司毕竟是一个成员众多，又具竞争性的组织，既然你不可能和每个人都结为知己，就只有和他们保持"泛泛之交"，进行友善而又不致彼此伤害对方的往来，才是明智之举。

同事间的相处是一种学问。与同事相处，太远了当然不好，人家会认为你不合群、孤僻、不易交往，太近了也不好，容易让别人说闲话，而且也容易令上司误解，认定你是在搞小圈子。所以说，若即若离、不远不近的同事关系，才是最难得的和最理想的。

太冷了，尽管躲在洞里、蜷缩着身子，两只刺猬仍然被冻得瑟瑟发抖。眼看就要撑不下去了，其中的一只灵机一动，向它的伙伴建议道:"如果我们靠紧一点,身上的热量散发得慢一点。"伙伴觉得它说得很有道理,于是,它们开始慢慢靠近。可随着它们越靠越近,它们身上的刺都刺到了对方。

虽然它们都被对方的刺刺痛,但确实感到靠在一起的温暖。因此,它们又重新开始了第二次尝试。这次,为了不刺到对方,它们试着小心翼翼地一点一点地靠近。最后,它们终于成功了。

两只刺猬在寒冷的冬季互相靠近以获取温暖的寓言深刻地暗示了人际关系的微妙。从某种意义上说,大家同在一个公司,为公司共同的目标努力,人人都可以成为朋友,可以互相倾诉、互相帮助,更可以凭借良睦的竞争将各自的潜力发挥至极限。可是一旦深入私人领域,后果可能一发不可收拾,特别是在牵涉到金钱或个人问题,宜谨慎行事。因为今日的美好回忆,或许会成为明日的"把柄"。

总之,大前提是公私分明。记住,在公司里,他是你的拍档,你俩必须精诚合作,才可以产生良好的工作效果。应当学会体谅别人。不论职位高低,每个人都有自己的工作范围和责任,所以在权力上,切莫喧宾夺主。

只有和同事们保持合适的距离,才能成为一个真正受欢迎的人。不过要记住"这不是我分内事"这类的话,过于泾渭分明,只会搞坏同事间的关系。因此,保持若即若离的同事关系,是最明智的做法。

五大纪律八项注意

五大纪律

1.不能用对私人朋友的期望值去要求职场上的朋友。毕竟你与公司内部的同事或上司之间还有许多工作上的接触,与外部同行存在公司间的商业敏感话题,切不可用私交的感情因素替代公事准则，否则日久必生事端，不仅朋友关系难以维系，也许还会使自己或朋友的职业生涯受连累。

2. 该说"NO"的时候就说"NO"。职场上的朋友目的是分享信息，相互学习，取长补短。友谊在一定程度上可表现为你对他人的影响力，这样在获取或利用他人资源或作成生意方面会有些便利条件。但即使是朋友，也不能做违背公司价值观及商业伦理的事。

3. 不同的朋友圈子不必"打成一片"。职场人需要不同的社交圈，工作中认识的朋友是一个圈子，私生活的朋友是另一个。即使同是工作中的朋友圈，也会因为行业或其他原因各成一体。当你想让他们互相认识的时候，先想一想会不会给自己带来一些负面影响。

4. 闲聊应保持距离。在办公之余，同事之间相互在一起闲聊是一件很正常的事情；而有些人多半是为了在同事面前炫耀自己的知识面广，其实这些自诩什么都知道的人知道的也不过是皮毛而已，大家只是互相心照不宣罢了。如果遇到打破砂锅问到底的提问，对方马上就会露馅了。这样会让喜欢神"侃"的同事难堪；相信以后再闲聊的时候，同事们都会有意无意地避开你。因此，在闲聊时，不求事事明白，适可而止，这样同事们才会乐意接纳你。

5. 得意之时莫张扬。得意之时，不要张扬，以免招致一些人的嫉妒，从而引来不必要的麻烦；当失意的时候，不能在公开场合诉说对上司的不满，甚至还牵扯到其他同事，这样，不但会招致上司的厌烦，也会引起同事们的怨愤。所以，无论在得意还是失意的时候，都不要过分张扬，否则只能给工作友谊带来障碍。

● 八项注意

1. 在伸出你的橄榄枝之前，先问自己，在别人眼里自己的强

第二十九律 职场友情：以刺猬的方式相亲相爱

项是什么，弱项是什么？脾气秉性特征是什么，别人看重你的是什么？简言之，缺乏自我意识及认知他人的人际交往行为，都可能在好心好意的本意下无形产生使他人不舒服的感觉。

2. 要想他人对你好，你首先要对他人好。真诚相待但不要刻意相求。不能说职场上交私人朋友都带有目的，要因人而异。但他人对你的反应最终是由你的行为所导致，换言之，要想他人怎样待你，首先你要怎样对待他人。

3. 对职场朋友的感觉有敏感的感受力。在什么场合下，用什么方式谈什么样的话题都是很有讲究的，不能仅凭自己想当然而行事。

4. 无论是和上司的友好，和同事的友谊，还是与客户的私交，一项基本原则，就是不要想着利用这种关系而达到个人在职场的目的，也不要被这种关系所利用。曾经见到过一个年轻职员，因为工作能力突出而非常受上司赏识，关系也比其他同事要近许多，渐渐地，他就认为自己理所当然地会成为上司的接班人。结果上司为了显示自己的公平而提拔了别的同事，而他落得连在公司都待不下去的下场。

5. 在职场中因为人际关系而被"剥削"是非常容易发生的事。当你觉得你是在帮朋友忙的时候，你可能是在分担自己不必要承担的责任。如果这种事情做多了，要静下心来想想，自己从中到底得到了什么。这不是自私，因为感情上的平衡是维持一种健康良好的关系的关键。

6. 职场上，不要把负面情绪传递给他人。自己处于情绪低潮时在与他人交往当中会不断释放出来，使他人感到压抑而不是感到享受。这首先要觉察和处理好自己的"情感/情绪"，进一步要争取做到的是关注觉察他人的情绪，并积极调动他人的积极情绪。

7. 即使是职场的朋友之间，也要把竞争看作是一个正常自然积极、任何人无法回避的客观事物。竞争的结果总是导向工作有效性的提高。参与竞争促进了能力的提高,谦让但不是退让,积极应对竞争或机会,该出手时就出手,当仁不让。

8. 职场上交到的一些朋友是阶段性的,顺其自然是最高境界。如果你的人品和能力都被他人称道,即使在很久没有联系之后,大家重聚时依然可以马上找回友谊的融洽感觉。

结语:

职场中人,既因为利益关系相互捆绑在一起,又因为利益关系产生罅隙。因此,职场友谊既是不可或缺的,也是不可深入的。最明智和恰如其分的办法,就是像两只冬天里的刺猬,因为取暖而相拥,却始终保持一定的距离。

第三十律　没有永远的对手，只有永远的利益

> 俗话说，"父母无法选择，但丈夫可以选择"，把这句话套用到职场中，可以改成"职业可以选择，但同事无法选择"。同事究竟是相互扶持的同行？还是彼此缠斗的冤家？一切以利益说了算。

选对对手

有一次，一只鼬鼠向狮子挑战，要同他决一雌雄。狮子果断地拒绝了。"怎么，"鼬鼠说："你害怕吗？""我非常害怕，"狮子说，"如果我答应你，你就可以得到曾与狮子比武的殊荣，而我呢，以后所有的动物都会耻笑我竟和鼬鼠打架。"

如果你是这头狮子，那奉劝你明智地放弃比赛，如果你认为自己是鼬鼠，那么，以狮子为对手的做法值得提倡，因为，要提高自己的能力，最佳途径是找个能力强的人做对手。

同样的，一个人对琐事的爱好越大，对大事的爱好就会越小，而非做不可的事越少，越少碰到真正问题，人们就越关心琐事，这就如同下棋一样，和不如自己的人下棋会很轻松，你也很轻易获胜，但永远长不了棋艺，而且这样的棋下多了，棋艺会越来越差，所以好棋手宁可少下棋，也尽量不和不如自己的人较量。威廉·詹姆斯说过："明智的艺术就是清醒地知道该忽略什么的艺

术。"不要被不重要的人和事过多打搅,因为"成功的秘诀就是抓住不放"。

著名数学家华罗庚说过:"下棋找高手,弄斧到班门。"和高手过招,你才能理解竞争的真正意义,才能体验到竞争的激烈,才能观察到对手的优秀之处。也只有在与高手过招的过程中,你才能发现自己的不足,发现自己的缺陷。一个人用尽全身力气去对付一只蚂蚁,结果只能是得了威望,失了尊严。一定要挑拣对手再还击,那是你的身价,他不是人物,怎值得你浪费时间?凡是眼睛总盯在别人身上,喜欢和别人比较,希望从别人的疏忽和失败里找出路的人,多半是不值得过招的弱者。真正的强者会有自己的路和自己的节奏,就像猛兽,多半独处,谁也不是他们的参照。

其实,凡是对竞技有兴趣的人都有类似的体验——希望看到势均力敌的人之间的恶战。若干年前,泰森复出的那场拳击赛,是很多拳击迷的期待,同时也让他们大失所望,原因很简单,力量对比太悬殊了——第一个回合没完就了结了。打球、下棋都得双方旗鼓相当方可尽兴。最愿意看到的是:一场恶斗之后,胜利者一下跪倒在地上,双手紧握,笑得灿烂极了,直至流下泪来……只有赢了最想赢而又最难赢的人才有这样的享受,也只有来之不易的胜利才可以换来这样的表情。

当年,张爱玲曾这样诠释她和苏青:"同行相妒,似乎是不可避免的,更何况大家又都是女人——所有的女人都是同行。可即使从纯粹自私的观点看来,我也愿意有苏青这么个人存在……只有和苏青相提并论,我是甘心情愿的。"以张的通透,自然明白要选相当的人做对手,一个人的分量和水准有时候需要的是与之相应的对手。

常言道:看一个人的底牌,看他的朋友;看一个人的身价,看他的对手。所以，不要以打败弱者为荣，那只会让你"掉价"，败给强者也不辱，你能学到更多经验，自己也会变成强者。

感谢对手

　　日本的北海道出产一种味道珍奇的鳗鱼，海边渔村的许多渔民都以捕捞鳗鱼为生。鳗鱼的生命非常脆弱，只要一离开深海区，要不了半天就会全部死亡。奇怪的是有一位老渔民天天出海捕捞鳗鱼，返回岸边后，他的鳗鱼总是活蹦乱跳的。而其他几家捕捞鳗鱼的渔户，无论如何处置捕捞到的鳗鱼，回港后都全是死的。由于鲜活的鳗鱼价格要比死亡的鳗鱼几乎贵出一倍以上，所以没几年工夫，老渔民一家便成了远近闻名的富翁。周围的渔民做着同样的营生，却一直只能维持简单的温饱。

　　老渔民在临终之时，把秘诀传授给了儿子。原来，老渔民使鳗鱼不死的秘诀，就是在整仓的鳗鱼中，放进几条叫狗鱼的杂鱼。鳗鱼与狗鱼非但不是同类，还是出名的"对头"。几条势单力薄的狗鱼遇到成仓的对手，便惊慌地在鳗鱼堆里四处乱窜，这样一来，反而倒把满满一船舱死气沉沉的鳗鱼全给激活了。

　　加州的《动物保护》杂志也介绍过一则类似的故事：在秘鲁的国家级森林公园，生活着一只年轻美洲虎。由于美洲虎是一种濒临灭绝的珍稀动物，全世界现在仅存17只，所以为了很好地保护这只珍稀的老虎，秘鲁人在公园中专门辟出了一块近20平方公里的森林作为虎园，还精心设计和建造了豪华的虎房，好让它自由自在地生活。虎园里森林藏密，百草芳菲，沟壑纵横，流水潺潺，并有成群人工饲养的牛、羊、鹿、兔供老虎尽情享用。凡是到过虎园参观的游人都说，如此美妙的环境，真是美洲虎生活的天堂。然而，让人感到奇怪的是，从没人看见美洲虎去捕捉那些专门为它预备的"活食"。从没人见它王者之气十足地纵横于雄山大川，啸傲于莽莽丛林，甚至未见它像模像样地吼上几嗓子。人们常看到它整天待在装有空调的虎房里，或打盹儿，或耷拉着脑袋，睡了吃吃了睡，无精打采。有人说它大约是太孤独了，若有个伴儿，或许会好些。于是政府又通过外交途径，从哥伦比亚租来一只母虎与它做伴，但结果还是老样子。

　　一天，一位动物行为学家到森林公园来参观，见到美洲虎那副懒洋洋的样儿，便对管理员说，老虎是森林之王，在它所生活的环境中，不能只放上一群整天只知道吃草，不知道猎杀的动物。这么大的一片虎园，即使不放进去几只狼，至少也应放上两只豹狗，否则，美洲虎无论如何也提不起精神。管理员们听从了动物行为学家的意见，不久便从别的动物园引进了几只美洲豹投放进了虎园。这一招果然奏效，自从美洲豹进了虎园的那天，这只美洲虎就再也躺不住了。它每天不是站在高高的山顶愤怒地咆哮，就是犹如飓风般俯冲下山岗，或者在丛林的边缘地带警觉地巡视和游荡。老虎那种刚烈威猛、霸气十足的本性被重新唤醒。它又成了一只真正的老虎，成了这片广阔的虎园里真正意义上的森林之王。

　　鳗鱼因为有了狗鱼这样的对手，才长久地保持着生命的鲜活。美洲虎因为有了美洲豹这样的对手，才重新找回了逝去的光荣。有了对手，才有危机感，才会有竞争力。有了对手，你便不得不奋发图强，不得不革故鼎新，不得不锐意进取。否则就只有等着被吞并，被替代，被淘汰。

　　不少人在碰到对手的时候，首先是不屑一顾，感觉对手的实力不过如此，接下来是愤怒，发现不怎样的人竟然有很多人喜欢，还威胁甚至超越自己，最后则是不能在人面前提到对手的只言片语。

　　其实，对方要消灭你，一定是倾巢而出，精锐毕现，在他们使出浑身解数的时候，也就是传授你最多招数的时候，敌人为了激怒你、伤害你而使出的一些下作手段，不是任何人都能教你的。因此，如果你有一个很强的对手，反而倒是一种福分，一种造化。因为一个强劲的对手，会让你时刻有种危机四伏感，它会激发起你更加旺盛的精神和斗志，让你在现实面前保持清醒的头脑，而你更可以像照镜子一样，每天仔细地盯紧这个对手，好好欣赏他、向他学习。

有了对手，你便不得不奋发图强，不得不革故鼎新，不得不锐意进取，最终在积极的状态中赢得某个领域的胜利。

善待你的对手吧！千万别把他当成"敌人"，而应该把他当作是你的一剂强心针，一台推进器，一个加力挡，一条警策鞭。善待你的对手吧！因为他的存在，你才会永远是一条鲜活的"鳗鱼"，你才会永远做一只威风凛凛的"美洲虎"。

永远的利益——双赢

有一个成语叫"吴楚同舟"，出自《孙子·九地》："夫吴人与越人相恶也，当其同舟而济，遇风，其相救也如左右手。"

春秋时，吴国和越国经常交战。一天，在吴越交界处河面的一艘渡船上，乘坐着十几个吴人和越人，双方谁也不搭理谁，气氛显得十分沉闷。

船离北岸后，一直向南岸驶去。刚到江心，突然天色骤变，刮起狂风来。霎时间满天乌云，暴雨倾盆而下，汹涌的巨浪一个接着一个向渡船扑来。两个吴国孩子吓得哇哇大哭起来，越国有个老太一个趔趄，跌倒在船舱里。掌舵的老艄公一面竭力把住船舵，一面高声招呼大家快进船舱。另外两个年轻的船工，迅速奔向桅杆解绳索，想把篷帆解下来。但是由于船身在风浪中剧烈颠簸，他们一时解不开。这时不赶快解开绢索，把帆降下来，船就有翻掉的可能，形势非常危急。就在这千钧一发之际，年轻的乘客不管是吴人还是越人，都争先恐后地冲向桅杆，顶着狂风恶浪，一起去解绳索。他们的行动，就像左右手配合得那么好。不一会儿，渡船上的篷帆终于降了下来，颠簸着的船得到了一些稳定。老艄公望着风雨同舟、共渡危难的人们，感慨地说："吴越两国如果能永远和睦相处，该有多好啊！"

人都有趋利避害的天性，利益当前，即使是对手也能走到一起并肩作战，英国前首相丘吉尔曾说过："没有永远的朋友，也没有永远的敌人，只有永远的利益。"所以你若想团结对手，首先就要看你能否找出利益"共同点"，然后借助他的力量，达到自己原本达不到的高度，迎来"双赢"的局面。

海湾战争之后，一种被称之为"艾布拉姆"的 M1A2 型坦克开始陆续装备美国陆军，这种坦克的防护装甲目前是世界上最坚固，它可以承受时速超过 4500 公里、单位破坏力超过 1.35 万公斤的打击力量。乔治·巴顿中校是美国最优秀的坦克防护装甲专家，他接受研制 M1A2 型坦克装甲的任务后，立即找来了一位"冤家"做搭档——毕业于麻省理工学院的著名破坏力专家迈克·马茨工程师。两人各带一个研究小组开始工作，所不同的是，巴顿带的是研制小组，负责研制防护装甲；迈克·马茨带的则是破坏小组，专门负责摧毁巴顿已研制出来的防护装甲。

刚开始的时候，马茨总是能轻而易举地将巴顿研制的新型装甲炸个稀巴烂，但随着时间的推移，巴顿一次次地更换材料、修改设计方案，终于有一天，马茨使尽浑身解数也未能奏效。于是，世界上最坚固的坦克在这种近乎疯狂的"破坏"与"反破坏"试验中诞生了，巴顿与马茨这两个技术上的"冤家"也因此而同时荣获了紫心勋章。

巴顿中校事后说："事实上，问题是不可怕的，可怕的是不知道问题出在哪里，于是我们英明地决定'请'马茨做欢喜冤家，尽可能地激将他帮我们找到问题，从而更好地解决问题，这方面他真是很棒，帮了我们大忙。"

  诺贝尔经济学奖获得者莱因哈特?赛尔顿教授有一个著名的"博弈"理论。假设有一场比赛，参与者可以选择与对手是合作还是竞争。如果采取合作策略，可以像鸽子一样瓜分战利品，那么双方之间浪费时间和精力的争斗就不存在了；如果采取竞争策略，像老鹰一样互相争斗，那么胜利者往往只有一个，而且即使是获得胜利，也要被啄掉不少羽毛。现代社会中的现代企业文化，追求的是团队合作精神。所以，不论对个人还是对公司，单纯的竞争只能导致关系恶化，成长停滞；只有达成双赢的共识，互助合作，才能对双方更有利。当你在社会上行走时，建议你也采用"双赢"的竞争策略，这倒不是看轻你的实力，认为你无力扳倒你的对手，而是为了现实的需要。如前面所说，任何"单赢"的策略对你都是不利的，因为它必然会有这样的结果：除非对手是个软弱角色，否则你打倒对方获得胜利时，你大概也已心力交瘁了，甚至所得还不足以弥补你的损失。

  某一日，有位教士找到上帝说："为什么不少人心胸那么狭窄，宁愿受到损失，也不让他人得到好处？为什么不少人只看重自身的利益，相互间斤斤计较，哪怕别人多得一点点好处也会耿耿于怀？为什么一些人单个是条龙，几个人到了一起时就变成了一条虫？敬请上帝指点迷津！"上帝听后点点头，不无感慨地说："这个吗？我也不便言传，还是带你看着天堂和地狱吧。"

  上帝带着教士先来到地狱。教士发现地狱摆着一口煮食的大锅，周围坐满了人，但个个面黄肌瘦，愁眉不展。教士纳闷，这些人为啥守着锅里的饭不吃呢？教士又细心地察看了一番，这时他发现每个人手里握着一只长柄的勺子，无法将汤羹送到自己嘴里，大家只得苦着脸眼睁睁地挨饿。看完了地狱，上帝又带着教士走进天堂。天堂里跟地狱里一样放着一口煮食的大锅，锅周围也坐满了人，他们个个满脸红光、精神焕发、十分愉快。教士不解地问上帝"为什么天堂里的人这么快乐，而地狱的人却愁眉不展啊？"上帝说："你没看到呀，这里的人用长柄的勺子从锅里舀出饭来，不是先想到自己如何享用，而是互相喂给别人吃。同样的事情只是改变了一下思维和心态，不就很容易地解决了吗？难题破解了，大家都能有饭吃，日子当然过得快乐了呀。"

天堂和地狱最大的区别就在于能不能、会不会、愿不愿与别人合作。

在人类社会里，你不可能将对方绝对毁灭，因此你的"单赢"策略将引起对方的愤恨，成为潜在的危机，从此使你陷入冤冤相报的循环里。在进行争斗的过程中，也有可能发生意外的情况，而这会影响本是强者的你，使你反胜为败。所以无论从什么角度来看，那种"你死我活"的争斗对实质利益、长远利益都是不利的，因此你应该活用"双赢"的策略，彼此相依相存。

双赢策略是合作成功的重要保证之一，更适用于现代社会的相互竞争。正确地运用双赢策略不仅是一个态度的问题，更重要的是能力的问题。愿更多的人能巧妙地运用它，以使其事业发展更顺利、更辉煌。不过，人在自己处于绝对优势时不要忘记前面那则寓言所描述的状况，其最终的结果也必然是赢得凄惨。

给对手留条后路

安卉将过去的一年工作成绩用"平步青云"来形容，从刚开始一个小小的秘书，跳到主管位置，不到两年的时间，安卉又跳到市场部助理的位置。如今的安卉，每天头发纹丝不乱地盘在脑后，穿或深或浅的套装，努力塑造了一个标准白领的形象。

第三十律 没有永远的对手，只有永远的利益

在别人的眼里，安卉是很幸运的，谁都知道所谓的助理就是准经理的过渡期，况且，安卉深得总经理 JOHN 赏识。只有安卉自己知道，给一个完美主义者做助理是多么不容易的事，JOHN 的苛刻在自己当秘书的时候就领教过，再后来当主管，虽然接受 JOHN 直接管辖，但毕竟不像秘书和现在这样需要每天对着他，心理威慑力小了很多。不过，安卉还是坚持凡事尽善尽美原则（跟着 JOHN 的原则走），虽然两个月下来累得够呛，总算能一睹 JOHN 的笑容，何况，助理的下一站可能就是总经理，无论如何也要挺下去。

在拨电话给研发部经理苏宸若时，安卉拿出记事本，仔细地看记录结果，确定之后才告诉苏宸若上周一交过来的报告 JOHN 已经看过了，让她下午3点钟去总经理办公室一趟，开个限级别的内部小会议。打完电话，她吐了一口气，JOHN 的零失误规范已经让她有点神经质，每次都要把交代的事情记录下来，还要一遍一遍地确定，她抿了一口咖啡，笑容有一点苦。如今和苏宸若的关系，早已不是当初的称姐道妹，下了班也偶尔会一起吃饭逛街，但是，有些东西一旦打破就粘不回去了，两人也感受了这种变化，所以到后来，两人见面只是微笑而过，成了最熟悉的陌生人。

3点钟开会的时候，JOHN 狠狠地表扬了一番苏宸若的报告，全场的人都感觉出了苏宸若的那股子得意劲儿，尽管她在尽量地压抑着。下班前，安卉去休息室喝奶茶，一边听音乐一边放松紧绷的神经，苏宸若正好推门而入。两个人总是相视微笑一下便过去的，今天苏宸若却破天荒地坐到了她的旁边，很担忧的样子，说："怎么了？不舒服？脸色很差的。"安卉摸了摸自己的脸，好像有点烫，于是耸了耸肩，很随便地说了声，可能有点感冒吧，然后轻咳了两声微笑着离开。苏宸若的问候让安卉想起了以前的时光，可是苏宸若的语气里明明透着做作，所以安卉选择逃开。

当第二天JOHN跟安卉说他要增加一个助手时，安卉有一种莫名的感觉。一个电话后，苏宸若出现在JOHN的办公室，像头一天在休息室里一样，她向她微笑，露出很担忧的样子，向她伸出右手，说："今天好些了没有？"JOHN看在眼里，对安卉说："看看苏宸若多么关心同事，像这样工作棒、手脚勤又善待同仁的员工很少见了。"安卉嘴里说着："那是，所以要向她多学习。"心里却已经有了疑问，为什么从来都说不需要助理的JOHN会让苏宸若来呢？原来那天会后，苏宸若就向JOHN递了封信，信中写了见安卉如何辛苦，愿意跟她一同分担工作之类的话，加上那天JOHN对苏宸若本来就很赞赏，所以立刻批准了。

莎莉离开之前说："安卉，苏宸若的目的恐怕还不仅仅是做助理。听说JOHN马上就要调回台湾总部那边去，上层已经在对几个备选经理人员进行暗地考察了。"说到这里，便含蓄地朝她看看，其实，安卉已经明白七分，以前的朋友变成了现在的竞争对手，安卉心里感到针扎般疼，难道非要斗个你死我活吗？

尽量小心翼翼着，安卉想JOHN的要求是零失误规范，已经严到不能再严了。只要不出错，就算苏宸若再有本事，也奈何不得自己。只是，因为苏宸若的介入，许多由安卉一人来做的事情分成两人来做，往往适得其反。安卉不但要保证自己分内的事情不出错，还要时常提醒苏宸若。苏宸若对此似乎很反感，但因为都是为了公司考虑，并没有说什么，倒也相安无事。

4月下旬，JOHN去美国出差半个月，临行前把安卉和苏宸若叫到跟前说："在我离开的这段时间里，你们二人要好好配合，所谓一人为私，二人为公。如果需要我签字的文件，一定要有你们两人共同的签名才行。我希望等我回来的时候，财务部告诉我又赚取了多少。"安卉默默点头。

苏宸若甜着声音说："放心吧，JOHN，你就放心地去好了，

第三十律 没有永远的对手，只有永远的利益

这里就交给我和安卉了。"说完，面向安卉，把手搭在她的肩膀上，面如桃花地问："是吧，安卉？"她这副样子令安卉有些胃紧，又不好表现出来。可JOHN刚刚离开，苏宸若就对安卉横眉冷对起来，似乎安卉欠了她两万块钱。安卉有些好笑，为什么女人变脸会这么快呢？

事情还是要做的，哪怕你终日面对着一个喜欢玩变脸的女人。

但苏宸若远没有安卉想得那么简单。JOHN走后的第4天，安卉去复印室复印一份文件时，意外发现了复印机上夹着的一张合约单，交易金额很小，只有8万元。在安卉的印象里，公司从来没有交易过这么小的数额。只可惜对方单位没有复印清楚，正纳闷儿着，苏宸若行色匆匆地进来，看到那张单拿了就走，连谢谢都没有说一声。去销售部查销售单，都没有看到那笔8万元的单子。安卉突然奇怪起来，感觉苏宸若似乎在同某家公司进行着低价交易，以赚私利。这种事情公司早就明文禁止，一旦发现，不但要处罚，还会被开除。安卉又想，苏宸若不是笨女人，应该知道这件事情的后果。

在办公室里，安卉偶尔暗示苏宸若有关公司的规章制度，苏宸若摆出莫名其妙的样子，大有怪安卉多事的派头。若不是亲眼看到苏宸若的大名出现在另外一张小额单子上，安卉差点要怀疑自己多虑了。

苏宸若苦苦哀求安卉替自己保密，让安卉看在以前帮助过她的份上不要告密，并保证这只是第一次，也肯定是最后一次，关于那点差价，自己会抽空补上去的。苏宸若在说这些话时泪流满面，不停地扯着安卉的袖子。安卉望着自己的师姐，终于心软了，并让苏宸若保证在JOHN从美国回来之前，把单子冲掉，而且把差价补上。苏宸若点头称是，握着安卉的手说谢谢谢谢，连绵不绝，弄得安卉自己都不好意思起来。

JOHN 在没有通知任何人的情况下，提前回来了。安卉刚一看到他就觉得他的脸色很难看，难道他知道了苏宸若的事情？安卉忍不住看了伏案的苏宸若一眼，苏宸若倒是神色镇定，泰然自若。安卉有些佩服她的心理素质，因为她知道苏宸若的差价还没有补完，若 JOHN 不开恩，苏宸若只能是罚款走人。

然而，令安卉想象不到的是，JOHN 直接把她叫进了办公室，神情严肃地告诉她，有人告诉他，她在趁他不在的时候签私单，低价交易，让她说清到底是怎么回事。安卉突然觉得自己像跌进了一个陷阱，难怪苏宸若刚才那么镇定，因为苏宸若知道 JOHN 回来是为了什么。苏宸若轻易地就把祸事转嫁于她了。安卉突然觉得心寒起来，想不到苏宸若为了钱和权，倒打自己一耙。JOHN 厉声问道："事实摆在眼前，你还有什么话说？"安卉想到了一个问题，突然笑了，问："你调查出交易对方是谁了吗？"JOHN 说："当然，而且他们也承认是私人交易。"

"这样吧，我去跟他们当面对质，看看他们能不能认出我来。"

"OK！"

结果当然是否定的，当安卉站到他们面前的时候，他们根本就不知道她是谁，更无从谈起什么交易的事情。

水落石出，JOHN 向安卉道歉，说自己还没有完全调查清楚就确定，差点伤了好同事。

JOHN 又问："安卉，你一定知道是谁，对吗？"安卉的嘴唇动了两下，苏宸若的名字终于还是没有说出口。苏宸若是 JOHN 相中的，这么一说岂不是一下子要伤两个人？

安卉出主意说："JOHN，等一阵子吧，也许那个人只是出于一时糊涂，会偷偷把差价补上的，如果她不补，等那个时候再调查也不迟。人总有糊涂和失误的时候，就算给她一个机会吧。说真的，零失误可能太苛刻了。"JOHN 想了想，答应了。

第三十律　没有永远的对手，只有永远的利益

苏宸若最终还是偷偷把差价补上了，又打报告要求回到研发部，理由是自己不适合管理，不适合运用权力。究竟原因是什么，公司里恐怕只有安卉一个人知道。安卉有时候也想这样是不是太放纵了苏宸若，但从苏宸若后来的表现看，她的确变化了很多。

人生允许有失误，但仅仅一次而已。安卉把苏宸若的事情作为标尺，处处严格要求着自己。

她现在仍是JOHN的助理，说JOHN回台湾的事情就像是愚人节的谎言一直没有实现，她知道只要自己一天还在这个位置上，就一天都被人盯着，这次是苏宸若，下次会是谁？看来，接下来将是充满战斗的一年！

其实办公室的同事本来就是合作和竞争的关系，每一位同事都有可能成为你潜在的对手。不过，若能以健康的心态看待竞争关系，当同事能力越来越强，等于是在无形中促使你提升实力。更何况，在全球化时代，本来就不应该把眼光局限于一个屋檐下的同事，而应该将全球的精英视为真正的竞争者，如此一来，同事也不再是"冤家"。

积极的态度是，将能量放在挑战更高的目标上，真正的敌人永远等在你视线之外的地方伏击，何不把内部竞争的力气省下来向外发展？所以，即使你与对手过招，也不妨为她留一条后路，或许能神奇般地化解彼此之间的敌意。

在职场上，减少一个敌人的价值，远远胜过增加一个朋友的价值。

结语：

在人生路上，对手既是同行者，又是挑战者，对手已经唤起我们战斗的勇气和信心，失去了对手，也许将失去一切。

第三十一律 个人心中有杆秤：学会计算自己的升值潜力

> 一分耕耘、一分收获，干了一年，薪水会不会随着你工作时间的增长而增长呢？如果你今年工作成绩相当不错，你会不会主动找老板或是上司要求给你涨薪水？

做二还是做八

二八定律（巴莱多定律）是19世纪末20世纪初意大利经济学家巴莱多发现的。他认为，在任何一组东西中，最重要的只占其中一小部分，约20%，其余80%尽管是多数，却是次要的，因此又称二八定律。

生活中普遍存在"二八定律"。商家80%的销售额来自20%的商品，80%的业务收入是由20%的客户创造的；在销售公司里，20%的推销员带回80%的新生意，等等；"二八现象"竟如"黄金分割"一样普遍。在企业中，管理者一般视表现最出色的20%的员工为公司的精英分子。资源和机会都向他们倾斜，丰厚的奖励、充分的资源、周密的心思被用来培养、发展这一小部分人。那么，你是否处于这20%的阶层里呢？

职场像乘公交车，处处要拼命，时时是陷阱。首先，要挤得上车才可能找到位子坐，上车后，又要从数量有限的座位里去努力抢到一个，因为，车上觊觎座位的乘客，多着呢。正所谓铁打

第三十一律 个人心中有杆秤：学会计算自己的升值潜力

的营盘流水的兵，但这只是针对那80%的人来说的，如果你是那20%，只要自己不流企业不倒老板不傻，你的地位牢固得很。

要做那20%，你就得增加自己的砝码，在工作中升值，首先让我们做套测验题。这套测试题对你的情感驾驭能力、业务能力、精力充沛度、人际关系和谐度、跟上司沟通能力、竞争意识如何等等方面进行了综合测试，每道题只能选一个答案。

1. 尽管你很努力地工作，但客观地分析一下，你的上司对你的工作满意吗？

A. 不满意　　B. 有些不满意　　C. 不知道是否满意

D. 比较满意　　E. 非常满意

2. 每天忙忙碌碌地辛苦工作，你感到来自工作的压力有多大？

A. 压力很大　　B. 有点压力　　C. 没有感到压力

D. 比较轻松　　E. 工作非常轻松

3. 你能从容不迫地担负繁重工作而不感到过分疲劳和力不从心吗？

A. 工作很繁重疲劳　　B. 有点力不从心　　C. 一般

D. 精力比较充沛　　E. 精力非常充沛

4. 你为自己的心中设定的职业发展目标付出过有效的行动吗？

A. 还没有　　B. 有些努力　　C. 不知道该怎么努力

D. 正在努力中　　E. 付出了很多努力

5. 你总结一下自己：每天在工作中是否开心？

A. 不开心　　B. 有些不开心　　C. 谈不上开心与否

D. 比较开心　　E. 非常开心

6. 工作中，你是否经常主动找机会跟上司进行沟通（比如单独谈话、一起吃饭等）？

A. 从不主动　　B. 有些不主动　　C. 无所谓

D. 比较主动　　E. 非常主动

7. 你是否认为职场上应该一切随缘，万事莫强求，不给自己定目标更好？

A. 完全同意　　B. 有些不同意　　C. 没仔细想过

D. 不太同意　　E. 完全不赞同

8. 你对待工作的态度是积极乐观还是比较被动悲观？

A. 悲观　　B. 不是太乐观　　C. 不乐观也不悲观

D. 比较乐观　　E. 非常乐观？

9. 在朋友或者家人面前，你常发泄倾诉一下工作方面的牢骚和不满吗？

A. 经常　　B. 偶尔　　C. 特殊情况才有

D. 比较少　　E. 极少

10. 你的计划或决定是不是常常受外界的影响而改变？

A. 经常是　　B. 多半会有些改变　　C. 有道理就接受

D. 一般不会　　E. 极少改变

11. 你鄙视那些业务能力平平但很会跟老板搞关系并很得老板恩宠的人吗？

A. 非常鄙视　　B. 有些瞧不起　　C. 无所谓

D. 能理解接受　　E. 值得学习

12. 同你在一起工作的同事跟你的关系怎么样，是否真的都很喜欢你？

A. 自己很孤立　　B. 一些同事不喜欢自己　　C. 一般

D. 多数都喜欢自己　　E. 都很喜欢自己

13. 你心里是否喜欢在有竞争压力的环境中工作？

A. 不喜欢　　B. 有些不喜欢　　C. 无所谓

D. 比较喜欢　　E. 非常喜欢

第三十一律　个人心中有杆秤：学会计算自己的升值潜力

14. 你是否认为自己怀才不遇？

A. 绝对不是　　B. 好像不是　　C. 没想过

D. 有点是　　E. 是的

15. 你认为工作中有话直说的性格是个好性格并值得提倡吗？

A. 是的　　B. 不完全是　　C. 无所谓

D. 不是　　E. 绝对不是

16. 工作中你经常主动提出有建设性的创新想法吗？

A. 绝不多管闲事　　B. 不太主张　　C. 没创新想法

D. 不经常　　E. 经常

17. 当你工作中遇到不顺心事生气时，你能控制你的情绪保持沉默不语吗？

A. 不控制，顺其自然　　B. 不是太控制　　C. 偶尔控制

D. 多数情况如此　　E. 总是如此

18. 你在工作中的表现是不是很有耐心？

A. 没有耐心　　B. 有时候没耐心　　C. 看事情的情况

D. 有一定耐心　　E. 非常耐心

19. 你认为自己在工作方面还有很多卓越才能没有机会施展吗？

A. 绝对不是　　B. 不是　　C. 没想过

D. 不完全是　　E. 是的

20. 你愿意并相信你有能力去做更有挑战的事吗？

A. 绝不是的　　B. 有些不是　　C. 不太清楚

D. 有些是　　E. 完全是的

得分：A 为 1 分，B 为 2 分，C 为 3 分，D 为 4 分，E 为 5 分，然后把 20 道题的测试结果分数累加起来。

测试结果分析：

20~30 分：目前这种状态，根本没有任何发展潜力可言，你

该彻底反思一下自己，或者好好休一个长假。

30~50 分：虽然你有了一些职场上的经验，但在很多方面有待改进。

50~70 分：你在单位属于一般的员工，不愿意承担太大的责任，没有太大的成功愿望，缺少创新意识，在本职工作上至少在一年内没有进一步发展的可能。

70~90 分：你是个有理想有抱负爱思考并充满激情的人，愿意从事富有挑战性的工作，有望近期内在职场上再上一个新的台阶。

90~100 分：你是个有领导才能、有个人魅力的人，你很想在事业上开拓自己的版图。你的优秀品质注定你在众多人中脱颖而出，所以过不多久，你就能升到不错的位置。

将"二八原则"倒过来用，你也能得出这样一个结论：只要抓住了核心价值关系，就有事半功倍的效果。对你一生的前途命运起重大影响和决定作用的，也就是那么几个重要人物，甚至只是一个人。所以，我们不能平均使用我们的时间、精力和资源，我们必须区别对待，我们必须对影响或可能影响我们前途和命运的 20%的贵人另眼相看，我们必须在他们身上花费 80%的时间、精力和资源。你所在的组织是由你的上司（他就是关键人物）来驱动和管理的，他的意志就是组织意志。他掌握着资源、任务、人事的调配任用权，负责对目标的诠释、对规则的解读、对是非的裁决。

所以，做正确的事，一定要让他看见，关键技巧在于过程的随时沟通。提交计划、请示、讨论、阶段总结，反反复复，不要为效率担心，这些时间和精力的投入绝对是事半功倍的。一个有上司深度参与的结果总是评价最优的，一个乐于贯彻组织意志的你是值得放心的。

环境对价值的影响

要充分认识自己的价值首先就要了解自己所处的环境。就如同下面这个故事,身处的环境不同,所值的"价钱"也就不同。

有一天,一位禅师为了启发他的门徒,给了他的徒弟一块石头,让他去蔬菜市场,并且试着卖掉它。这块石头很大,很好看。但师父说:"不要卖掉它,只是试着去卖。注意观察,多问一些人,然后只要告诉我在蔬菜市场它最多能卖多少钱。"这个门徒去了。在菜市场,许多人看着石头想:它可以做很好的小摆件,我们的孩子可以玩,或者我们可以把这当做称菜用的秤砣。于是他们出了价,但只不过是几个小硬币。门徒回来后说:"它最多只能卖得几个硬币。"

师父说:"现在你去黄金市场,问问那儿的人。但是不要卖掉它,只问问价。"从黄金市场回来,这个门徒高兴地说:"这些人太棒了,他们乐意出到一千元。"师父说:"现在你去珠宝商那儿,问问那儿的人但不要卖掉它。"于是门徒去了珠宝商那儿,他们竟然愿意出5万元。门徒听从师父的指示,表示不愿意卖掉石头,想不到那些商人竟继续抬高价格——出到10万元,但门徒依旧坚持不卖。他们说:"我们出20万元、30万元,或者你要多少就多少,只要你卖!"门徒觉得这些商人简直疯了,竟愿意花大笔的钱买一块毫不起眼的石头。

门徒回到禅寺,师父拿回石头后对他说:"现在你应该明白,我之所以让你这样做,主要是想培养和锻炼你充分认识自我价值的能力和对事物的理解力。如果你是生活在蔬菜市场,那么你只有那个市场的理解力,你就永远不会认识更高的价值。"

你了解自己的价值吗?不要在蔬菜市场上寻找你的价值,为了"卖个好价",你必须让人把你当成宝石看待。为使自己充分发展，进行全面准确的个人评价是非常必要的。

记住：在很大程度上，你可以自己掌握自己的命运，自己决定自己的价值，你的定位就是你的价值所在！

你到底值多少钱

你值多少钱？这问题说来伤人，但在竞争激烈的职场现实中，可真得自己称个清楚。下过工夫得来的，当然一项都少不了；而吹嘘出来的丰功伟业，则小心随时被戳破，一项也别想多算。

人才价格实际上反映了一个供求关系，符合价值规律。未来五年内，人才的价格将逐渐全球化，但这个全球化将仅仅局限于高级人才，普通人才与世界薪酬的差距将进一步拉大，不同人才之间的"贫富差距"加大将是未来中国人才价格的重要特点。

如国内产值5000万元的一个企业，高级管理人才的年薪是30万~40万，高级技术人员的价格也是30万~40万，普通人才例如财务人才年薪5万~6万元；国外一家产值600万美元的企业，高级管理人才的年薪是7万~8万美元，高级技术人才的年薪是9万~10万美元，普通人才的年薪是4万~5万美元。假设5年内国外人才价格不变，国内这个产值5000万元企业的人才价格可能变为：高级管理人才70万~80万元，高级技术人才年薪90万~100万元，普通人才年薪将维持在6万~7万元。这里高级人才的价格基本与国外相当，但普通人才价格增长不大。原因是高级人才哪里都缺，但普通人才肯定会过剩，因为人口基数太大了。

2009年4月20日，晴。这天对于安卉来说却是一个黑暗的日子，还在公司加班奋战的她接到子骞电话："安卉，我参加了一个买房团，你要不要也一起来？能拿到更多的折扣哦！"安卉惊讶地问："你要买房啦？"子骞对安卉这一问也感到惊讶："难道你

第三十一律 个人心中有杆秤：学会计算自己的升值潜力

准备一辈子租房？"安卉急着解释："不不，不是那个意思。我的意思是，子骞你真是个牛人呀，才混了几年就能自己买房了！"子骞谦虚地说："嗨，也就能付个首付而已，这以后还不是得做房奴嘛！"安卉摇头叹道："可我连做房奴的资格也没有，我就是想做奴隶而不得的人。"子骞调侃说："得了，出道混了这么多年，你现在又是大公司的市场部助理，付个首付那还不是小菜一碟。我只问你，你跟不跟我一起报团？"安卉闻言更失落了："你不相信就算了。要不，你找忆茹试试吧，那小妮子和他男朋友要买房准备结婚呢。"

安卉将手头的活做完，又仔仔细细地核对了一遍，才敢离开公司，保安见到安卉很熟络地说："安小姐，又加班呀！"安卉疲倦地笑笑，说："是呀！"

晚上忆茹也打来电话："安卉，子骞今天给我打电话邀我参加买房团购，我答应了。你为什么不来呢？是不是还想着回家乡去。"安卉长长地叹了口气："囊中羞涩呀！"忆茹假装不满："咱俩之间还不说实话。囊中羞涩，这些年赚的钱哪去了？"安卉翻开自己的账本，一一念到："每月房租水暖电煤开销800，买衣服300……"安卉一口气念完，忆茹狐疑地问："没了？"安卉重重地说："没了！"

"那剩下的钱呢？"

"哪还有剩下的钱？"

"你的意思是……你每月的工资就只有这点？"忆茹简直难以相信。

"是呀，就这么一点。我对你还藏着掖着干吗。"

"不可能呀，你好歹也是经理助理，是经理的接班人，工资不应该是这一点的！我们公司和你们情况不一样，我虽然是助理，但不是经理的接班人，可我工资还比你高呀！就这我都有点嫌少了，正想着转调别的部门增加我的价值呢，要不然以后的月供可怎么办？"

安卉一听目瞪口呆，因为一直没找到合意的男朋友，本来觉得单身贵族是一种很享受的状态，没考虑过买房没考虑过理财，安卉猛然发现自己好无知，居然还能过得优哉游哉。

钱，成了安卉的渴望。前阵子不幸赶上日前正风行的博客接龙游戏的道儿，被朋友点名了，其中有一道问题是："说出三样最喜欢的东西，看着这几个名词并排写在一起就觉得开心。"安卉摸着良心写下了一个俗不可耐的回答："Money，Money，Money"，后来发现居然有不少人都给出了同样庸俗的答案。于是在五一这个劳动者的节假日里，安卉的mp3里滚动播出ABBA的金曲"Money，Money，Money"，越听越把自己带入进去，越听越心寒，越听越悲伤："我没日没夜地干活，就为了付清水电煤话这些账单，真是可悲；然而疯长的房价不仅使我不能留下半毛钱，还要掏光我下半辈子的钱，真是糟糕！"

算算心寒——只要能用走的，安卉就决不坐车；长途路线如果倒两趟公车能解决的，安卉就决不选择单程四五块钱的地铁；甚至累得像条狗一样的时候偶尔想打个车，最后通过理智与情感的左右互搏，还是让理智掐死了情感。叹叹伤心——可怜即便如此精打细算，可怜即便如此卖命奋斗，工资卡里一年的薪水还不够买上市区三四平方米的空间。天大地大，现在就连在城郊都买不上一个小小的家。至于ABBA的歌曲后面那种嫁富翁的幻想，安卉从来不追求，因为都说那个行业的竞争实在是太厉害。

每天的工作又忙又累，像一只转个不休的陀螺。那一天，安卉忍不住想向华姨大吐苦水，华姨在后勤部做了十年，见证过公司的荣辱起伏，热情和气是写在脸上的，永远一副乐呵呵知足的样子，不过能力一般，所以一直在基层待着，但这不妨碍公司上

第三十一律 个人心中有杆秤：学会计算自己的升值潜力

下对她的好感。在为自己的可怜感慨万千的时候，华姨把一张科学家最近测算出的"人"的物质含量的列表递给安卉："算算看，你自己值多少钱？"

反正闲着也是闲着，安卉抄下了表上所列出的人体所含的化学和矿物质成分：5%氧、18%碳、10%氢、3%氮、1.5%钙、1%磷、0.35%钾、0.25%硫、0.15%钠、0.15%氯、0.05%镁、0.0004%铁、0.00004%碘，把这些物质含量乘以自己的体重，再乘上所有元素当前的市场价值，甚至连人体含有微量的氟、硅、锰、锌、铜、铝和砷也换算在内，竟然发现自己"全身的东西"加起来还不到10元！而自己身上最值钱的皮肤，总面积约为13平方英尺，按牛皮的售价来计算，即每平方英尺约2元，价值为26元左右。如此算来，自己的身体竟然才值35元上下！

华姨哈哈大笑："你体内的化学和矿物质成分，零拆价值就是这么贱，谁也不能例外。但你是一个完整的'人'，价值要远大于此，关键看你自己是怎么去创造和争取属于自己的价值了！千万不要小瞧自己的能量呀！"安卉若有所思的离去。

陆芷佩跳槽那晚，邀请安卉去茶餐厅小坐，聊到投机处，陆芷佩告诉安卉一些公司内幕，令安卉心情再也无法平静下来。

员工的工资是直接打到各自账户上，所以无从知晓别人的工资，大家对此也讳莫如深。安卉从主管升到助理工资只上涨了500元。安卉每天加班，要辅助JOHN制定各种计划，要协助JOHN做决定，安卉觉得500元太薄待了，不过反正够花，安卉也没往心里去。

陆芷佩跳槽，安卉以为她是厌烦了这种没日没夜的工作，谁知她告诉的真相却是：她的工资早就是6000元了，而安卉仍拿着4000元。安卉觉得很气愤，不比不知道，一比吓一跳。

陆芷佩爱怜地看着安卉，说你傻乎乎的真可爱，那么拼命干，却不知道向老板提合理要求，换作别人，要么不加班，要么就提加薪了。我当上助理的时候，工资才3000元，干了两个月暗无天日的工作后就向老板提加薪要求，老板单独给我把工资涨到3500元，过了4个月，我再次找他，无非说些个人与集体利益应成正比关系的话，这一次工资涨到4500元。半年后，公司赢利大幅增加，我们功不可没，所以又单独和老板谈了，他无论如何不愿再加薪，后来我从网上下载了全国同类型行业员工工资数据给他，他无话可说，我的工资就涨到了6000元，当时他很紧张，说无论如何我不能泄露这个情况，否则公司大乱。其实我知道，一个经理助理的工资怎么也该在经理工资的10%~25%左右，所以我拿6000元根本就不高，而且，我就值这个钱！

　　陆芷佩的一席话，让安卉失眠了一夜，也思考了一夜。第二天上班，安卉一直伏案疾书，JOHN从透明的玻璃办公室里看见，问安卉在写什么，安卉说在写一份建议，JOHN奇怪地说并没有叫你写什么建议啊，安卉苦笑：关于加薪的建议，昨天我和陆芷佩聊了聊。JOHN醒悟地"哦"了一声，忙他的去了。

　　两小时后，JOHN回来，见安卉还在奋笔疾书，看安卉一眼，没等他开口，安卉就坦白："我正在写'一千个加薪的理由'，才写到第35条，早着哩。"JOHN一听倒急了，说别写了，拿过来吧，我们谈谈。

　　半个小时后，安卉从老板办公室出来，别提多高兴，上班很多年了，才第一次勇敢地向老板提加薪要求。事实确如陆芷佩说的那样，老板活像挤牙膏，你提了，他才会"想"到，你不为自身利益着想，他才不会替你考虑，套用《大话西游》中的台词调侃就是："加薪嘛，你要你就说嘛，你不说我怎么知道你要呢？"

不做"杨白劳"

女人当男人使，男人当牲口使，周一至周五干双份活，周六周日加班连轴转，走出办公室时晕晕乎乎两眼发直，连人都不认识了，可是发到手的薪水还是让你羞愧得无颜见江东父老。要求加薪，这是多数职场人士都会遇到的一个问题，这是你的正当要求，是维护你的正当利益，所以不要羞于启齿。但在与老板讨论加薪之前，要注意以下几点：

◎确定你有要求加薪的底气

你自身的优势在哪里？你能够为公司创造多大价值？答案，就是加薪的关键。如果每位职场人士可以将自己的生涯发展与企业的发展结合到一起，以自己与公司的共同发展作为工作的长久目标，那么加薪也不过是事业上升的一种表现，当工作业绩达到了一定程度必定为公司带来了相关效益。实现了这一个目标，也就做到了涨薪的前期准备。

能力和业绩是谈加薪的砝码，在和老板讨价还价的时候，一定要把本职工作做好。因为待遇问题而消极怠工绝对是下下策，不但加薪的目的达不到，等待你的将是出局的危险。没有人会为一个没有责任心的员工提高薪资水平。尽力提高自己在公司中的地位，让领导觉得你很难被替代。否则，长江后浪推前浪，想来的人多着呢。

◎注意时机

公司的发展前景。公司只有赢利的时候，加薪才有可能。如果你的公司正考虑大幅裁员或消减工资，说明公司在财务上遇到了困难，抑或是当下经济不景气，抑或是经营不善等等。在这时候要求加薪，无疑是往老板的枪口上撞，他磨刀霍霍，正犯愁该从谁身上下手呢！

知己知彼，方能百战百胜

开口之前，一是了解行业薪资水平。对于行业内整体薪资水平要有所了解，可在各大招聘网站搜索，所谓货比三家，尽量多比较，取其中间水平。当然，最快捷的方法是通过猎头公司，获得竞争对手同等职位的待遇。

二要了解公司的实际薪资情况，做到"有备而战"。如果公司的工资制度非常健全，每个级别都严格按标准发放，那么，除了在应该涨工资的时候——比如升职、服务期达到标准提醒一下人事部门，没有必要再动此心思。如果公司没有成文的工资制度，你应该多费些心思维护自己的正当权益。了解一下工资发放的大致情况，注意"隐性工资"（各种补贴、费用报销标准、奖金系数等）的发放。这样，在合理评估自己身价的情况下，你的要求恰当合理，当然很难被拒绝。

乐于为公司做更多的事情

作为公司的一员，你既有一份工作，也有一个自己的角色。你的工作要求你完成分内的事，不管你是加班还是加点，都要保质保量地完成。你的角色要求你无论在哪种场合都要帮助支持你的老板，而不是在困难到来的时候，眼睛转来转去，哀叹连天。

与老板商量得到一些不会让公司额外交税或者有损公司利益的补贴

公司不需要支付员工的赔偿和一周额外假期的社会保险、旅行或者额外轿车或者手机津贴。对于你来说这些也是收入，但却不像直接加薪那样难。

让加薪对于你和你的老板来说成为一个双赢的局面

向老板展示你非常乐意担负起更多的责任。要乐于在获得报酬之前多做一些事情来告诉老板你应该获得加薪。要求加薪就好像争取一份订单，演练好你的陈述。像为一名重要客户准备介绍演讲那样为这次会面做好准备。用你出色业绩的事实和数字来武装自己，把加薪定位成一件对于公司有利的事情。最后，确定你的老板认为你是一个成功者，而不是一名哀诉者。

● 记住，加薪不是乞讨

你一定要开口提要求，否则，在追求利润最大化的情况下，公司会节约一切开支。记住，这是你的正当权益，不是乞讨，要底气十足，当然，凡事要讲究方式方法，坦然而善谋。

● 天下没有白吃的午餐

若老板不答应你的加薪请求，先别垂头丧气、急着想调头就走，不妨当场讨教上司："到底怎样才能达到加薪的要求？"若老板真凭实据地列举你有待改进的部分，那就谨记在心，及时改进以作为下次谈判的筹码。不然，若老板只是打哈哈随便应付，或许你可以使出"离职"这个杀手锏来加以试探。当然，提出离职只是一种试探，除非你早已留有后路。否则，一旦评估有所闪失，或许老板也会将错就错地批准你的要求。那时，可谓是赔了夫人又折兵。

结语：

提加薪不能只是单方面的催促老板，而应该是双向沟通，听到老板的声音，并依据他的响应与看法来修正自己的定位和看法。自身的价值不断提高，才是加薪的长久之道，再加上熟练运用沟通技巧，加薪就永远不会抛弃你。

第三十二律 职场风雨路,请保持直立的姿态前行

> 你所在的公司突然宣布要裁员,而你可能就在那名单中;每天辛苦工作,功劳是别人的,升职也是别人的;换了很多工作,却一直找不到真正适合自己的工作等等,这些都是每天都可能发生在我们身上的事。但不论在职场中经历怎样的风雨,都要坚韧不拔如磐石,因为,之所以你的身前有阴影,是因为你的身后有阳光!

雕刻的人生

很久以前,在某个地方建起了一座规模宏大的寺庙。竣工之后,寺庙附近的善男信女们就每天祈求佛祖——给他们送来一个最好的雕刻师,好雕刻一尊佛像让大家供奉,于是如来佛就派来了一个擅长雕刻的罗汉幻化成一个雕刻师来到人间。

雕刻师在两块已经备好的石料中选了一块质地上乘的石头,开始了工作。可是,没想到他刚拿起凿子凿了几下,这块石头就喊起痛来。

雕刻的罗汉就劝它说:"不经过细细的雕琢,你将永远都是一块不起眼的石头,还是忍一忍吧。"

可是,等到他的凿子一落到石头身上,那块石头依然哀嚎不已:"痛死我了,痛死我了。求求你,饶了我吧!"雕刻师实在忍

受不了这块石头的叫嚷，只好停止了工作。于是，罗汉只好选了另一块质地远不如它的粗糙石头雕琢。虽然这块石头的质地较差，但它因为自己能被雕刻师选中，而从内心感激不已，同时也对自己将被雕成一尊精美的雕像深信不疑。所以，任凭雕刻师的刀琢斧敲，它都以坚忍的毅力默默地承受下来了。

雕刻师则因为知道这块石头的质地差一些，为了展示自己的艺术，他工作得更加卖力，雕琢得更加精细。

不久，一尊肃穆庄严、气魄宏大的佛像赫然立在人们的面前，大家惊叹之余，就把它安放到了神坛上。

这座庙宇的香火非常鼎盛，日夜香烟缭绕，天天人流不息。为了方便日益增加的香客行走，那块怕痛的石头被人们弄去填坑筑路了。由于当初承受不了雕琢之苦，现在只得忍受人来车往、车碾脚踩的痛苦。看到那尊雕刻好的佛像安享人们的顶礼膜拜，内心里总觉得不是滋味。

有一次，它愤愤不平地对正路过此处的佛祖说："佛祖啊，这太不公平了！您看那块石头的资质比我差得多，如今却享受着人间的礼赞尊崇，而我却每天遭受凌辱践踏，日晒雨淋，您为什么要这样偏心啊？"

佛祖微微一笑说："它的资质也许并不如你，但是那块石头的荣耀却是来自一刀一锉的雕琢之痛啊！你既然受不了雕琢之苦，只能最后得到这样的命运啊！"

我们每个人都像上帝脚边的一块石料，当你许愿要做什么，要在某一领域成就什么的时候，上帝他会看见。他要给你的前路摆放一堆你需历经的苦难。当你忍受这一个又一个苦难，跨越这一番又一番磨炼，向着心中的目标迈进的时候，上帝的刻刀已在你身上雕琢了一遍又一遍。你不要抱怨，那是上帝在成就你的心愿！

据不同的文献记载,王羲之苦练书法二十年,写完了十八缸水;贝多芬练琴专注时,手指在键盘上练得滚烫滚烫的,为了能长时间地弹下去,他把手指放在水中泡凉后再接着弹。……

古今中外大凡有成就者,无一不是吃过苦中之苦,并且经历过巨大苦难的。古人云:"故天将降大任于斯人也,必先苦其心志,劳其筋骨,饿其体肤,空乏其身……"大浪淘沙,百炼成金,雕琢能让玉器更趋于完美,忍受雕琢之苦方能成大器。所以走过苦难,经过锤炼的生命会绽放出不可思议的光彩!

失败不是句号

50年前有一个美国人叫卡纳利,家里经营着一家杂货店,生意一直不好。年轻的卡纳利告诉他的父母,既然经营了这么多年都没有成功,就应该换一个思路,想想别的办法。他家附近有几所大学,学生经常出来吃快餐。卡纳利想,附近还没有人开一个比萨饼屋,卖比萨饼肯定能行。他就在自家的杂货店对面开了一家比萨饼屋。他把比萨饼屋装修得精巧温馨,十分符合学生高雅讲情调的特点。不到一年时间,卡纳利的比萨饼成为附近的名吃,每天都顾客爆满。他又开了两家分店,生意也很好。

卡纳利的胃口大起来,他马不停蹄地在俄克拉何马又开了两家分店。但是不久,一个个坏消息传来,他的两个分店严重亏损。起初,他一个店准备500份,结果总有一半的比萨饼卖不出去。后来他又按200份准备,还是剩下很多。最后,他干脆只准备50份,这是一个连房租都不够的数字,仍然不行。最后,一天只有几个人光顾的情景也出现了。同样是卖比萨饼,两个城市同样有大学,为什么在俄克拉何马就失败呢?不久他发现了问题,两个城市的学生在饮食和趣味上存在着巨大差异,在装潢和配方上面他犯了错误。他迅速改正,生意很快兴隆起来。

第三十二律 职场风雨路，请保持直立的姿态前行

在纽约，他也吃了苦头。他做了很细致的市场调查，但是比萨饼就是打不开市场。后来，他又发现，卖不动的原因是比萨饼的硬度不合纽约人的口味。他立即研究新配方，改变硬度，最后比萨饼成为纽约人早餐的必备食品。

从第一家比萨饼店算起，19年后卡纳利的比萨饼店遍布美国，共计3100家，总值3亿多美元。

卡纳利说，我每到一个城市开一家新店，十分之九是失败的，最后成功是因为失败后我从没有想过退缩，而是积极思考失败原因，努力想新的办法。因为不能确定什么时候成功，你必须先学会失败，他说。

人生也是如此，要想获得成功，首先须学会失败。只要持续不断地敲门，成功之门总会打开。

有这样一则故事：有家企业招聘文职人员，招聘过程十分简单，就是让每个应聘者讲一则生活、工作中失败的故事。应聘者当中不乏博士、硕士，但他们最后都一个个被一位中专生击败。

这位中专生讲了这样一则故事。她说，中专毕业后来到深圳，应聘在一家公司任秘书。公司很大，员工也很多，每月中旬，老板都要例行向员工讲一次话。有一次，先她而来的老秘书出差，讲话稿自然由她写了。写好之后，老板忙于事务没有看稿，时间到了便匆匆讲了，结果读错了几个字，引起哄堂大笑。老板很生气，便将她辞了。

这确是一个失败的故事。众多应聘者往往讲到这里就结束了自己的故事。而这位中专生却继续讲道，她虽然被辞掉，但没有立即离开，她想，为什么老板会念错字，经打听才知道，老板仅仅只有小学文化程度。为此，她自责，要是在那些难认的字旁注上同音字就好了。

"这不是你的错。"有人同情她说。

"不是我的错,但至少说明我不是一个合格的秘书。因为秘书的基本条件就是吃透领导,我对他了解不够,就是我的错。"

"那是你应聘的时间太短。"又有人为她辩解。

"这不是时间长短的问题,而是我的工作主动性不够。"

讲到这里,总经理打断了她的话,宣布她已经被录取了。

我们因生活、工作琐碎而忙碌,承受太多压力,经受太多失败,关键在于我们在失败面前,是一蹶不振、自暴自弃,还是找出原因,为成功做好准备。这是一个人能否取得成功的分水岭。

人非草木,孰能无过。不要怕失败,人只有经过失败,并利用失败,才会变得聪明。正像一位伟人说过,错误和挫折使我们变得聪明起来。失败不是人生最后的句号,挫折是人生最大的财富。成功往往青睐的是失败过的人,不断从失败中走出的人要比从成功中走出的人辉煌得多。

最后一次站起来,会勾销以往所有的失败

平庸的人在失败面前抬不起头来,所以一辈子都站在阴影下,成功者在 N 次跌倒后,第 N+1 次站起来,腰板挺得直直的,让所有人高看。

有一个人,一生中经历了 1009 次失败。但他却说:"一次成功就够了。"

5 岁时,他的父亲突然病逝,没有留下任何财产。母亲外出做工。年幼的他在家照顾弟妹,并学会自己做饭。

12 岁时,母亲改嫁,继父对他十分严厉,常在母亲外出时痛打他。

14 岁时,他辍学离校,开始了流浪生活。

16 岁时,他谎报年龄参加了远征军。因航行途中晕船厉害,被提前遣送回乡。

18岁时，他娶了个媳妇。但只过了几个月，媳妇就变卖了他所有的财产逃回娘家。

20岁时，他当电工、开轮渡，后来又当铁路工人，没有一样工作顺利。

30岁时，他在保险公司从事推销工作，后因奖金问题与老板闹翻而辞职。

31岁时，他自学法律，并在朋友的鼓动下干起了律师行当。一次审案时，竟在法庭上与当事人大打出手。

32岁时，他失业了，生活非常艰难。

35岁时，不幸又一次降临到他的头上。当他开车路过一座大桥时，大桥钢绳断裂。他连人带车跌到河中，身受重伤，无法再干轮胎推销员工作。

40岁时，他在一个镇上开了一家加油站，因挂广告牌把竞争对手打伤，引来一场纠纷。

47岁时，他与第二任妻子离婚，三个孩子深受打击。

61岁时，他竞选参议员，但最后落败。

65岁时，政府修路拆了他刚刚红火的快餐馆，他不得不低价出售了所有设备。

66岁时，为了维持生活，他到各地的小餐馆推销自己掌握的炸鸡技术。

75岁时，他感到力不从心，因此转让了自己创立的品牌和专利。新主人提议给他1万股，作为购买价的一部分，他拒绝了。后来公司股票大涨，他因此失去了成为亿万富翁的机会。

83岁时，他又开了一家快餐店，却因商标专利与人打起了官司。

88岁时，他终于大获成功，全世界都知道了他的名字。

他，就是肯德基的创始人——哈伦德·山德士。他说："人们经常抱怨天气不好，实际上并不是天气不好。只要自己有乐观自信的心情,天天都是好天气。"

　　而现在,人们只记得山德士创建了肯德基。当他以胜利者的姿态站起来的时候,没有人会去细数他之前的种种失败。中国人信奉一句话叫"胜者为王,败者为寇"。成功了你说什么都是真理,干什么都是对的,做的一切事都是带着成功的预见性;但失败了你说什么真理都是歪理,做什么都是错的,你的所作所为不过是将自己推向更黑暗的深渊。

成功会在下一个路口等你

　　有一所大学邀请一位资产过亿元的成功企业家演讲,在自由提问时,一位即将毕业的大学生问:"我参加过多次校内创业,可是没有一次成功,最近参加多次校园招聘也没有一次获得签约机会。请问我什么时候才能成功,怎样才能成功?"这位企业家没有正面回答,而是讲述了自己登山的经历。

　　这位企业家登的是海拔8848米高的珠穆朗玛峰。由于登山经验不足,加上高原反应很强烈,没有控制好呼吸,氧气消耗得很快。当他爬到8300米左右的高度时,突然发现有些胸闷,原来氧气已经不多了。此时,摆在他面前的选择是两个,一个是一边往下撤,一边向半山腰的营地求救,生命应该没有危险,但登顶的机会就只能留到下一次了;另一种选择是,先登上顶峰再说。不肯轻易认输的他选择了后者。

　　当他爬到8400米的位置上时,发现路边扔了很多废氧气瓶,他逐个捡起来掂量。在8430米左右的一个路口,他捡到了一个盛有多半瓶氧气的氧气瓶。靠着这半瓶氧气,他登上了顶峰,并安全撤回了营地。

　　这位企业家的登山经历告诉我们:干事业,就像登山。受挫时,不要轻言失败,更不要轻易放弃。很多时候,只要再坚持一

第三十二律 职场风雨路，请保持直立的姿态前行

会儿，成功就在下一个路口等你。

有一位汽车推销员，刚开始卖车时，老板给了他一个月的试用期。29 天过去了，他一部车也没有卖出去。最后一天，老板准备收回他的车钥匙，请他明天不要来公司。这位推销员坚持说，"还没有到晚上 12 时，我还有机会。"

于是，这位推销员坐在车里继续等。午夜时分，传来了敲门声。是一位卖锅者，身上挂满了锅，冻得浑身发抖。卖锅者是看见车里有灯，想问问车主要不要买一口锅。推销员看到这个家伙比自己还落魄，就忘掉了烦恼，请他坐到自己的车里来取暖，并递上热咖啡。两人开始聊天，这位推销员问，"如果我买了你的锅，接下来你会怎么做。"卖锅者说，"继续赶路，卖掉下一个。"推销员又问，"全部卖完以后呢？"卖锅者说，"回家再背几十口锅出来卖。"推销员继续问，"如果你想使自己的锅越卖越多，越卖越远，你该怎么办？"卖锅者说，"那就得考虑买部车，不过现在买不起……"两人越聊越起劲，天亮时，这位卖锅者订了一部车，提货时间是 5 个月以后，订金是一口锅的钱。因为有了这张订单，推销员被老板留下来了。他一边卖车，一边帮助卖锅者寻找市场，卖锅者生意越做越大，3 个月以后，提前提走了一部送货用的车。推销员从说服卖锅者签下订单起，就坚定了信心，相信自己一定能找到更多的用户。同时，从第一份订单中，他也悟到了一个道理，推销是一门双赢的艺术，如果只想到为自己赚钱，是很难打动客户的心的。只有设身处地地为客户着想，帮助客户成长或解决客户的烦恼，才能赢得订单。秉持这种推销理念，15 年间，这位推销员卖了一万多部汽车。这个人就是被誉为世界上最伟大的推销员——乔吉拉德。

当你一次又一次地被拒绝时，请对自己说，我还有机会。并且坚信，成功就在下一个路口等你。

向钱看，向前看

对于大多数人来说30岁之前的工作目标绝对不是赚钱，而是在赚未来。

如果只是给人打工，薪水再高也高不到哪里去。所以不要太计较你从工作中得到多少钱，而是在30岁之前，机会永远比金钱重要，事业永远比金钱重要，将来永远比金钱重要。

奥巴马大约很少有不想工作的时候，不是因为他是天生的工作狂或者超人，而是因为他从事着一份万众瞩目的工作。

当了四年助理的安卉，忽然发现自己面临一个极其严重的问题：工作情绪停摆。JOHN稳坐如泰山，没有挪窝的迹象，底下一茬一茬的年轻人直往出冒，不断挑战着自己的位置。

每天睁开眼睛考虑的第一件事是辞职，闭上眼睛考虑的最后一件事还是辞职。据说人如果能活80岁，除去吃饭睡觉和懵懂无知的孩童年代，只剩下一万天。安卉觉得，短暂并不是最可怕的，可怕的是将一万天过成一天。

"我要辞职！"安卉跟男友说，男友以一副更加苦大仇深的嘴脸回应她：我可养不起你。

"我要跳槽！"安卉跟好友忆茹说，"越频繁换工作，越容易对一份工作厌倦，就像恋爱次数多了，更容易爱无力！"忆茹说。

安卉决定休假，JOHN却说工作忙不能走。她一拍桌子，叫嚣着那我辞职总可以吧。回到格子间她便意识到了冲动是魔鬼。每月房贷要还，找工作不易，再说去别的公司重新磨合也说不上有多愉悦。心慌慌地打电话通知男友，自己得罪了主管，可能会被立刻炒掉。男友长叹了一口气，说我养你吧。那无奈的语气深深刺激了安卉，想象他那瘦弱的肩膀要扛起两个人生活的重担，他那不高的智商要应付一个待在家里无所事事的卸任女白领，安卉鼻子一酸，开始为"失业"后的日子惶恐。像做错了的事的孩子，安卉心虚地到JOHN办公室准备说点缓解的话，人一进去，JOHN直接扔过来一沓材料："赶紧把这些问题处理了！"安卉兴高采烈地接了任务而去。

一周后，JOHN忽然安排安卉去上海出差，只字未提她以下犯上之事。为了回报经理大人的宽宏大量，安卉像一只上了发条的机器。回来后，JOHN大会小会上表扬她，安卉于是不断给自己上发条，根本来不及再考虑什么辞不辞职。若干年后，安卉也许会回忆这个戏剧性的转折，视自由高于一切的女文青摇身变成了视成就高于一切的白骨精，以为是厌倦了工作，原来是厌倦了不被重视。

男友学经济出身，常告诫安卉说：向钱看，向前看。好吧，这份工作工资不低，前途也不错，那还有什么可说的呢？在就业市场普遍低迷的背景下，你还能像上了发条的机器一样忙个不停，是多么幸福的事。

结语：

赖斯利说："人生的意义不在拿到一副好牌，而在于怎样打好一副坏牌。"当失败来临的时候，痛苦与崩溃是无济于事的，从失败中爬起来才是真正的强者。

附　霍兰德职业倾向测验量表

　　本测验表将帮助您发现和确定自己的职业兴趣和能力特长，从而更好地作出求职择业的决策。如果您已经考虑好或选择好了自己的职业，本测验将使您的这种考虑或选择具有理论基础，或向您展示其他合适的职业；如果您至今尚未确定职业方向，本测验将帮助您根据自己的情况选择一个恰当的职业目标。

　　本测验共有七个部分，每部分测验都没有时间限制，但请您尽快按要求完成。

第一部分　您心目中的理想职业（专业）

　　对于未来的职业（或升学或进修的专业），您得早有考虑，它可能很抽象、很朦胧，也可能很具体、很清晰。不论是哪种情况，现在都请您把自己最想干的三种工作或最想读的三种专业，按顺序写下来。

第二部分　您所感兴趣的活动（活动量表）

　　下面列举了若干种活动，请就这些活动判断你的好恶。喜欢的，请在"是"栏里打√；不喜欢的在"否"栏里打×。请按顺序回答全部问题。

附 霍兰德职业倾向测验量表

R：实验型活动	是	否
1. 装配修理电器或玩具		
2. 修理自行车		
3. 用木头做东西		
4. 开汽车或摩托车		
5. 用机器做东西		
6. 参加木工技术学习班		
7. 参加制图描图学习班		
8. 驾驶卡车或拖拉机		
9. 参加机械和电气学习班		
10. 装配修理机器		

统计"是"一栏得分计 _____

A：艺术型活动	是	否
1. 素描 / 制图 / 绘画		
2. 参加话剧 / 戏剧		
3. 设计家具 / 布置室内		
4. 练习乐器 / 参加乐队		
5. 欣赏音乐或戏剧		
6. 看小说 / 读剧本		
7. 从事摄影创作		
8. 写诗或吟诗		
9. 参加艺术（美术 / 音乐)培训班		
10. 练习书法		

统计"是"一栏得分计 _____

I：调查型活动	是	否
1. 读科技图书和杂志		

2. 在实验室工
3. 改良水果品种，培育新的水果
4. 调查了解土和金属等物质的成分
5. 研究自己选择的特殊问题
6. 解算术或玩数学游戏
7. 物理课
8. 化学课
9. 几何课
10. 生物课
统计"是"一栏得分计_____

S：社会型活动　　　　　　　　　　是　　　否
1. 学校或单位组织的正式活动
2. 参加某个社会团体或俱乐部活动
3. 帮助别人解决困难
4. 照顾儿童
5. 出席晚会、联欢会、茶话会
6. 和大家一起出去郊游
7. 想获得关于心理方面的知识
8. 参加讲座或辩论会
9. 观看或参加体育比赛和运动会
10. 结交新朋友
统计："是"一栏得分计_____

E：事业型活动　　　　　　　　　　是　　　否
1. 说服鼓动他人
2. 卖东西
3. 谈论政治

附 霍兰德职业倾向测验量表 363

4. 制订计划、参加会议　　　　　_____　_____
5. 以自己的意志影响别人的行为　_____　_____
6. 在社会团体中担任职务　　　　_____　_____
7. 检查与评价别人的工作　　　　_____　_____
8. 结交名流　　　　　　　　　　_____　_____
9. 指导有某种目标的团体　　　　_____　_____
10. 参与政治活动　　　　　　　 _____　_____
统计"是"一栏得分计_____

C：常规型（传统型）活动　　　　是　　　　否
1. 整理好桌面和房间　　　　　　_____　_____
2. 抄写文件和信件　　　　　　　_____　_____
3. 为领导写报告或公务信函　　　_____　_____
4. 检查个人收支情况　　　　　　_____　_____
5. 打字培训班　　　　　　　　　_____　_____
6. 参加算盘、文秘等实务培训　　_____　_____
7. 参加商业会计培训班　　　　　_____　_____
8. 参加情报处理培训班　　　　　_____　_____
9. 整理信件、报告、记录等　　　_____　_____
10. 写商业贸易信　　　　　　　 _____　_____
统计"是"一栏得分计_____

第三部分 您所擅长的活动（潜能量表）

下面列举了若干种活动，其中你能做且能做好的事，请在"是"栏里打√；反之，在"否"栏里打×。请回答全部问题。

R：实际型活动　　　　　　　　　　是　　　否

1. 能使用电锯、电钻和锉刀等木工工具　____　____
2. 知道万用表的使用方法　____　____
3. 能够修理自行车或其他机械　____　____
4. 能够使用电钻床、磨床或缝纫机　____　____
5. 能给家具和木制品刷漆　____　____
6. 能看建筑设计图　____　____
7. 能够修理简单的电气用品　____　____
8. 能修理家具　____　____
9. 能修理收录机　____　____
10. 能简单地修理水管　____　____

统计"是"一栏得分计_____

A：艺术型能力　　　　　　　　　　是　　　否

1. 能演奏乐器　____　____
2. 能参加二部或四部合唱　____　____
3. 独唱或独奏　____　____
4. 能扮演剧中角色　____　____
5. 能创作简单的角色　____　____
6. 会跳舞　____　____
7. 能绘画、素描或书法　____　____
8. 能雕刻、剪纸或泥塑　____　____
9. 能设计板报、服装或家具　____　____
10. 写得一手好文章　____　____

统计"是"一栏得分计_____

I：调研型能力　　　　　　　　　　是　　　否

1. 懂得真空管或晶体管的作用　____　____

2. 能够列举三种蛋白质多的食品
3. 理解铀的裂变
4. 能用计算尺、计算器、对数表
5. 会使用显微镜
6. 能找到三个星座
7. 能独立进行调查研究
8. 能解释简单的化学
9. 理解人造卫星为什么不落地
10. 经常参加学术会议

统计"是"一栏得分计 _____

S：社会型能力

            是   否

1. 有向各种人说明解释的能力
2. 常参加社会福利活动
3. 能和大家一起友好地工作
4. 善于与年长者相处
5. 会邀请人、招待人
6. 能简单易懂地教育儿童
7. 能安排会议等活动顺序
8. 善于体察人心和帮助他人
9. 帮助护理病人和伤员
10. 安排社团组织的各种事务

 统计"是"一栏得分计 _____

E：事业型能力

            是   否

1. 担任过学生干部并且干得不错
2. 工作上能指导和监督他人
3. 做事充满活力和热情

4. 有效利用自身的做法调动他人　　_____　_____
5. 销售能力强　　_____　_____
6. 曾作为俱乐部或社团的负责人　　_____　_____
7. 向领导提出建议或反映意见　　_____　_____
8. 有开创事业的能力　　_____　_____
9. 知道怎样做能成为一个优秀的领导　　_____　_____
10. 健谈善辩　　_____　_____
统计"是"一栏得分计 _____

C：常规型能力　　　　　　　　是　　否
1. 会熟练地打印中文　　_____　_____
2. 会用外文打字机或复印机　　_____　_____
3. 能快速记笔记和抄写文章　　_____　_____
4. 善于整理保管文件和资料　　_____　_____
5. 善于从事事务性的工作　　_____　_____
6. 会用算盘　　_____　_____
7. 能在短时间内分类和处理大量文件　　_____　_____
8. 能使用计算机　　_____　_____
9. 能搜集数据　　_____　_____
10. 善于为自己或集体做财务预算表　　_____　_____
统计"是"一栏得分计 _____

第四部分　你所喜欢的职业

　　下面列举了多种职业，请逐一认真地看，如果是你有兴趣的工作，请在"是"栏里打√；如果是你不太喜欢、不关心的工作，请在"否"栏里打×。请回答全部问题。

R：实际型活动　　　　　　　　是　　　否

1. 飞机机械师　　　　　　　_____　_____
2. 野生动物专家　　　　　　_____　_____
3. 汽车维修工　　　　　　　_____　_____
4. 木匠　　　　　　　　　　_____　_____
5. 测量工程师　　　　　　　_____　_____
6. 无线电报务员　　　　　　_____　_____
7. 园艺师　　　　　　　　　_____　_____
8. 长途公共汽车司机　　　　_____　_____
9. 电　　　　　　　　　　　_____　_____

统计"是"一栏得分计_____

S：社会型职业　　　　　　　　是　　　否

1. 街道、工会或妇联干部　　_____　_____
2. 小学、中学教师　　　　　_____　_____
3. 精神病医生　　　　　　　_____　_____
4. 婚姻介绍所工作人员　　　_____　_____
5. 体育教练　　　　　　　　_____　_____
6. 福利机构负责人　　　　　_____　_____
7. 心理咨询员　　　　　　　_____　_____
8. 共青团干部　　　　　　　_____　_____
9. 导游　　　　　　　　　　_____　_____
10. 国家机关工作人员　　　_____　_____

统计"是"一栏得分计_____

I：调研型职业　　　　　　　　是　　　否

1. 气象学或天文学者　　　　_____　_____
2. 生物学者　　　　　　　　_____　_____

3. 医学实验室的技术人员
4. 人类学者
5. 动物学家
6. 化学家
7. 数学家
8. 科学杂志的编辑或作家
9. 地质学家
10. 物理学家

统计"是"一栏得分计_____

E：事业型职业   是   否

1. 厂长
2. 电视制片人
3. 公司经理
4. 销售员
5. 不动产推销员
6. 广告部长
7. 体育活动主办者
8. 销售部长
9. 个体工商业者
10. 企业管理咨询人员

统计"是"一栏得分计_____

A：艺术型职业   是   否

1. 乐队指挥
2. 演奏家
3. 作家
4. 摄影家

5. 记者
6. 画家、书法家
7. 歌唱家
8. 作曲家
9. 电影、电视演员

统计"是"一栏得分计 _____

C：常规型职业	是	否
1. 会计师		
2. 银行出纳员		
3. 税收管理员		
4. 计算机操作员		
5. 簿记人员		
6. 成本计算员		
7. 文书档案管理员		
8. 打字员		
9. 法庭书记员		
10. 人口普查登记员		

统计"是"一栏得分计 _____

第五部分 您的能力类型简评

下面两张表是您在六个职业能力方面的自我评定表。您可以先与同龄者比较出自己在每一方面的能力，经斟酌后对自己的能力作评估。请在表中适当的数字上画圈。数字越大，表示你的能力越强。

注意：请勿全部画同样的数字，因为人的每项能力不可能完全一样。

表 A

R型 机械操作能力	I型 科学研究能力	A型 艺术创作能力	S型 解释表达能力	E型 商业洽谈能力	C型 事务执行能力
7	7	7	7	7	7
6	6	6	6	6	6
5	5	5	5	5	5
4	4	4	4	4	4
3	3	3	3	3	3
2	2	2	2	2	2
1	1	1	1	1	1

表 B

R型 体育技能	I型 数学技能	A型 音乐技能	S型 交际技能	E型 领导技能	C型 办公技能
7	7	7	7	7	7
6	6	6	6	6	6
5	5	5	5	5	5
4	4	4	4	4	4
3	3	3	3	3	3
2	2	2	2	2	2
1	1	1	1	1	1

第六部分 你所看重的东西——职业价值观

这一部分测验列出了人们在选择工作时通常会考虑的九种因素（见所附工作价值标准）。现在请您在其中选出最重要的两项因素，并将序号填入下边相应空格上。

最重要：＿＿＿＿＿　　次重要：＿＿＿＿＿

最不重要：＿＿＿＿＿　　次不重要：＿＿＿＿＿

附：工作价值标准

1. 工资高、福利好
2. 工作环境（福利方面）舒适
3. 人际关系良好
4. 工作稳定有保障
5. 能提供较好的受教育机会
6. 有较高的社会地位
7. 工作不太紧张、外部压力少
8. 能充分发挥自己的能力特长
9. 社会需要与社会贡献大

以上全部测验完毕。

现在，将你测验得分居第一位的职业类型找出来，对照下表，判断一下自己适合的职业类型。

职业索引——职业兴趣代号与其相应的职业对照表：

R（实际型）：木匠、农民、操作 X 光的技师、工程师、飞机机械师、鱼类和野生动物专家、自动化技师、机械工（车工、钳工等）、电工、无线电报务员、火车司机、长途公共汽车司机、机械制图员、机器或电器帅。

I（调查型）：气象学家、生物学家、天文学家、药剂师、动物学家、化学家、科学报刊编辑、地质学家、植物学家、物理学家、数学家、实验员、科研人员、科技作者。

A（艺术型）：室内装饰专家、图书管理专家、摄影师、音乐教师、作家、演员、记者、诗人、作曲家、编剧、雕刻家、漫画家。

S（社会型）：社会学者、导游、福利机构工作者、咨询人员、社会工作者、社会科学教师、学校领导、精神病工作者、公共保健护士。

E（事业型）：推销员、进货员、商品批发员、旅馆经理、饭店经理、广告宣传员、调度员、律师、政治家、零售商。

C（常规型）：记账员、会计、银行出纳、法庭速记员、成本估算员、税务员、核算员、打字员、办公室职员、统计员、计算机操作员、秘书。

下面介绍与你三个代号的职业兴趣类型一致的职业表，对照的方法如下：首先根据你的职业兴趣代号，在下表中找出相应的职业，例如你的职业兴趣代号 RIA，那么牙科医助手、陶工等是适合你兴趣的职业。然后寻找与你职业兴趣代号相近的职业，如你的职业兴趣代号是 RIA，那么，其他由这三个字母组合成的编号（如 IRA、IAR、ARI 等）对应的职业，也较适合你的兴趣。

RIA：牙科医生助手、陶工、建筑设计员、模型工、细木工、制作链条人员。

RIS：厨师、林务员、跳水员、潜水员、染色员、电器修理师、眼镜制作员、电工、纺织机器装配工、服务员、装玻璃工人、发电厂工人、焊接工。

RIE：建筑和桥梁工程、环境工程、航空工程、公路工程、电力工程、信号工程、电话工程、一般机械工程、自动工程、矿业工程、海洋工程、交通工程技术人员、制图员、家政服务人员、计量员、农民、农场工人、农业机械操作、清洁工、无线电修理、汽车修理、手表修理、管工、线路装配工、工具仓库管理员。

RIC：船上工作人员、接待员、杂志保管员、牙医助手、制帽工；磨坊工、石匠、机器制造、机车（火车头）制造、农业机器装配、汽车装配工、缝纫机装配工、钟表装配和检验、电动器具装配、鞋匠、锁匠、货物检验员、电梯机修工、托儿所所长、钢琴调音员、装配工、印刷工、建筑钢铁工作、卡车司机。

RAI：手工雕刻、玻璃雕刻、制作模型人员、家具木工、制作皮革品、手工绣花、手工钩针纺织、排字工作、印刷工作、图画雕刻、装订工。

RSE：消防员、交通巡警、警察、门卫、理发师、房间清洁工、屠夫、锻工、开凿工人、管道安装工、出租汽车驾驶员、货物搬运工、送报员、勘探员、娱乐场所的服务员、起卸机操作工、灭害虫者、电梯操作工、厨房助手。

RSI：纺织工、编织工、农业学校教师、某些职业课程教师（诸如艺术、商业、技术、工艺课程）、雨衣上胶工。

REC：抄水表员、保姆、实验室动物饲养员、动物管理员。

REI：轮船船长、航海领航员、大副、试管实验员。

RES：旅馆服务员、家畜饲养员、渔民、渔网修补工、水手长、收割机操作工、搬运行李工人、公园服务员、救生员、登山导游、火车工程技术员、建筑工作、铺轨工人。

RCA：测量员、勘测员、仪表操作者、农业工程技师、化学工程技师、民用工程技师、石油工程技师、资料室管理员、探矿工、煅烧工、烧窑工、矿工、保养工、磨床工、取样工、样品检验员、纺纱工、炮手、漂洗工、电焊工、锯木工、刨床工、制帽工、手工缝纫工、油漆工、染色工、按摩工、木匠、农民建筑工作、电影放映员、勘测员助手。

RCS：公共汽车驾驶员、一等水手、游泳池服务员、裁缝、建筑工作、石匠、烟囱修建工、混凝土工、电话修理工、爆炸手、邮递员、矿工、裱糊工人、纺纱工。

RCE：打井工、吊车驾驶员、农场工人、邮件分类员、铲车司机、拖拉机司机。

IAS：普通经济学家、农场经济学家、财政经济学家、国际贸易经济学家、实验心理学家、工程心理学家、心理学家、哲学家、内科医生、数学家。

IAR：人类学家、天文学家、化学家、物理学家、医学病理、动物标本剥制者、化石修复者、艺术品管理者。

ISE：营养学家、饮食顾问、火灾检查员、邮政服务检查员。

ISC：侦察员、电视播音室修理员、电视修理服务员、验尸室人员、编目录者、医学实验技师、调查研究者。

ISR：水生生物学者、昆虫学者、微生物学家、配镜师、矫正视力者、细菌学家、牙科医生、骨科医生。

ISA：实验心理学家、普通心理学家、发展心理学家、教育心理学家、社会心理学家、临床心理学家、目标学家、皮肤病学家、精神病学家、妇产科医师、眼科医生、五官科医生、医学实验室技术专家、民航医务人员、护士。

IES：细菌学家、生理学家、化学专家、地质专家、地理物理学专家、纺织技术专家、医院药剂师、工业药剂师、药房营业员。

IEC：档案保管员、保险统计员。

ICR：质量检验技术员、地质学技师、工程师、法官、图书馆技术辅导员、计算机操作员、医院听诊员、家禽检查员。

IRA：地理学家、地质学家、声学物理学家、矿物学家、古生物学家、石油学家、地震学家、原子和分子物理学家、电学和磁学物理学家、气象学家、设计审核员、人口统计学家、数学统计学家、外科医生、城市规划家、气象员。

IRS：流体物理学家、物理海洋学家、等离子体物理学家、农业科学家、动物学家、食品科学家、园艺学家、植物学家、细菌学家、解剖学家、动物病理学家、作物病理学家、药物学家、生物化学家、生物物理学家、细胞生物学家、临床化学家、遗传学家、分子生物学家、质量控制工程师、地理学家、兽医、放射性治疗技师。

IRE：化验员、化学工程师、纺织工程师、食品技师、渔业技术专家、材料和测试工程师、电气工程师、土木工程师、航空工程师、行驶官员、冶金专家、原子核工程师、陶瓷工程师、地质工程师、电力工程师、口腔科医生、牙科医生。

IRC：飞机领航员、飞行员、物理实验室技师、文献检查员、农业技术专家、动植物技术专家、生物技师、油管检查员、工商业规划者、矿藏安全检查员、纺织品检验员、照相机修理者、工程技术员、编计算机程序者、工具设计者、仪器维修工。

CRI：簿记员、会计、计时员、铸造机操作工、打字员、按键操作工、复印机操作工。

CRS：仓库保管员、档案管理员、缝纫工、讲述员、收款人。

CRE：标价员、实验室工作者、广告管理员、自动打字机操作员、电动机装配工、缝纫机操作工。

CIS：记账员、顾客服务员、报刊发行员、土地测量员、保险公司职员、会计师、估价员、邮政检查员、外贸检查员。

CIE：打字员、统计员、支票记录员、订货员、校对员、办公室工作人员。

CIR：校对员、工程职员、海底电报员、检修计划员、发报员。

CSE：接待员、通讯员、电话接线员、卖票员、旅馆服务员、私人职员、商学教师、旅游办事员。

CSR：运货代理商、铁路职员、交通检查员、办公室通信员、簿记员、出纳员、银行财务职员。

CSA：秘书、图书管理员、办公室办事员。

CER：邮递员、数据处理员、办公室办事员。

CEI：推销员、经济分析家。

CES：银行会计、记账员、法人秘书、速记员、法院报告人。

ECI：银行行长、审计员、信用管理员、地产管理员、商业管理员。

ECS：信用办事员、保险人员、各类进货员、海关服务经理、售货员、购买员、会计。

ERI：建筑物管理员、工业工程师、农场管理员、护士长、农业经营管理人员。

ERS：仓库管理员、房屋管理员、货栈监督管理员。

ERC：邮政局长、渔船船长、机械操作领班、木工领班、瓦工领班、驾驶员领班。

EIR：科学、技术和有关周期出版物的管理员。

EIC：专利代理人、鉴定人、运输服务检查员、安全检查员、废品收购人员。

EIS：警官、侦察员、交通检验员、安全咨询员、合同管理者、商人。

EAS：法官、律师、公证人。

EAR：展览室管理员、舞台管理员、播音员、驯兽员。

ESC：理发师、裁判员、政府行政管理员、财政管理员、工程管理员、职业病防治员、售货员、商业经理、办公室主任、人事负责人、调度员。

ESR：家具售货员、书店售货员、公共汽车的驾驶员、日用品售货员、护士长、自然科学和工程的行政领导。

ESI：博物馆管理员、图书馆管理员、古迹管理员、饮食业经理、地区安全服务管理员、技术服务咨询者、超级市场管理员、零售商品店店员、批发商、出租汽车服务站调度员。

ESA：博物馆馆长、报刊管理员、音乐器材售货员、广告商售画营业员、导游、（轮船或班机上的）事务长、飞机上的服务员、船员、法官、律师。

ASE：戏剧导演、舞蹈教师、广告撰稿人、报刊专栏作者、记者、演员、英语翻译。

ASI：音乐教师、乐器教师、美术教师、管弦乐指挥、合唱队指挥、歌星、演奏家、哲学家、作家、广告经理、时装模特。

AER：新闻摄影师、电视摄影师、艺术指导、录音指导、丑角演员、魔术师、木偶戏演员、骑士、跳水员。

AEI：音乐指挥、舞台指导、电影导演。

AES：流行歌手、舞蹈演员、电影导演、广播节目主持人、舞蹈教师、口技表演者、喜剧演员、模特。

AIS：画家、剧作家、编辑、评论家、时装艺术大师、新闻摄影师、男演员、文学作者。

AIE：花匠、皮衣设计师、工业产品设计师、剪影艺术家、复制雕刻品大师。

AIR：建筑师、画家、摄影师、绘图员、环境美化工、雕刻家、包装设计师、陶器设计师、绣花工、漫画工。

SEC：社会活动家、退伍军人服务官员、工商会事务代表、教育咨询者、宿舍管理员、旅馆经理、饮食服务管理员。

SEC：体育教练、游泳指导。

SEI：大学校长、学院院长、医院行政管理员、历史学家、家政经济学家、职业学校教师、资料员。

SEA：娱乐活动管理员、国外服务办事员、社会服务助理、一般咨询者、宗教教育工作者。

SCE：部长助理、福利机构职员、生产协调人、环境卫生管理人员、戏院经理、餐馆经理、售票员。

SRI：外科医师助手、医院服务员。

SRE：体育教师、职业病治疗者、体育教练、专业运动员、房管员、儿童家庭教师、警察、引座员、传达员、保姆。

SRC：护理员、护理助理、医院勤杂工、理发师、学校儿童服务人员。

SIA：社会学家、心理咨询者、学校心理学家、政治科学家、大学或学院的系主任、大学或学院的教育学教师、大学农业教师、大学工程和建筑课程的教师、大学法律教师、大学（数学、医学、物理、社会科学和生命科学的）教师、研究生助教、普通高等教育教师。

SIE：营养学家、饮食学家、海关检查员、安全检查员、税务稽查员、校长。

SIC：描图员、兽医助手、诊所助理、体检检查员、监督缓刑犯的工作者、娱乐指导者、咨询人员、社会科学教师。

SIR：理疗员、救护队工作人员、手足病医生、职业病治疗助手。

图书在版编目（CIP）数据

职场新人五年32律/冯培丽著.—太原：山西经济出版社，2010.5
ISBN 978-7-80767-301-9

Ⅰ.①职… Ⅱ.①冯… Ⅲ.①成功心理学-通俗读物 Ⅳ.①B848.4-49

中国版本图书馆CIP数据核字（2010）第066378号

职场新人五年32律

著　　者：	冯培丽
选题策划：	张宝东
责任编辑：	李慧平
出　版　者：	山西出版集团·山西经济出版社
社　　址：	太原市建设南路21号
邮　　编：	030012
电　　话：	0351-4922133（发行中心）
	0351-4922085（综合办）
E－mail：	sxjjfx@163.com
	jingjshb@sxskcb.com
网　　址：	www.sxjjcb.com
经　销　者：	山西新华书店集团有限公司
承　印　者：	山西三联印刷厂
开　　本：	880mm×1230mm　1/32
印　　张：	12.25
字　　数：	293千字
印　　数：	1-5000 册
版　　次：	2010年5月　第1版
印　　次：	2010年5月　第1次印刷
书　　号：	ISBN 978-7-80767-301-9
定　　价：	24.00 元